Collection « L'esprit économique »

fondée par Sophie Boutillier et Dimitri Uzunidis en 1996
dirigée par Sophie Boutillier, Blandine Laperche, Dimitri Uzunidis

Si l'apparence des choses se confondait avec leur réalité, toute réflexion, toute Science, toute recherche serait superflue. La collection « L'esprit économique » soulève le débat, textes et images à l'appui, sur la face cachée économique des faits sociaux : rapports de pouvoir, de production et d'échange, innovations organisationnelles, technologiques et financières, espaces globaux et microéconomiques de valorisation et de profit, pensées critiques et novatrices sur le monde en mouvement...
Ces ouvrages s'adressent aux étudiants, aux enseignants, aux chercheurs en sciences économiques, politiques, sociales, juridiques et de gestion, ainsi qu'aux experts d'entreprise et d'administration des institutions.

La collection est divisée en six séries :

Dans la série *Economie et Innovation* sont publiés des ouvrages d'économie industrielle, financière et du travail et de sociologie économique qui mettent l'accent sur les transformations économiques et sociales suite à l'introduction de nouvelles techniques et méthodes de production. L'innovation se confond avec la nouveauté marchande et touche le cœur même des rapports sociaux et de leurs représentations institutionnelles.

La série *Economie formelle* a pour objectif de promouvoir l'analyse des faits économiques contemporains en s'appuyant sur les approches critiques de l'économie telle qu'elle est enseignée et normalisée mondialement. Elle comprend des livres qui s'interrogent sur les choix des acteurs économiques dans une perspective macroéconomique, historique et prospective.

Dans la série *Le Monde en Questions* sont publiés des ouvrages d'économie politique traitant des problèmes internationaux. Les économies nationales, le développement, les espaces élargis, ainsi que l'étude des ressorts fondamentaux de l'économie mondiale sont les sujets de prédilection dans le choix des publications.

La série *Krisis* a été créée pour faciliter la lecture historique des problèmes économiques et sociaux d'aujourd'hui liés aux métamorphoses de l'organisation industrielle et du travail. Elle comprend la réédition d'ouvrages anciens, de compilations de textes autour des mêmes questions et des ouvrages d'histoire de la pensée et des faits économiques.

La série *Clichés* a été créée pour fixer les impressions du monde économique. Les ouvrages contiennent photos et texte pour faire ressortir les caractéristiques d'une situation donnée. Le premier thème directeur est : mémoire et actualité du travail et de l'industrie ; le second : histoire et impacts économiques et sociaux des innovations.

La série *Cours Principaux* comprend des ouvrages simples, fondamentaux et/ou spécialisés qui s'adressent aux étudiants en licence et en master en économie, sociologie, droit, et gestion. Son principe de base est l'application du vieil adage chinois : « le plus long voyage commence par le premier pas ».

QUEL « DÉVELOPPEMENT DURABLE » POUR RÉPONDRE À LA CRISE MONDIALE ACTUELLE ?

5-7, rue de l'École-Polytechnique ; 75005 Paris

www.harmattan.fr
diffusion.harmattan@wanadoo.fr
harmattan1@wanadoo.fr

ISBN : 978-2-343-07943-1
EAN : 9782343079431

Alain Massiéra

Quel « développement durable » pour répondre à la crise mondiale actuelle ?

L'Harmattan

Du même auteur

« De la croissance économique au développement durable », L'Harmattan, Collection « L'esprit économique », Série « Cours fondamentaux », février 2010, (206 p.)

« Finance d'entreprise et finance de marché en zone Franc », L'Harmattan, Collection « Economie Afrique » avril 2001, (432 p.)

« Le Franc CFA : bilan et perspectives ». Ouvrage réalisé avec Alain Delage, L'Harmattan 1994 (190p.).

« L'Europe renforce sa coopération : LOME IV ». Ouvrage réalisé avec Luc Pagacz, l'Harmattan 1992 (170p.).

INTRODUCTION

Lors de ces dernières décennies, de très importants changements, a priori irréversibles, ont profondément affecté pratiquement tous les éléments naturels, culturels, organisationnels, économiques et sociaux, dans lesquels vivent les êtres humains.

Ils ont été à l'origine d'une crise multidimensionnelle et systémique sans précédent, à la fois « économique », « financière », « écologique » et « sociale ».

Cette crise, désormais mondiale, peut, en effet, être considérée comme la conséquence directe des graves perturbations qui ont touché, et qui touchent encore, les deux principaux sous-systèmes interdépendants de notre « anthroposystème », entendu comme le système global, dynamique et complexe, de notre monde actuel[1], à savoir :

- « l'écosystème » ou « sous-système nature » (ensemble formé lui-même de deux entités en interaction et en interrelation permanentes : le « biotope », ou encore le milieu, avec ses facteurs physiques et chimiques : sol, eau, air, climat, vent, lumière, relief, et la « biocénose », ou encore l'ensemble des êtres vivants évoluant dans le biotope : espèces animales et végétales), d'une part[2], et
- « le sociosystème » ou « sous-système humain » (ensemble comprenant les êtres humains et l'organisation de leur vie en société sous tous ses aspects), d'autre part.

Cette crise dépasse ainsi très largement aujourd'hui les seules dimensions économiques et financières, dans lesquelles beaucoup voudraient continuer de la circonscrire. Elle ne peut donc plus se satisfaire de solutions traditionnelles, le plus souvent réduites par ailleurs aux seules capacités d'actions des États-nations (ou de leurs regroupements sous régionaux), et devenues désormais inopérantes face à l'ampleur, à la complexité et à la dimension mondiale des problèmes à résoudre.

Son extrême gravité, qui menacerait le devenir et la survie même de l'humanité, a engendré, tout au long de ces dernières années, de très

---

[1] Egalement qualifié « d'éco-socio-système », ou de « système-terre ».

[2] Remarque : la notion « d'écosystème » a été récemment encore trop souvent utilisée de façon abusive pour définir un système économique dans son ensemble, notamment par de nombreux journalistes, elle sera employée dans cet ouvrage uniquement dans son sens premier de « sous-système nature ».

nombreuses et pertinentes réflexions, notamment en termes de « développement durable[3] », correspondant à l'impérieuse nécessité et à l'urgence de trouver des solutions efficaces :

- non seulement, aux très graves menaces à court terme, qui pèsent de plus en plus, sur l'environnement, tant physique que biologique,
- ainsi qu'à l'accentuation des inégalités sociales,
- mais aussi et surtout, à l'incapacité du modèle économique dominant de pouvoir prendre efficacement en compte ces deux types d'impacts[4].

---

[3] Le concept de « développement durable » (traduction française, souvent critiquée, de « Sustainable Development »), désormais définitivement entré dans le langage commun, est apparu, pour la première fois en 1968, au cours de la Conférence intergouvernementale d'experts, initiée par l'UNESCO, sur « les bases scientifiques de l'utilisation rationnelle et de la conservation des ressources naturelles de la biosphère ». Il sera repris, beaucoup plus tard, en mars 1980, lors du lancement, par l'Union internationale de conservation de la nature (UICN), de sa « Stratégie mondiale de la conservation : la conservation des ressources vivantes au service du développement durable », qui en a défini le paradigme émergent. Sa véritable vulgarisation à l'échelle mondiale, n'aura cependant lieu qu'en 1987, suite au rapport « Notre avenir à tous » (« Our Common Future ») de Madame Gro Harlem Brundtland, dans lequel il sera défini comme un développement poursuivant simultanément trois objectifs : l'intégrité écologique, l'équité entre les nations, les individus et les générations, et l'efficacité économique, en vue d'un meilleur avenir commun. Il constituera l'objet central du « Premier Sommet de la Terre », à Rio en 1992, au cours duquel a notamment été adopté un guide intitulé « Agenda 21 » listant les premiers principes d'action souhaitables à mettre en œuvre pour y parvenir. Le développement durable sera ensuite systématiquement repris par toutes les conférences internationales des Nations Unies qui se sont succédé jusqu'à nos jours. Sur tous ces points voir plus particulièrement : Alain Massiéra : « De la croissance économique au développement durable », L'Harmattan, Série Cours Principaux, Collection l'esprit économique, 2009 (202 pages).

[4] La croyance que les seuls mécanismes du marché d'un système économique hyper libéral, permettraient d'orienter efficacement l'activité économique vers un optimum, qui est également à la fois social et écologique n'apparaît plus du tout aussi légitime, et la fameuse vision de la « main invisible » n'est pas, n'a jamais été, ou n'est plus du tout aussi crédible qu'on aurait pu, ou aimé, le croire. Sur tous ces points : Voir notamment : Alain Massiéra « De la croissance économique au développement durable », op cit., Tomas Sedlacek (avec la contribution de Vaclav Havel) : « L'économie du bien et du mal, La quête du sens économique », Eyrolles 2013 (382 pages).

Le premier de ces trois points a fait l'objet des principaux thèmes développés par toutes les conférences internationales, qui ont eu lieu depuis le Sommet de la terre à Rio en 1992, sans qu'elles aient pu cependant déboucher sur une solution globale réellement efficace[5].

En revanche, les deux derniers points n'ont toujours pas obtenu l'attention qu'ils méritaient, en tant qu'objectifs prioritaires à mettre en œuvre pour permettre une nouvelle conception des rapports sociaux, humains et économiques, en prise directe avec les problèmes environnementaux, qui serait pourtant la seule à même de fournir une alternative crédible, rationnelle et efficace pour garantir le bien-être et le devenir même de l'humanité[6]. Ils ont, également et surtout, énormément de difficultés à sortir des seuls cadres politique et idéologique, dans lesquels ils sont toujours trop souvent réduits et enfermés.

Il est pourtant devenu indispensable et extrêmement urgent de penser autrement pour tenter de résoudre simultanément tous les problèmes posés par la crise mondiale actuelle, et pour promouvoir une dynamique économique et sociale, privilégiant le bien-être et la préservation de l'environnement, ainsi qu'une relance durable de l'emploi, dans le cadre d'une vision humaniste et d'une « croissance verte et raisonnée»[7].

Dans cette optique, la seule solution proposée jusque-là, mais qui n'a cependant jamais été réellement (et donc pleinement) mise en œuvre, a été le « développement durable », malgré les avantages évidents que lui conféraient, et que lui confèrent toujours, sa nature polysémique, son universalité et son caractère multidimensionnel.

---

[5] Ainsi, le dernier sommet de RIO + 20 (conférence des Nations unies pour le développement durable), suivi de la conférence de Doha sur les changements climatiques (18e Conférence des Parties (COP-18) à la Convention-cadre des Nations unies sur les changements climatiques (CCNUCC) et 8e Conférence des Parties siégeant en tant que Réunion des Parties au Protocole de Kyoto), ont malheureusement confirmé, une fois de plus, l'impuissance manifeste des responsables politiques à imaginer des solutions efficaces pour préserver notre écosystème. La COP-19 à Varsovie, et la COP-20 à Lima, ont ensuite essentiellement eu simplement pour objet de préparer le sommet sur le climat (COP21) de décembre 2015 à Paris.

[6] « Une nouvelle manière de penser est nécessaire si l'humanité veut survivre » Albert Einstein.

[7] Selon l'organisation de coopération et de développement économique (OCDE), la croissance verte consiste à favoriser la croissance économique et le développement tout en veillant à ce que les actifs naturels continuent de fournir les ressources et les services environnementaux sur lesquels repose notre bien-être.

Le développement durable reste pourtant toujours la seule solution possible et pertinente, pour corriger efficacement la situation catastrophique de notre anthroposystème actuel, aux trois conditions indispensables, que seraient :

- l'actualisation préalable de sa définition, restée quasiment inchangée depuis son apparition, pour enrichir sa définition
- la détermination et la promotion d'un nouveau paradigme approprié à vocation universelle, mais aussi,
- la conception, en conséquence, de modalités d'application véritablement opérationnelles, en remplacement ou en complément des mesures adoptées jusque-là.

Toutes ces conditions pourront être développées dans la deuxième partie de cet ouvrage, de façon à tenir compte de la présentation de la situation catastrophique de notre anthroposystème, objet de la première partie.

PREMIERE PARTIE

LA SITUATION CATASTROPHIQUE DE NOTRE ANTHROPOSYSTEME

Toutes les perturbations, dégradations et dysfonctionnements de notre écosystème et de notre sociosystème se conjuguent pour affecter globalement l'anthroposystème.

Il est, cependant, unanimement reconnu que la très grande majorité des altérations de notre écosystème sont d'origine anthropique, et qu'elles découlent donc, directement ou indirectement, des perturbations de notre sociosystème. Ce dernier peut donc légitimement être considéré comme étant le principal responsable de l'état catastrophique de notre anthroposystème, et donc de la crise mondiale actuelle, du fait à la fois de ses propres perturbations, mais aussi de toutes celles qu'il engendre sur l'écosystème, comme le montre le schéma suivant :

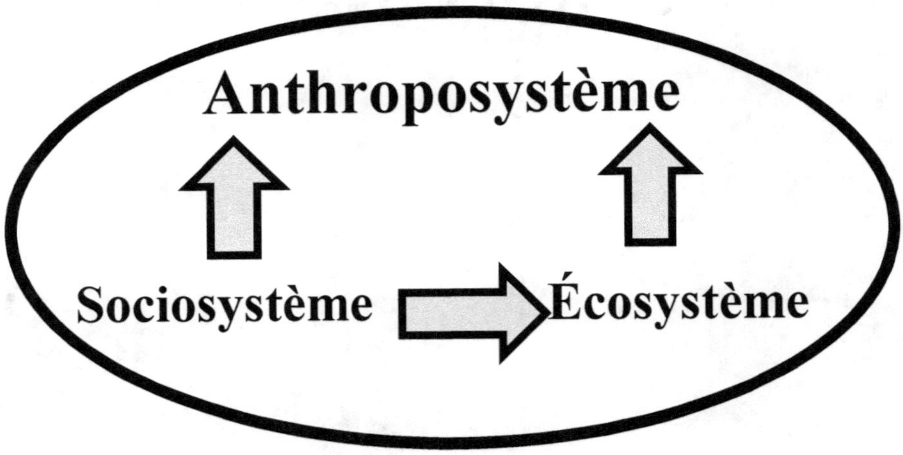

Notre anthroposystème se caractérise donc d'une part, par une extrême dégradation de notre écosystème, associée à une très faible efficacité des mesures spécifiques de correction adoptées pour la contrecarrer, et d'autre part, par un sociosystème, déjà victime d'une dynamique quantitative et spatiale des êtres humains difficilement maîtrisable, qui connaît un mode de fonctionnement hyperlibéral mondialisé, très certainement à l'origine première de nombreuses dégradations, mais très difficilement transformable à court terme, et enfin, d'un monde institutionnel et politique, composé d'une mosaïque hétérogène d'États-nations et de sous-ensembles régionaux indépendants et en concurrence les uns avec les autres, qui interdit en pratique l'émergence d'une conscience de communauté de destin pour une indispensable coopération internationale en l'absence de gouvernance mondiale.

Tout le problème est alors de savoir s'il est ou non possible de résoudre les principales problématiques de notre sociosystème, et de changer ou d'améliorer son mode de fonctionnement, pour pouvoir lutter plus efficacement contre le dérèglement climatique et l'altération générale de notre écosystème, en utilisant alors d'autres approches et méthodes, que celles qui ont été préconisées ou utilisées jusque-là, et qui n'ont malheureusement pas donné les résultats escomptés[8].

Le mode de fonctionnement de notre sociosystème ne peut donc plus être considéré comme immuable, mais doit pouvoir, impérativement, être transformé, pour apporter enfin des réponses efficaces, susceptibles de résoudre simultanément l'ensemble des problèmes posés, à la différence de celles qui ont été, ou sont généralement, préconisées dans l'hypothèse d'un statu quo.

Ces réponses sont devenues extrêmement urgentes à mettre en œuvre, car l'emballement des changements radicaux des écosystèmes et du climat de la Terre pourrait conduire à l'extinction de la vie sur notre planète avant la fin du XXIe siècle[9], du fait de la dégradation générale de la nature et des écosystèmes, des fluctuations climatiques de plus en plus extrêmes et du changement radical du bilan énergétique global, qui finiraient par arriver à un point de non-retour[10], et, en devenant alors

---

[8] « En 20 ans, nous n'avons pas résolu un seul des grands problèmes auxquels l'humanité est confrontée. Déforestation, érosion de la biodiversité, changement climatique, faim...", Lester Brown, Rio+20 : le développement durable 20 ans plus tard... », Goodplanet.info du 19/06/2012, http://www.goodplanet.info/Contenu/Points-de-vues/Rio-20-le-developpement-durable-20-ans-plus-tard/%28theme%29/1400.

Depuis 1992, en effet, « La population mondiale a augmenté de 26%, 12% de la biodiversité totale a disparu, les émissions de CO2 ont augmenté de 36%, 300 millions d'hectares de forêts ont disparu, il existe 21 mégacités tentaculaires, la température globale a augmenté de 0,4°C, la production de plastique a augmenté de 130%, l'acidité des océans s'est fortement accélérée, menaçant la vie marine, qui est la source de toute vie terrestre. », « Au cours de toutes ces années, non seulement on n'est pas parvenus à freiner le changement climatique, la perte de biodiversité, la déforestation, etc., mais ces processus n'ont fait, au contraire, que s'aggraver et s'intensifier. Nous assistons ainsi à une crise écologique sans précédent qui menace l'avenir de l'espèce humaine et de la vie sur cette planète ». In « RIO + 20 : Le tragique carnaval » par Chems Eddine Chitour, AGORA VOX du lundi 25 juin 2012

[9] Selon un article de la Simon Fraser University (SFU) de Vancouver publiée dans la revue Nature Intitulé "Approaching a state-shift in Earth's biosphere", dirigé par Arne Moers et rapporté par « Maxiscience » Info rédaction, publiée le 09 juillet 2012.

[10] Ce "seuil critique" serait l'utilisation de 50% des ressources terrestres, alors que 43% ont déjà été exploitées. D'après le directeur de l'étude, jusqu'à maintenant : « les hommes n'ont rien fait de réellement d'important pour éviter le pire, car les structures sociales existantes ne sont juste pas les bonnes. C'est comme si on refusait d'y penser. Nous ne sommes pas prêts. Mes collègues ne sont pas juste inquiets. Ils sont terrifiés ».

irréversibles, entraîneraient un nouveau point de basculement, impliquant la destruction imminente de notre planète.

Les propositions de cet ouvrage rejoignent ainsi celles de très nombreux experts scientifiques, qui réclament l'urgence d'effectuer une vraie révolution dans le style de vie de l'humanité, à travers la mise en œuvre effective du développement durable, dont la définition doit être enrichie et actualisée, la généralisation des énergies alternatives et une meilleure gestion de l'écosystème[11]. Elles correspondent également à une préoccupation importante et permanente du pape François pour ce qui concerne l'environnement, qui a d'ailleurs fait l'objet d'une encyclique : « Laudato Sii - Pour la sauvegarde de la maison commune », publiée le jeudi 18 juin 2015 à destination de la communauté internationale[12].

---

[11] Les 18 scientifiques ayant réalisé l'étude précitée ont, par exemple, proposé, aux gouvernements d'entreprendre quatre actions immédiates :
- diminuer radicalement la pression démographique;
- concentrer les populations sur les zones enregistrant déjà de fortes densités afin de laisser les autres territoires tenter de retrouver des équilibres naturels;
- ajuster les niveaux de vie des plus riches sur ceux des plus pauvres;
- développer de nouvelles technologies permettant de produire et de distribuer de nouvelles ressources alimentaires sans consommer davantage de territoires et d'espèces sauvages.

[12] Voir, par exemple : http://www.lavie.fr/medias/le-texte-integral-de-l-encyclique-laudato-sii-18-06-2015-64352_73.php

CHAPITRE 1

L'EXTREME DEGRADATION DE NOTRE ÉCOSYSTÈME ET LA TROP FAIBLE EFFICACITÉ DES MESURES DE PRÉSERVATION ADOPTÉES

Notre écosystème, trop longtemps considéré comme permanent et exploitable à l'infini, a connu, au cours de ces dernières décennies[13], de très importantes dégradations, dont l'origine anthropique ne fait désormais plus aucun doute, qui peuvent être regroupées en cinq principales catégories :

- « **Le dérèglement climatique** », conséquence directe du réchauffement climatique global essentiellement imputable à l'effet de serre, constaté en moyenne à l'échelle de la planète, du fait de l'émission excessive de GES (Gaz à effet de serre) d'origine anthropique dans l'atmosphère, mais aussi de la déforestation, qui dégage, en effet, une grande quantité de CO2 tout en altérant la capacité globale des forêts à constituer des « puits de carbone »[14].

  Ce dérèglement climatique est, à son tour, directement à l'origine d'un grand nombre de graves conséquences, qui continuent de s'amplifier, en l'absence d'actions correctives efficaces. Il s'agit d'une dégradation des récifs coralliens et d'une raréfaction du plancton – d'une fonte des glaces, des glaciers et du permafrost- du réchauffement, de l'acidification et de la hausse du niveau des océans - d'une augmentation du nombre, de l'intensité et de la violence des phénomènes climatiques extrêmes - d'une modification d'El Niño, qui connaît une fréquence et une intensité accrues - d'une

---

[13] Notamment durant une période récente, qui a très certainement été qualifiée un peu trop rapidement des « trente glorieuses ».

[14] Conférence internationale de Bali sur le climat, en 2007, organisée sous l'égide de l'ONU.

perturbation, voire de la fin du Gulf Stream - et de très importantes incidences sanitaires spécifiques.

- « **L'épuisement accéléré des ressources naturelles** » : raréfaction de l'eau douce - dégradation de la biodiversité - déforestation, désertification et stérilisation des terres - épuisement des ressources naturelles, qu'elles soient renouvelables (du fait alors de leur dangereuse surexploitation) ou non renouvelables (et donc vraiment de façon irréversible, comme les sources d'énergies fossiles).
- « **L'altération de la couche d'ozone** », », qui affecte la vie sur terre, en ne la protégeant plus des rayonnements ultraviolets nocifs émis par le soleil.
- « **L'accroissement de la pollution** », dans tous les domaines, de toutes natures et sous toutes ses formes.
- « **L'augmentation du nombre et de l'intensité des catastrophes** » : industrielles et technologiques, écologiques, sanitaires, mais également humanitaires.

Toutes ces dégradations sont, par ailleurs, aujourd'hui telles, qu'elles impliquent, pour de nombreux scientifiques, la nécessité de définir une nouvelle période géologique de l'humanité : « l'anthropocène[15] », destinée à se substituer à « l'holocène », qui la caractérisait environ depuis 10 000 ans.

Cette nouvelle période correspondrait à la généralisation des incidences négatives de toutes les activités humaines, qui, au sein de notre sociosystème, depuis la première révolution industrielle jusqu'aux « trente glorieuses » incluses, ont effectivement conduit à dominer, à modifier et à détruire l'environnement naturel par les émissions de gaz à effets de serre et leurs conséquences, ainsi que par toutes les autres agressions de la lithosphère (enveloppe rigide de la terre) et de la biosphère (le vivant proprement dit).

---

[15] Selon le terme créé dans les années 1990, par le Prix Nobel de Chimie 1995 et Docteur en météorologie Paul Josef Crutzen, pour caractériser cette nouvelle période géologique, qui aurait débuté en 1784, lorsque James Watt a breveté la machine à vapeur, marquant le début de la révolution industrielle. « Voyage dans l'anthropocène », Acte Sud, 2011, 196p. Ou comment l'homme est devenu, en quelques siècles, la principale force géologique , qui a fait basculer l'environnement durable de la Terre dans une ère d'aléas, d'extrêmes et de destructions, en la transformant « comme aucun autre événement depuis des millions d'années ». Pour certains chercheurs, l'anthropocène aurait cependant débuté bien plus tôt, dès les premières tentatives de domestication de la nature par les hommes préhistoriques, et se serait simplement considérablement accéléré avec la révolution industrielle.

Alors même que les nombreuses décisions et recommandations destinées à lutter directement contre toutes ces dégradations, qui ont été effectivement prises et/ou proposées jusque-là, notamment lors de toutes les conférences internationales, ayant suivi le premier Sommet de la terre à Rio en 1992, n'ont pas été d'une très grande efficacité dans la préservation de notre écosystème, pour au moins quatre principales raisons :

- Ces décisions visaient le plus souvent la seule correction des causes purement mécaniques de ces dégradations, du fait notamment de l'imprécision dans la désignation de leurs causes premières. Leur seule qualification « d'origine anthropique » a certainement masqué, durant trop longtemps, la responsabilité profonde du mode de fonctionnement de notre sociosystème, et empêché par-là de le remettre en cause, alors même que l'on a systématiquement et abusivement promu son utilisation pour proposer certaines solutions.
- L'absence de certaines décisions et /ou le retard mis à les prendre pour d'autres, qui ont engendré l'irréversibilité de plusieurs perturbations.
- La faiblesse, voire l'inexistence de mesures contraignantes ou suffisamment incitatives, qui peuvent également expliquer l'échec manifeste de certaines décisions adoptées.
- Enfin et surtout, l'absence d'unanimité, de centralisation et de coordination à l'échelle mondiale, pour pratiquement toutes les actions adoptées dans la lutte contre les causes directes de nombreuses dégradations, qui a très certainement contribué à affaiblir considérablement leur opérationnalité et leur efficacité.

I - Le dérèglement climatique et ses conséquences directes

Le dérèglement climatique est très certainement la dégradation la plus grave de notre écosystème. Le rappel et l'analyse des causes premières du dérèglement climatique seront suivies de l'examen approfondi et des critiques des mesures de correction qui ont déjà été apportées notamment par le Protocole de Kyoto et, dans une beaucoup moindre mesure, par les négociations récentes sur le réchauffement climatique, ou qui restent encore possibles comme la préservation et l'accroissement des puits de carbone, ou plus simplement la promotion des énergies propres, de la sobriété et de l'efficacité énergétique.

A- Les causes du dérèglement climatique

Le dérèglement climatique trouve son origine dans l'augmentation prévisionnelle des températures au cours du XXIe siècle : « entre 1,4° C. et 5,8° C. »[16].

Selon une équipe de chercheurs menée par James Hansen, de l'Institut des études spatiales de la NASA, la Terre se serait déjà réchauffée à hauteur de 0,2 degré Celsius par décennie au cours de ces 30 dernières années, ce qui a déjà amené la température de la planète à son plus haut niveau de la période interglaciaire actuelle, qui a débuté il y a environ 12.000 ans[17] !

Ce réchauffement climatique est principalement dû à l'augmentation très significative, depuis le début de la révolution industrielle, de la concentration de gaz à effet de serre (GES) dans l'atmosphère. Ces gaz piègent, en effet, avec les nuages, les rayons infrarouges que la Terre renvoie vers l'univers, favorisant ainsi le réchauffement de la planète, qui sans effet de serre subirait une température moyenne d'environ

[16] IPCC (Intergovernmental Panel on Climate Change).

[17] Les treize années les plus chaudes qu'a connues la planète sont toutes concentrées sur les quinze dernières années, depuis 1997, a indiqué l'Organisation météorologique mondiale (OMM) en marge des négociations climatiques de Durban qui ont eu lieu fin novembre 2011 sur le changement climatique. Voir plus précisément : « La période 1997-2011 concentre les treize années les plus chaudes », LEMONDE.FR avec AFP en date du 29.11.11. Plus récemment, l'année 2015 a été la plus chaude que l'on ait connue, depuis le début de l'enregistrement des températures.

moins 18°C, au lieu d'une valeur voisine de 15°C, indispensable à la vie terrestre.

Ils accentuent ainsi, non seulement l'absorption directe de la lumière infrarouge émise par le Soleil, mais également le forçage consécutif à l'absorption de l'énergie provenant de la Terre, et contribuent, en définitive, à déséquilibrer son bilan radiatif[18].

Le mécanisme de l'effet de serre

La Terre est soumise en permanence à une multitude de rayonnements cosmiques et électromagnétiques, en provenance de notre soleil et de l'espace interstellaire et intergalactique.

Les rayonnements cosmiques se présentent sous la forme de particules animées de très grandes vitesses, proches de celle de la lumière[19], qui ont été éjectées avec une très grande énergie par des éruptions solaires ou par des explosions de supernovæ. La plus grande partie de ces rayonnements est généralement déviée par le champ magnétique terrestre ou piégée dans les ceintures de Van Allen.

Les rayonnements électromagnétiques proviennent de la conversion de l'énergie des réactions de fusion thermonucléaire produites dans les étoiles et notre Soleil[20], et constituent l'apport principal en énergie de la Terre[21].

Tous les types de rayonnements électromagnétiques n'ont cependant pas forcément des incidences thermiques.

Les rayonnements électromagnétiques se décomposent, en effet, en plusieurs catégories, que l'on distingue selon leurs longueurs d'onde: ils sont d'autant plus dangereux que leurs ondes sont courtes.

---

[18] Le bilan radiatif de la Terre dresse la quantité d'énergie reçue par le système climatique Terre-atmosphère et la quantité d'énergie réémise vers l'espace. Lorsque le bilan est nul, la température moyenne de la planète est stable, mais lorsque la quantité d'énergie absorbée par le système Terre-atmosphère devient supérieure à celle réémise vers l'espace, alors la température moyenne augmente proportionnellement à ce déséquilibre.
Sur tous ces points, voir plus particulièrement :
http://www.technoscience.net/?onglet=glossaire&definition=3299

[19] Ces particules sont d'une part, des noyaux d'atomes qui portent une charge électrique positive, essentiellement des protons (noyaux d'atomes d'hydrogène), et des particules alpha (noyaux d'atomes d'hélium) et, d'autre part, des électrons.

[20] Dans ces réactions, en effet, des éléments chimiques légers (Hydrogène) s'assemblent pour en former de plus lourds (Hélium), et l'excès d'énergie produite à cette occasion est alors relâché sous forme d'énergie électromagnétique.

[21] Celle qui est produite au centre de la Terre ne représentant, en effet, à peine que 0,01 % de l'énergie totale reçue par la surface de la Terre.

C'est ainsi que les longueurs d'onde les plus courtes (celles des rayons gammas[22] et des rayons X) sont les plus agressives. Elles sont tellement énergétiques qu'elles peuvent " ioniser " les atomes des matières qu'elles traversent, et présentent donc une extrême dangerosité. Ces radiations dites ionisantes ou radioactives sont heureusement stoppées par l'atmosphère terrestre, permettant ainsi à la vie d'être possible sur Terre.

Les autres radiations émises par le Soleil sont dites non ionisantes. Elles concernent :

- les ultraviolets (UV), invisibles, qui sont totalement ou partiellement absorbés par la couche d'ozone,
- la lumière visible, partie du spectre électromagnétique perceptible par l'œil humain,
- les infrarouges (IR), invisibles, qui sont émis par tous les corps dont la température est supérieure au zéro absolu (-273°C) et qui, transportant la chaleur, sont à l'origine de l'effet de serre,
- les micro-ondes, ou hyperfréquences, qui, bien que peu énergétiques, ont la particularité, de créer par un phénomène de « résonance » de la chaleur[23],
- les ondes radio, qui correspondent au domaine le plus vaste du spectre électromagnétique (de quelques cm à plusieurs km).

Toutes les ondes électromagnétiques n'ont pas la même incidence thermique sur la Terre.

Le rayonnement électromagnétique thermique se caractérise, en effet, par des longueurs d'onde comprises entre 0,1 et 1000 micromètres (µm)[24], qui vont de l'ultraviolet à l'infrarouge en passant par le visible. Il n'occupe en réalité qu'une faible portion du spectre d'ondes électromagnétiques, comme l'indique le schéma suivant :

---

[22] Les rayons gammas, dont les énergies peuvent être un milliard de fois plus élevées que celles de la lumière visible, sont les plus agressifs. Ils sont notamment générés par les pulsars (étoiles très denses, des étoiles à neutrons, qui génèrent des champs électromagnétiques intenses et par conséquent des particules très énergétiques), les quasars (trous noirs super massifs qui sécrètent de larges quantités de matière) ou les « sursauts gamma » qui correspondent à des phénomènes très brefs qui libèrent une quantité d'énergie gigantesque en très peu de temps, et dont les plus longs seraient associés à la mort d'étoiles massives.

[23] Ces micro-ondes émises par le soleil ne présentent cependant pas de danger sur terre étant donnée la faible proportion qu'elles représentent dans le rayonnement électromagnétique.

[24] *µm*= micromètre, avec 1 *µm* = 1/1000 000 = (10^{-6}) mètre

Apprécié selon les longueurs d'onde approchées en *µm* (micromètres), le spectre du rayonnement électromagnétique se présente de la façon suivante :

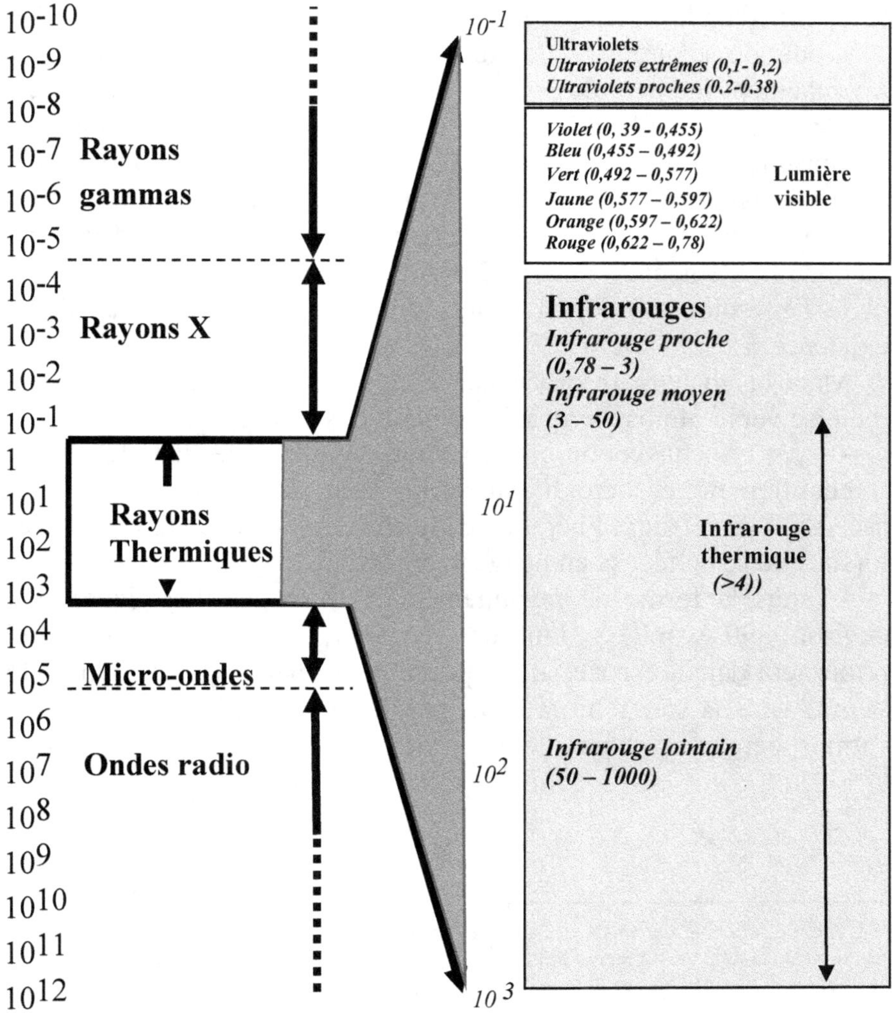

Le Soleil émet de l'énergie essentiellement à partir de rayonnements électromagnétiques de longueurs d'onde courte (<4µm), dont ceux de la lumière visible[25]. Une partie de cette énergie est cependant réémise par la Terre, qui comme tout corps "chaud", rayonne vers l'espace, sous

[25] Actuellement, l'énergie reçue du soleil, mesurée au sommet de l'atmosphère à quelques dizaines de kilomètres d'altitude, est estimée en moyenne 340 watts par m2.

la forme d'ondes électromagnétiques de grandes longueurs d'onde (>4µm) : c'est-à-dire dans l'infrarouge dit thermique.

Le bilan radiatif de la Terre est la différence entre le rayonnement de courtes longueurs d'onde entrant et le rayonnement de grandes longueurs d'onde sortant de la Terre.

L'énergie solaire arrive au niveau de l'atmosphère terrestre par un rayonnement incident de 342 watts par m2 (w/m2) en moyenne, dont une partie est réfléchie par l'albédo terrestre (des nuages, de l'atmosphère et du sol[26]) (évaluée à 107 w/m2), alors qu'une autre est absorbée par les gaz à effet de serre (évaluée à 67 w/m2) : un peu moins de la moitié seulement de cette énergie (évaluée, en effet, à 168 w/m2) va donc finalement être absorbée dans un premier temps par la surface de la Terre ou par les êtres vivants, dont elle constitue la base de leur existence.

Mais la chaleur absorbée par la surface terrestre est à son tour réémise vers l'atmosphère, selon deux types de transmission :

- par « convection-condensation » (pour environ102 w/m2) (réchauffement et humidification de l'air au contact du sol, puis ascension de cet air et libération de la chaleur latente de la vapeur d'eau lorsqu'elle se condense en nuages), et surtout,
- sous la forme de rayonnements infrarouges thermiques (pour environ 390 w/m2) : dont une partie (pour environ 235 w/m2) retournera dans l'espace, alors qu'une autre partie (pour environ 155 w/m2) sera à son tour retenue par les gaz à effet de serre dans l'atmosphère et rayonnera de nouveau vers la Terre.

---

[26] L'énergie réfléchie par le sol de la Terre dépend de la nature de la surface: neige fraîche froide (jusqu'à 90 à 98 %), neige fondante (50 à 60 %), neige fondue, sale (40 %), glacier (50 %), océan (5 à 15 %), glaces de mer (50 à 85 %), désert de sable (jusqu'à 35 %), roches nues (20 à 25 %), terre (5 à 30%), toundra (15 à 35%), prairies (25 à 30%), forêts (10 à 20%), eau (10 à 60%). L'influence des nuages et de l'atmosphère est cependant plus difficile à quantifier. Les éruptions volcaniques, même modestes, auraient par exemple, contribué à limiter le réchauffement climatique en provoquant, à travers le dioxyde de soufre qu'elles émettent, une couche d'aérosol stratosphérique et des réactions chimiques, produisant des particules qui vont réfléchir les rayons du soleil vers l'espace. C'est à travers ce phénomène, par exemple, que l'éruption volcanique du mont Pinatubo situé dans l'ouest de l'île de Luçon aux Philippines, qui dura de juin à septembre 1991, alors qu'il était en sommeil depuis 500 ans, avait rafraîchi toute la planète d'un demi-degré Celsius durant deux bonnes années !

Le schéma suivant reprend l'ensemble des éléments explicatifs du bilan radiatif de la Terre :

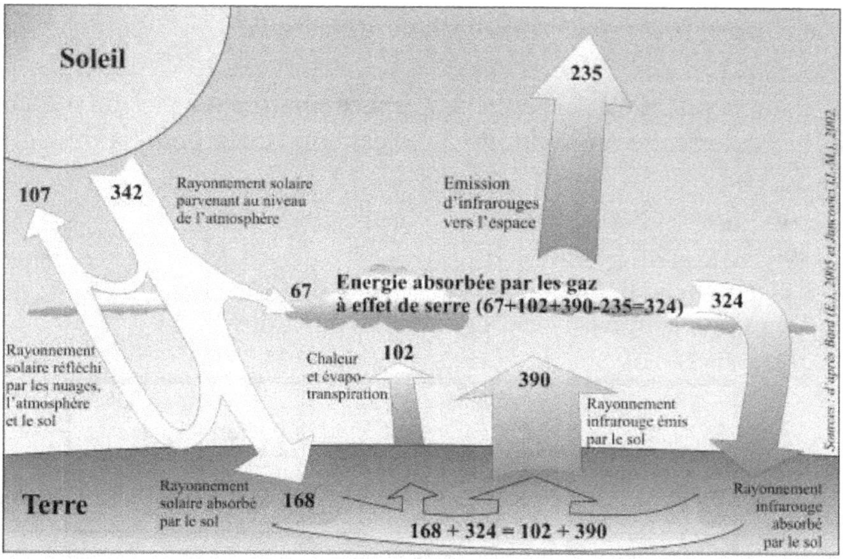

Le bilan radiatif de la Terre (en Watts par m²)

La surface de la Terre émet plus de rayonnement (390 w/m2) qu'elle n'en reçoit (168 w/m2). Autrement dit, la surface terrestre perd plus de rayonnement de grandes longueurs d'onde qu'elle n'absorbe de rayonnement de courtes longueurs d'onde. Ce manque est toutefois compensé par l'atmosphère qui renvoie une partie du rayonnement terrestre (324 w/m2). La température à la surface de la Terre est donc déterminée par (168 w/m2) en provenance de l'énergie du soleil, complétées par (324 w/m2) en provenance de la chaleur réfléchie par l'atmosphère.

Le bilan radiatif de la Terre tend ainsi toujours vers un double équilibre:

- équilibre entre l'atmosphère et l'espace : sur 342 w/m2 reçus par la Terre, celle-ci en renvoie (107 + 235) w/m2 dans l'espace, mais aussi,

- équilibre dans l'atmosphère : la surface de la Terre reçoit (168 + 324) w/m2 et en renvoie (102 + 390) w/m2.

En effet, si un seul des composants du système change, le bilan radiatif sera perturbé, et la température moyenne à la surface terrestre changera, pour permettre, après un certain temps, un nouvel équilibre dans le bilan radiatif, en engendrant corrélativement un changement de climat sur Terre.

Composition de l'atmosphère terrestre

L'atmosphère est une couche gazeuse, maintenue par gravité autour du globe terrestre en rotation[27], elle est constituée pour sa plus grande partie, par :

- de l'azote (environ 78%),
- de l'oxygène (environ 20,6%),
- et (pour seulement environ 1,4%) d'autres gaz et de la vapeur d'eau, qui se répartissent de la façon suivante[28] :

Autres gaz et vapeur d'eau	% total dans l'atmosphère
L'Argon (Ar)	0.934%
La Vapeur d'eau (H2O)	0.4%
Le Dioxyde de Carbone (CO_2)	0.035%
Le Néon (Ne)	0.00182%
L'Hélium (He)	0.000524%
Le Méthane (CH4)	0.00015%
Le Krypton (Kr)	0.000114%
L'Hydrogène (H)	0.00005%
Le Protoxyde d'azote (N_2O)	0.00003%
L'Ozone (O3)	0.000005%
Les Gaz fluorés de synthèse	0.0000001%

---

[27] L'atmosphère est partagée en trois zones :

- L'atmosphère inférieure : la troposphère, dont l'épaisseur est d'environ 12 km, et qui, étant donné le phénomène de la gravité, contient 75% de tous les gaz de toute l'atmosphère, ainsi qu'une grande partie de la vapeur d'eau et de la matière. Les régimes météorologiques et les changements climatiques y trouvent leur origine, de même que tous les vents et la circulation atmosphérique pour la diffusion de la chaleur, de l'humidité et des matières polluantes.
- L'atmosphère moyenne : la stratosphère, qui se situe entre 12 et 50 km d'altitude en moyenne.
- L'atmosphère supérieure ; la mésosphère (entre 50 km et 80 km d'altitude) et la thermosphère (entre 80 et 1280 km d'altitude).

[28] Source GIEC.

L'atmosphère contient également des matières solides sous la forme de fines poussières, de suie, de cendres et de cristaux de glaces. Ce sont de minuscules particules solides ou liquides mélangées dans un gaz, appelées aérosols, dont une partie est d'origine naturelle (par exemple la cendre volcanique), et une autre d'origine humaine (par exemple la suie générée par la combustion des combustibles fossiles).

Les différents gaz à effet de serre (GES) et leurs impacts respectifs

Parmi tous les gaz se trouvant dans l'atmosphère, seuls la Vapeur d'eau (et sa condensation dans les nuages), le Dioxyde de Carbone, le Méthane, le Protoxyde d'Azote, l'Ozone et les gaz fluorés de synthèse sont à l'origine de l'effet de serre[29], et leurs contributions respectives approximatives à l'effet de serre d'après le GIEC serait :

- pour la Vapeur d'eau : ≈ 60 %,
- pour le Dioxyde de Carbone : ≈ 25 %,
- pour l'Ozone : ≈ 8 %, et enfin
- pour le Méthane et le Protoxyde d'Azote : ≈ 6 %.

Six principaux gaz à effet de serre, ou familles de gaz à effet de serre, essentiellement d'origine anthropique, ont été ciblés, depuis plusieurs années déjà, pour leur impact sur le réchauffement climatique, et ont d'ailleurs fait l'objet d'un début de réglementation de leurs émissions par le protocole de Kyoto[30].

---

[29] L'ozone est un cas particulier puisqu'il ne s'agit pas d'un gaz émis naturellement dans l'atmosphère ni émis directement par l'activité humaine. Sa présence n'est naturelle et nécessaire que dans la couche d'ozone protectrice, qui se situe à la limite de la troposphère et de la stratosphère. Dans les autres cas, il s'agit d'un polluant secondaire issu de l'action des UV sur des polluants primaires (les GES dits « indirects »).

[30] Récemment, la suie ou carbone noir, composée de particules de carbone issus des cheminées et des pots d'échappement des véhicules, mais aussi des fours de cuisson au bois et du brûlage des déchets verts dans les pays en développement, a été reconnue par le Citepa (Centre interprofessionnel technique d'études de la pollution atmosphérique) comme un élément polluant majeur, bien qu'à courte durée de vie dans l'atmosphère, dont la réduction aurait des effets positifs sur le climat. Par ailleurs, il a été récemment détecté un nouveau gaz à effet de serre hautement résistant dans l'atmosphère par des chercheurs de l'Université de Toronto, pour lequel n'existerait actuellement aucun agent capable de l'éliminer : il s'agit du perfluorotributylamine (PFTBA), qui est un gaz artificiel, utilisé notamment dans la fabrication d'équipements électriques et électroniques, et dont l'effet radiatif serait le plus puissant de tous les gaz que l'on retrouve dans l'atmosphère. Le PFTBA n'a cependant toujours pas été répertorié jusqu'à présent dans la famille des gaz à effet de serre persistant, alors qu'une seule molécule de PFTBA dans l'atmosphère aurait le même effet que 7 100 molécules de CO2, et qu'il possède une très longue durée de vie dans la basse atmosphère, avant de se dissiper dans les couches les plus élevées.

Il s'agit :

- Du dioxyde de carbone CO_2 : certaines émissions de CO2 proviennent d'origines naturelles : la respiration, certaines putréfactions, les incendies naturels, etc., d'autres sont d'origines humaines (on parle d'émissions anthropiques) : comme la combustion d'énergie fossile (pétrole, gaz, charbon), que ce soit pour le chauffage des logements ou les transports (voiture, avion), mais aussi à travers l'activité de certaines industries, comme les cimenteries (responsables de 7 à 8% des émissions de CO_2 à l'échelle planétaire !) ou la déforestation (notamment tropicale, etc.) puisque celle-ci ne permet plus la réintégration du CO2.
- Du méthane CH_4 : en provenance de la décomposition naturelle végétale et animale, qui a créé, dans le très long terme, les réserves terrestres actuelles de gaz naturel. Les émissions anthropiques de méthane sont essentiellement l'élevage (les flatulences bovines, utilisation de fumier et de lisier), la combustion du bois, les cultures de riz (fermentation à la surface des rizières), les décharges d'ordures ménagères et de compostages, et l'exploitation du pétrole et du gaz. Elles sont issues pour moitié de l'agriculture, pour un quart de la décomposition des déchets et pour un quart de "pertes" lors de l'extraction du pétrole, du gaz naturel ou du charbon.
- Du protoxyde d'azote N_2O (ou gaz hilarant) : les émissions naturelles de ce gaz proviennent essentiellement des zones humides. Les émissions anthropiques proviennent de l'utilisation des engrais azotés en agriculture et de certains procédés chimiques, mais aussi de la combustion de combustibles fossiles pour le chauffage domestique et les transports.
- Des trois principaux gaz fluorés de synthèse, tous, sans exception, d'origine anthropique: qu'ils soient utilisés comme gaz propulseurs dans les bombes, comme insecticides ou déodorants, etc. (progressivement interdits par la convention de Montréal de 1987, car ils sont également responsables de la diminution de l'ozone en haute altitude), comme gaz réfrigérants des systèmes de climatisation, de congélation, etc. (leurs émissions proviennent alors essentiellement des fuites et mises

à la décharge des systèmes de climatisation) ou enfin dégagés à l'occasion de certains procédés industriels (comme la fabrication de mousses plastiques, de composants d'ordinateurs ou de téléphones portables). Ils se composent :

- *des hydrofluorocarbures (HFC)* : gaz fluorés de synthèse utilisés dans la réfrigération, dans les aérosols ou certaines mousses d'extincteurs,
- *des perfluorocarbures (PFC)* : gaz fluorés liés principalement à l'industrie des semi-conducteurs, et enfin,
- *de l'hexafluorure de soufre (SF_6)* : gaz fluoré utilisé notamment dans l'industrie électrique ou l'industrie des semi-conducteurs et les doubles vitrages (isolation sonore), qui bien que produit en très petites quantités, possède un très fort pouvoir d'absorption des rayons infrarouges.

Ces différents gaz à effet de serre n'interagissent pas, cependant, de la même manière avec les rayonnements solaires et les rayonnements issus de la terre. Ils ne sont pas émis par les activités de l'homme dans les mêmes quantités, n'ont pas la même durée de vie dans l'atmosphère et ont un pouvoir de réchauffement global (PRG) très différent.

On considère en général le « PRG à 100 ans », qui est un nombre caractérisant l'effet sur le climat de 1 kg d'un gaz, sur une durée de 100 ans, et en prenant comme référence la valeur 1 pour le CO_2. Ainsi sur une durée de 100 ans, l'émission d'une tonne de méthane CH_4 aura le même effet que l'émission de 22 tonnes de CO_2 : le PRG à 100 ans du méthane étant, en effet, en moyenne 22 fois plus élevé que celui du CO_2.

Le potentiel de réchauffement global d'un gaz est donc le facteur par lequel il faut multiplier sa masse pour obtenir une quantité de CO_2 qui produirait un impact équivalent sur l'effet de serre.

Hormis la vapeur d'eau, qui est évacuée en quelques jours, les gaz à effet de serre mettent très longtemps à quitter l'atmosphère. Cela signifie que même si on arrêtait complètement d'émettre des gaz à effet de serre, les gaz déjà émis continueraient d'agir pendant plusieurs siècles.

Les gaz à effet de serre, en effet, peuvent être extraits de l'atmosphère de plusieurs manières,

- à cause d'un phénomène naturel (la pluie et la condensation retirent la vapeur d'eau de l'atmosphère),

- à cause d'une réaction chimique au sein de l'atmosphère (le méthane, par exemple, réagit avec les radicaux hydroxyles naturellement présents dans l'atmosphère pour créer du CO_2),

- à cause d'une réaction chimique à l'interface entre l'atmosphère et la surface du globe (le CO_2 est réduit par photosynthèse par les végétaux, ou est dissout dans les océans pour former des ions bicarbonate et carbonate[31]), ou enfin,

- à cause des rayonnements : par exemple, les rayonnements électromagnétiques émis par le soleil et les rayonnements cosmiques « brisent » les molécules dans les couches supérieures de l'atmosphère. Une partie des halocarbones disparaissent ainsi de cette manière.

Le tableau suivant résume tous ces aspects[32] :

Gaz à effet de serre (GES)	En % des émissions de GES	Estimation de la durée du temps de séjour en années	Potentiel de Réchauffement Global (PRG) à 100 ans	Évolution de la concentration du GES depuis le début de la révolution industrielle[33]
Le Dioxyde de Carbone (CO_2)	≈ 70%	≈ 15 à 200	1	Le dioxyde de carbone a augmenté de 30 %, passant de 278 000 à 358 000 parties par milliard en volume
Le Méthane (CH4)	≈ 13%	≈ 9 à 15	≈ 21 à 23	Le méthane a augmenté de 46%, passant de 700 à 1721 parties par milliard en volume
Le Protoxyde d'azote (N_2O)	≈ 16%	≈ 120	≈ 310	L'oxyde nitreux a augmenté de 15 %, de 275 à 311 parties par milliard en volume
Les Gaz fluorés de synthèse :	≈ 2%			Les gaz fluorés de synthèse ne sont apparus que durant la seconde moitié du XXe siècle.[34]
- Les Hydrofluorocarbures (HFC)		≈ 1,5 à 264	≈ 140 à 11700	
- Les Perfluorocarbures (PFC)		≈ 2600 à 50000	≈ 6500 à 9200	
- L'Hexafluorure de soufre (SF6)		≈ 3200	≈ 23900	

---

[31] Le CO_2 est chimiquement stable dans l'atmosphère.

[32] GIEC, et Statistique Canada, 2006, Indicateurs canadiens de durabilité de l'environnement pour les gaz à effet de serre, numéro 16-255-XWF2006000 au catalogue.

[33] Source : Rapport de forçage radiatif de l'IPCC -1994 : (ppm = partie par million, c'est-à-dire une molécule pour 1 million de molécules, ppb = partie par milliard, c'est-à-dire une molécule pour un milliard de molécules).

[34] Par exemple, les CFC-12 sont passés de 0 à environ 0,503 partie par milliard en volume, les HCFC-22 de 0 à environ 0,105 partie par milliard en volume, le perfluorométhane de 0 à environ 0,070 partie par milliard en volume, et l'hexafluorure de soufre de 0 à environ 0,032 partie par milliard en volume (GIEC).

Les différentes hypothèses de réchauffement climatique global

Les rapports scientifiques les plus récents sont extrêmement pessimistes, et révèlent un emballement inquiétant de toutes les composantes du réchauffement climatique.

Tous avaient fixé les objectifs de réduction d'émission de gaz à effets de serre (GES) qu'il fallait maîtriser pour ne pas dépasser les 2°C d'augmentation de la température moyenne à la surface du globe, au-delà de laquelle, en effet, les conséquences seraient dramatiques et irréversibles, comme l'illustre le tableau suivant du GIEC :

Réchauffement de + 1 °C	Inévitable à moyen terme, il se traduira par un dérèglement important du rythme des moussons asiatiques, augmentant la fréquence et l'intensité de ces précipitations et donc le risque d'inondations et de destruction des cultures. Il impliquera également la fonte accélérée d'une grande partie des glaces de la calotte arctique ainsi qu'une panne du système des courants océaniques comme le Gulf Stream, avec toutes les conséquences prévisibles sur le climat en Europe.
Réchauffement de + 2 °C	Les océans, absorbant des quantités toujours plus grandes de CO2, iront en s'acidifiant, en mettant notamment en péril les récifs coralliens, réservoirs exceptionnels de biodiversité, ainsi que la faune et la flore, dont plusieurs écosystèmes auront atteint leur point de rupture. La sécheresse érodera les sols compromettant la fertilité des terres arables, entraînant une baisse très significative de la production alimentaire et une hausse considérable du nombre de personnes souffrant de la faim.
Réchauffement de + 3 °C	Sous l'effet de la fonte de la banquise, le niveau des océans pourrait augmenter de façon importante[35], en menaçant des millions de personnes vivant dans des régions côtières situées de basse altitude, notamment dans les mégalopoles d'Asie du Sud-Est. La hausse des températures va également augmenter le taux d'évaporation de l'air et donc la fréquence de pluies toujours plus acides, du fait de la concentration de CO2 dans l'atmosphère. Maintenu en état par la capacité de la forêt amazonienne à stocker du carbone, le cycle des pluies en Amérique du sud risque d'être complètement bouleversé. Victimes de la sécheresse, les autres forêts tropicales, comme celle du Bassin du Congo, vont devenir des puits de carbone de moins en moins efficaces.

[35] Ces prévisions ont été affinées et corrigées depuis, elles évoquent, en effet, aujourd'hui quelques dizaines de centimètres d'augmentation, n'excédant pas un mètre maximum, comme l'affirme le groupe « Ice2sea » dirigé par le Professeur David Vaughan. Ce nouveau groupe d'experts issus de 24 institutions en Europe, a été fondé par l'Union européenne avec pour mission primordiale d'établir un rapport précis sur les chiffres des fontes des glaces et des glaciers en Antarctique et au Groenland, et de mesurer l'impact de ces fontes sur les océans, en se basant sur leurs calculs d'émissions de carbone qui augmenteront les températures globales de 3,5 degrés à la fin de ce siècle.

Réchauffement de + 4 °C	La sécheresse augmentera encore davantage la pression déjà importante sur les ressources en eau, qui deviendra insupportable, ainsi que le risque d'incendies, notamment dans les forêts boréales de Russie. Près de la moitié des marécages et zones humides vont disparaître sous l'effet conjugué des vagues de chaleur et de la montée des eaux. Des dizaines de millions de réfugiés climatiques fuiront leur pays d'origine, notamment dans les régions les plus exposées au changement climatique (sous-continent indien, îles du Pacifique, Afrique de l'Ouest...). Les glaciers himalayens, qui alimentent aujourd'hui 85% des réseaux d'eau douce en Asie du Sud-Est, vont fondre à cause de la hausse des températures. La destruction des milieux naturels et la crise alimentaire favoriseront le développement de maladies mortelles comme la diarrhée, la dengue ou la malaria.
Réchauffement de + 5 à 7 °C	L'extinction de la biodiversité mondiale connaîtra la disparition de plus de 40% des espèces animales et végétales recensées à ce jour. La concentration de CO2 dans l'atmosphère battra des records, notamment sous l'effet de la fonte du permafrost, une couche de glace présente en Sibérie, en Alaska et au Canada, qui stockait jusqu'alors plusieurs dizaines de gigatonnes de CO2 par an. Les phénomènes météorologiques extrêmes (raz-de-marée, cyclones, canicules...) deviennent de plus en plus violents, et le coût financier de ces catastrophes deviendra incontrôlable, et enfin, les cliniques et hôpitaux ne parviendront plus à faire face à l'afflux de personnes victimes de catastrophes naturelles ou de maladies liées à la dégradation de l'environnement.

Les émissions de dioxyde de carbone (CO2) ont cependant atteint, en 2014, leur plus haut niveau jamais enregistré, et, en continuant de croître, font malheureusement craindre une élévation de la température au-delà du seuil « dangereux » de 2°C[36].

L'Agence internationale de l'énergie (AIE), particulièrement alarmante avait déjà prévu que, d'ici à 2035, les émissions mondiales de dioxyde de carbone (CO2) pourraient augmenter de 20%[37], engendrant alors une augmentation de la température de plus de 3,5°C.

---

[36] Rapport de l'Organisation météorologique mondiale (l'OMM), publié en novembre 2015 :"Même si nous parvenions à stopper aujourd'hui nos émissions, ce qui est loin d'être le cas, les gaz déjà présents dans l'atmosphère y subsisteraient encore pendant des dizaines d'années et continueraient de perturber le fragile équilibre de la Terre, planète vivante, et du climat", LEMONDE.FR avec AFP du 21.11.11.

[37] Avec une augmentation de 20%, les émissions de CO2 atteindront en 2035 quelque 36,5 gigatonnes. Les émissions rejetées entre 2010 et 2035 représenteront alors les trois quarts des émissions des 110 dernières années, soulignait l'AIE.

L'objectif des deux degrés ne pourra plus être atteint, si les gouvernements ne mettent pas en place de nouvelles actions avant 2017[38].

Si les États venaient à renoncer à leurs engagements déjà pris, c'est une hausse de la température de 6°C qui pourrait être enregistrée, avec toutes les conséquences négatives que cela impliquerait, et ce quels que soient les facteurs extérieurs susceptibles de faire baisser les températures[39].

---

[38] Un rapport, rédigé par trois groupes de recherche sur le climat, en mai 2012 à Bonn, où les négociateurs de 180 pays étaient réunis pour deux jours, avait déjà confirmé ces prévisions et avait affirmé, à l'époque, que certains pays ne semblaient toujours pas prêts à respecter les objectifs de réduction des émissions de dioxyde de carbone, définis à Kyoto en 1997, pour éviter que le réchauffement de la planète dépasse deux degrés Celsius d'ici la fin du siècle.
Pour respecter ce seuil, au-delà duquel les effets sur les récoltes et la fonte des glaciers seraient catastrophiques, les scientifiques avaient estimé, à cette occasion, que les émissions de GES ne devaient pas excéder 44 milliards de tonnes en équivalent CO2 en 2020. Alors qu'actuellement, les émissions de gaz à effet de serre sont déjà d'environ cinquante gigatonnes d'équivalent CO2 par an. Il apparaissait également que « beaucoup de gouvernements étaient loin d'appliquer les politiques qu'ils s'étaient engagés à mettre en œuvre, politiques qui ne seraient elles-mêmes pas suffisantes pour maintenir la hausse de la température en dessous de deux degrés », avait alors estimé Bill Hare, directeur de Climate Analytics.
Au rythme actuel, le réchauffement global de la planète devrait donc logiquement dépasser 3,5 degrés et peut-être encore davantage si les objectifs 2020 n'étaient pas tenus, en ayant des effets considérables sur les pays en développement et un impact majeur sur l'Europe se traduisant par des vagues de canicule, des pénuries d'eau et des problèmes de santé comme on n'en a jamais connus.

[39] Récemment, des astronomes américains avaient, par exemple, évoqué la possibilité que le soleil connaisse, dans son prochain cycle, une activité très faible sur une longue période de temps, après qu'ils aient observé une tendance à long terme d'affaiblissement des taches solaires et un ralentissement de l'activité près des pôles.
Cette évolution devrait logiquement conduire à une baisse des températures, par l'apparition d'un second «Minimum de Maunder» (période de 70 ans de 1645 à 1715, sans aucune tache solaire et durant laquelle l'Europe a connu un petit âge glaciaire). Mais il s'avère qu'une forte réduction de l'activité solaire ne pourra pas compenser le réchauffement lié aux émissions de GES résultant des activités humaines, car d'après les travaux des scientifiques en ne faisant baisser les températures que de 0,3 degré Celsius !

Les activités humaines génératrices de GES et les principaux pays responsables

L'importance relative des activités humaines participant aux émissions de gaz à effet de serre se présente approximativement de la façon suivante au niveau mondial, dans un ordre décroissant:

- les transports (pour 27%)[40],
- l'industrie manufacturière (pour 21%),
- le bâtiment (pour 20%),
- l'agriculture et la sylviculture (pour 16%),
- l'énergie (pour 13%),
- les déchets et autres (pour 3%).

La Conférence internationale de Bali sur le climat, en 2007, organisée sous l'égide de l'ONU, avait conduit à tenir compte également de la déforestation qui dégage, en effet, de très grandes quantités de C02 tout en diminuant la capacité globale des forêts, en tant que puits de carbone.

Par ailleurs, tous les pays ne sont pas égaux dans la responsabilité des émissions de GES, qui diffère cependant selon le mode d'évaluation envisagé[41], dont les différentes possibilités peuvent être présentées à partir de statistiques de l'année 2007, qui permettent de les illustrer.

. La façon la plus simple et la plus commune de comparer les émissions de chaque pays est d'additionner tous les combustibles fossiles qui y ont été brûlés, par les centrales, voitures, industries ou bâtiments, etc. et de les convertir en CO2. Les 9 émetteurs principaux avec cette mesure étaient alors :

1. La Chine : 7.711 millions de tonnes (TA) ou 25.4% du total mondial
2. Les EU: 5.425 TA ou 17.8%
3. L'Inde : 1.602 TA ou 5.3%
4. La Russie : 1.572 TA ou 5.2%
5. Le Japon : 1.098 TA ou 3.6%
6. L'Allemagne : 766 TA 2.5%
7. Le Canada : 541 TA ou 1.8%
8. La Corée du Sud : 528 TA ou 1.7%

[40] Il s'agit du poste de consommation d'énergie qui croît le plus vite dans le monde, du fait des échanges de plus en plus nombreux (environ 149,5 millions de tonnes de CO2 !)

[41] Sur tous ces points, voir en particulier: « Which nations are really responsible for climate change - interactive map »Duncan Clark & the Guardian Interactive team, guardian.co.uk, Thursday 8 December 2011.

9. L'Iran : 527 TA ou 1.7%

Plus de la moitié des émissions de ces GES était donc imputable en 2007 à seulement quatre pays (Chine, EU, Inde et Russie).

. Lorsque l'on prend en considération tous les autres GES (autres que ceux qui sont issus de la combustion des seuls combustibles fossiles) et toutes les autres sources de non-fossile-carburant du CO2 (comme la déforestation, responsable d'un quart des émissions mondiales, par exemple), alors les responsabilités apparaissaient comme suit, et faisaient apparaître le Brésil et l'Indonésie dans le peloton de tête :

1. La Chine : 7.216 TA ou 16.4%
2. Les EU : 6.931 TA ou 15.7%
3. Le Brésil : 2.856 TA ou 6.5%
4. L'Indonésie : 2.046 TA ou 4.6%
5. La Russie : 2.028 TA ou 4.6%
6. L'Inde : 1.870 TA ou 4.2%
7. Le Japon : 1.387 TA ou 3.1%
8. L'Allemagne : 1.005 TA ou 2.3%
9. Le Canada : 808 TA ou 1.8%

. Pour tenir compte de la taille de chaque pays et de leur population, il est plus juste de raisonner en termes d'émissions de CO2 des combustibles fossiles brûlants « par habitant ». On s'aperçoit alors que certains petits pays avec des industries intensives en énergies fossiles, tels que le Qatar et Bahreïn, généraient le plus d'émissions, pour lesquels les chiffres par habitant étaient les suivants, toujours pour 2007.

1. Le Qatar : 40.1 tonnes
2. Émirats arabes unis : 32 tonnes
3. Trinidad & Tobago : 30 tonnes
4. Koweït : 28.9 tonnes
5. Bahreïn : 28.8 tonnes
6. Brunei : 20.3 tonnes
7. Luxembourg : 20.1 tonnes
8. Australie : 17.8 tonnes
10. EU : 16.9 tonnes

Moyenne du monde : 4.5 tonnes

Moyenne de l'Afrique : 1.1 tonne

. Si l'on considère les émissions cumulatives de chaque nation entre 1850 et 2007, alors le classement devenait.

1. Les USA : 339.174 TA ou 28.8%
2. La Chine : 105.915 TA ou 9.0%

3. La Russie : 94.679 TA ou 8.0%
4. L'Allemagne : 81.194.5 TA ou 6.9%
5. Le Royaume-Uni: 68.763 TA ou 5.8%
6. Le Japon : 45.629 TA ou 3.87%
7. La France : 32.667 TA ou 2.77%
8. L'Inde : 28.824 TA ou 2.44%
9. Le Canada : 25.716 TA ou 2.2%
10. L'Ukraine : 25.431 TA ou 2.2%

Ou bien par habitant[42] :

1. Le Luxembourg : 1.429 tonnes
2. Le Royaume-Uni: 1.127 tonnes
3. Les EU : 1.126 tonne
4. La Belgique : 1.026 tonnes
5. République tchèque : 1.006 tonnes
6. L'Allemagne : 987 tonnes
7. L'Estonie : 877 tonnes
8. Le Canada : 780 tonnes
9. Kazakhstan : 682 tonnes
10. La Russie : 666 tonnes

. Se concentrer cependant sur les seuls pays où les émissions sont produites apparaît comme insuffisant, car on ne tient pas compte des importations de biens et services d'autres États, qui ont rejeté des GES pour les produire (une grande partie de la génération de GES de la part de pays tels que la Chine, par exemple, l'est en raison de la production de marchandises qui sont finalement consommées dans des nations plus riches). Si les émissions de GES (y compris tous les GES) sont mesurées en termes de consommation alors le classement change encore et devenait :

1. Les EU : 29 tonnes
2. L'Australie : 21 tonnes
3. Le Canada : 20 tonnes
4. La Suisse : 18 tonnes
5. La Finlande : 18 tonnes
6. Les Pays-Bas : 17 tonnes

[42] Le Royaume-Uni passe dans l'équipe des pays les plus pollueurs, en raison de la révolution industrielle, tandis que la Chine disparaît de l'écran. L'on peut toutefois émettre une réserve : la période choisie s'achève un peu trop tard pour être significative en termes d'émissions historiques puisqu'en 2007, la Chine et l'Inde avaient déjà entamé leur forte croissance économique générant une importante demande en énergie et une pollution en hausse.

7. La Belgique : 17 tonnes
8. L'Irlande : 16 tonnes
9. La Chypre : 16 tonnes
10. Le Royaume-Uni : 15 tonnes

B - Les mesures de corrections déjà apportées ou encore possibles

Les tentatives de correction ont essentiellement porté sur la limitation des émissions de gaz à effet de serre à travers le Protocole de Kyoto, et très peu lors des récentes négociations internationales sur le réchauffement climatique. Elles ont également visé à diminuer la concentration des GES dans l'atmosphère par la préservation et l'accroissement des puits de carbone, ou par la promotion d'énergies propres, la sobriété et l'efficacité énergétiques.

Le Protocole de Kyoto

Signé le 11 décembre 1997, lors de la 3e conférence annuelle de la Convention (COP 3) à Kyoto, au Japon, le protocole de Kyoto, seul accord international, bâti sur la Convention-Cadre des Nations Unies sur les changements climatiques, est entré en vigueur le 16 février 2005. Il imposait, de façon différenciée, à 36 pays industrialisés qui l'ont ratifié (pays de l'annexe B et de l'Union européenne) de réduire globalement leurs émissions de GES de plus de 5% sur la période 2008-2012, relativement à 1990, considérée comme année de référence[43].

En 2011, 191 États avaient signé et ratifié le protocole de Kyoto de la Convention-cadre des Nations unies sur les changements climatiques, mais toujours pas les États — unis.

Les principes généraux du Protocole étaient, et sont toujours, de réduire les émissions mondiales de CO2, en fixant des quotas d'émission à chaque pays, de façon à parvenir progressivement à l'objectif fixé. Ces quotas ont été déterminés en prenant comme point

---

[43] Certains pays ayant moins pollué que les autres pouvaient ainsi accroître leurs émissions (Australie : +8% ; Islande : +10% ; Norvège : +1%), certains pouvaient maintenir leurs émissions à leur niveau antérieur (Fédération russe, Nouvelle-Zélande, Ukraine) et enfin les autres devaient les diminuer dans différentes proportions (Croatie : -5% ; Canada, Hongrie, Japon, Pologne : - 6% ; Pays membres de l'Union européenne, et autres pays de l'annexe B : -8%).

de départ les émissions initiales de CO_2 de chaque pays concerné, pour l'année 1990.

Ce Protocole, encore en vigueur aujourd'hui, bien que difficilement reconduit à Durban jusqu'en 2017[44], a donc mis en place des objectifs légalement contraignants et a fixé des délais impératifs pour réduire les émissions de gaz à effet de serre des seuls pays industrialisés[45].

Pour compenser ces "objectifs contraignants", l'accord a donné la possibilité de recourir à des mécanismes dits « de flexibilité » en complément des politiques et mesures qu'ils devront mettre en œuvre au plan national : l'action domestique devant constituer une part « significative » de l'effort de réduction, le recours aux mécanismes du protocole ne devant intervenir qu'en supplément.

Ces mécanismes de flexibilité sont au nombre de trois : le mécanisme des permis négociables, la mise en œuvre conjointe et le mécanisme de développement propre.

- Le mécanisme des permis négociables, fondé sur la fixation préalable de quotas d'émission

Principal mécanisme prévu par le Protocole de Kyoto, il visait à encourager le plus rapidement possible l'amélioration des systèmes de production les plus polluants et les moins efficaces, en s'appuyant sur un système de marché de permis d'émission, comme instrument principal de régulation des émissions de gaz à effet de serre.

Le principe de base est que chaque État reçoit une allocation d'UQA (unité de quantité attribuée) en fonction d'un plafond d'émission de tonnes en équivalent CO_2 (cap), calculée à l'aide du Potentiel de Réchauffement Global « PRG ». Les États attribuent ensuite aux industries une quantité de droits à émettre, pour une période donnée, à

---

[44] Dénonçant l'absence des deux plus gros émetteurs de CO_2, États-Unis et Chine, autour de la table des négociations, le Canada, la Russie et le Japon n'avaient pas signé pour une deuxième période d'engagements. Seule l'Europe a voulu marquer son attachement symbolique à ce protocole, en s'engageant à réduire ses émissions de CO_2 de 20% d'ici à 2020, faisant qu'aujourd'hui, les pays signataires ne représentent plus que 15% des émissions de gaz à effet de serre mondiales.

Les mécanismes de marché qu'il a mis en place (les échanges de crédits carbone et la soumission des industriels à des quotas) devaient continuer à vivre du 1er janvier 2013 jusqu'à la fin 2017. Mais pourrait cependant être soit remplacé soit renforcé d'ici à 2020.

[45] Le protocole de Kyoto avait, en effet, distingué les pays développés et les pays en développement, sur la base d'une responsabilité commune, mais différenciée, en définissant un plafond global d'émission en accord avec la science, à répartir entre les seuls pays industrialisés, reconnaissant ainsi, implicitement, leur responsabilité historique majeure dans le réchauffement climatique de la planète.

l'issue de laquelle chaque entreprise doit restituer autant d'Unités de Quantité Attribuée (UQA) que de tonnes en équivalent CO2 émises. Ces droits peuvent être échangés (Trade), d'où le nom du système de « Cap and Trade ». Le marché européen ou ETS (Emissions Trading System) est le premier marché des droits d'émission à fonctionner depuis 2005. À partir de 2008, il devait s'insérer dans le marché mondial prévu dans le Protocole de Kyoto.

Mais ce système, aussi séduisant qu'il puisse paraître, a cependant fait l'objet de profondes critiques.

Tout d'abord, ce système puise ses racines théoriques dans une approche ultralibérale de l'économie de l'environnement, et de la croyance absolue en la capacité du marché à réguler les sociétés et le climat.

En deuxième lieu, il est constitué, d'une part, du marché des droits d'émission et, d'autre part, du marché d'échange des crédits d'émission, qui ne sont pas émis par les États, mais qui peuvent être obtenus à l'extérieur dans le cadre des mécanismes de flexibilité du protocole de Kyoto (voir supra), à l'origine de marchés dérivés particulièrement pernicieux.

Ces « marchés dérivés » concernent des contrats d'options et des contrats à terme (qui se traduisent par des promesses de vente de quotas d'émission ou de crédits, dans une certaine quantité et à un certain prix à une date donnée) se sont mis en place depuis quelques années, notamment pour aider à la couverture des risques de position, en assimilant le carbone à une nouvelle marchandise, alors qu'il n'aurait dû être qu'une externalité négative.

Ces marchés dérivés présentent énormément de risques, du fait notamment de leur volatilité, de la prolifération de contrats très peu fiables (produits dérivés fictifs, dont les prix peuvent donc s'effondrer à tout moment), et surtout de l'opportunité qu'ils offrent à une spéculation excessive en l'absence de toute régulation, susceptible de déboucher sur une chute des cours due aux « subprime carbon », et devraient donc pouvoir être tout simplement supprimés.

Enfin, le marché carbone n'a absolument pas réussi à engendrer de réduction globale des émissions, qui n'ont, en effet, cessé d'augmenter à l'échelle de la planète.

- La mise en œuvre conjointe (MOC)

Le mécanisme, dit de la mise en œuvre conjointe (MOC), visait, au départ, essentiellement des investissements effectués en Europe de l'Est par une entreprise de l'annexe B, en offrant des possibilités d'obtention de droits (le plus souvent à bas coûts) pour des émissions « évitées », moyennant l'utilisation d'une unité de transaction : l'Unité de réduction des émissions (URE ou ERU : Emission Reduction Unit)[46]. La mise en œuvre conjointe (MOC) est un mécanisme de financement de projets ayant pour objectif premier le stockage de carbone (en augmentant les "puits", comme les forêts qui absorbent du dioxyde de carbone de l'atmosphère) ou la réduction d'émissions de gaz à effet de serre. Il concerne les projets industriels ou forestiers visant à lutter contre l'effet de serre et lancés tout particulièrement par la Russie et les pays d'Europe centrale et orientale, en débouchant sur la génération de crédits d'émission de gaz utilisables par les investisseurs.

- Le mécanisme de développement propre (MDP)

Mais le mécanisme le plus important est le mécanisme de développement propre (MDP, CDM en anglais) qui s'applique aux pays en développement, hors annexe B, dans lesquels des entreprises des pays développés peuvent financer des projets dits « additionnels », permettant d'éviter des émissions par rapport à la poursuite de la situation antérieure, et donner lieu à l'attribution de certificats de réduction d'émission URCE (Unités de réduction certifiée des émissions ou Certified Emission Reduction Units CER)[47], négociables aussi bien sur le marché européen que sur le marché international.

---

[46] Équivalent à une tonne d'émissions de dioxyde de carbone réduites ou piégées à la suite d'un projet de Mise en œuvre conjointe (défini dans l'article 6 du Protocole de Kyoto) calculée à l'aide du Potentiel de réchauffement global PRG.

[47] Correspondant à une tonne (tonne métrique) d'émissions en équivalent-CO2 réduite ou piégée grâce à un projet du Mécanisme pour un développement propre, calculée à l'aide du Potentiel de réchauffement global PRG.

Grâce à ce mécanisme, l'industrie des pays de l'annexe B a pu acheter des droits à bon marché, du fait de bas coûts de production, et éviter ainsi les coûts de passage à une production pauvre en carbone, qu'elle aurait dû assumer dans son propre processus de production[48].

Le mécanisme de développement propre (MDP) a été créé dans le cadre du protocole de Kyoto afin de permettre aux Occidentaux de réaliser leurs objectifs en investissant dans des projets dans les pays en développement[49]. Il constituait la réponse aux demandes des pays en développement (PED) d'un mécanisme financier qui appuierait le développement économique, en facilitant l'adoption de méthodes de production plus « propres ». Contrairement à la mise en œuvre conjointe (MOC), qui vise en priorité à lancer des projets de stockage de carbone ou de réduction d'émissions, le MDP s'adresse aux besoins de financement du développement.

Ce mécanisme génère, en effet, des crédits d'émission, sur la base de projets d'investissement dans un pays en développement. Ces projets, dont la nature reste à préciser et qui sont le fait d'investisseurs publics ou privés, déterminent des réductions d'émissions de gaz par rapport à une situation de référence. Ces droits peuvent être stockés ou échangés et doivent faire l'objet d'un partage entre l'investisseur étranger et le pays ou le partenaire hôte. Selon le texte du protocole de Kyoto, ce mécanisme donnera lieu au prélèvement d'une taxe, dont

---

[48] Une récente étude de l'université de Stanford (Stanford's Energy and Sustainability Program a démontré que deux tiers des MDP ne fournissaient en fait aucune réduction des émissions, et que certains de ces projets MDP ont eu des conséquences sociales dramatiques. Par ailleurs, l'additionnalité des projets est souvent contestable, tout comme leur contribution à une véritable politique de développement dans les pays du Sud, pour lesquels l'atténuation du changement climatique et l'adaptation à ses effets ne sauraient tenir lieu d'une véritable politique de développement. Un autre effet pervers des MDP est que la règle d'additionnalité peut inciter les responsables des politiques publiques à maintenir au niveau le plus bas possible les normes nationales en matière de réglementation environnementale, de manière à favoriser la qualification de projets MDP.

[49] Le protocole de Kyoto définit cependant 4 conditions d'éligibilité pour les projets MDP :
- Les deux pays concernés (pays destinataire du projet et pays investisseur) doivent avoir ratifié le Protocole de Kyoto.
- Le projet doit contribuer au développement durable du pays cible. Mais comme il n'existe pas de définition unanime du développement durable, chaque pays hôte est invité à déterminer par lui-même ses propres objectifs de développement durable, à la lumière de ses contraintes et de ses priorités nationales.
- Le projet doit être approuvé par le pays cible.
- Le projet doit satisfaire au principe d'additionnalité : les réductions d'émission certifiables doivent être « additionnelles » à celles qui auraient eu lieu en l'absence du mécanisme de certification, et pour qu'un projet soit accepté, ses instigateurs doivent démontrer que ce projet ne serait pas réalisable sans les certificats de réduction d'émission.

l'assiette reste à définir, et qui devrait contribuer au financement des coûts d'adaptation des pays en développement au réchauffement climatique.

Plusieurs problèmes ont été relevés durant ces quelques premières années de vie du MDP :

- La répartition des projets dans le monde est très inéquitable, particulièrement pour l'Afrique.
- Les énergies renouvelables et le secteur des transports occupent une place marginale.
- Certains projets peuvent induire des effets collatéraux néfastes.
- Le principe d'additionnalité semble ardu à définir et à évaluer.
- L'aide publique au développement est parfois « détournée » vers des projets MDP[50].

Les limites du protocole de Kyoto et les critiques dont il a fait l'objet

Les principales limites et critiques du Protocole de Kyoto portent essentiellement sur le recours aux mécanismes du marché pour résoudre les problèmes du réchauffement climatique et sur l'absence d'éthique dans la détermination des quotas d'émission.

- Le recours aux mécanismes du marché

Indépendamment du fait que le Protocole de Kyoto n'intéresse aujourd'hui qu'un nombre limité de pays (les États-Unis ne l'ont toujours pas signé, par exemple), il semble qu'il ait surtout permis à certains pays riches, notamment européens, grands pollueurs, d'atteindre leurs objectifs de réduction, plus particulièrement grâce aux droits obtenus dans les pays du Sud et au détriment de la reconversion nécessaire des manières de produire et de consommer.

Pour de nombreux observateurs, le marché carbone constitue en fait un marché des droits à polluer, qui permet et alimente une spéculation financière douteuse, tout en facilitant considérablement des fraudes sur des éléments pourtant vitaux pour l'humanité.

---

[50] Quoilin Sylvain, « Evaluation des impacts environnementaux et socioéconomiques du mécanisme de développement propre », août 2008, http://www.labothap.ulg.ac.be/cmsms/Staff/QuoilinS/mecanisme_de_developpement_propre_SQ090201.pdf

Et, bien qu'il soit, désormais, unanimement reconnu comme politiquement inadmissible, écologiquement inefficace et économiquement dangereux, de faire relever la gestion d'un bien commun, comme le climat, par une logique marchande[51], le marché carbone est, semble-t-il, malheureusement voué à se généraliser dans l'avenir au-delà de l'Union européenne, qui, jusque-là, en avait, seule, renouvelé le principe pour l'après Kyoto.

Le débat sur le marché carbone ne se borne donc pas à sa généralisation et aux moyens de le renforcer, mais devrait plutôt porter sur le choix entre sa suppression et la mise en place de mesures pour l'encadrer plus strictement, afin de pouvoir alors le conserver comme un moyen limité, complémentaire, et non plus central dans les politiques climatiques.

- L'absence d'éthique dans la détermination des quotas d'émission

Les pays développés ont été responsables d'environ 80% des émissions « passées » de gaz à effet de serre, depuis la révolution industrielle, sur la période allant de 1751 à 2007, alors que les pays les moins développés, bien qu'abritant 80 % de la population mondiale, n'ont contribué qu'à hauteur de 20 % de ces émissions!

Les négociations internationales se sont focalisées sur la limitation des « flux » globaux nationaux et annuels des émissions de GES d'origine anthropique, sans tenir compte de la contribution de chaque État au niveau actuellement atteint par les GES dans l'atmosphère, en termes de « stocks ».

Dans cette optique, un minimum d'éthique aurait cependant voulu :

- que l'on raisonne, d'abord, non pas globalement au niveau d'un pays, mais par habitant, de façon à permettre à chaque être humain de disposer effectivement d'un quota d'émission identique, et

- que l'on prenne, ensuite, également en considération le niveau par habitant de GES déjà atteint dans l'atmosphère à un niveau mondial, dont la concentration globale est actuellement très proche d'un niveau critique, essentiellement à cause des émissions émises par les pays

[51] Ce qui revient à utiliser les racines théoriques d'une approche ultralibérale de l'économie de l'environnement et la croyance absolue en la capacité du marché à réguler les sociétés et le climat, pour tenter de résoudre les problèmes. Le Protocole de Kyoto a ainsi fait le choix de privatiser la nature et de s'appuyer sur les marchés financiers pour réduire les émissions de gaz à effet de serre, à travers ce que l'on peut qualifier de droit à polluer négociable.
« On ne résout pas un problème avec les modes de pensée qui l'ont engendré ». Albert Einstein

développés, depuis la révolution industrielle, lesquels approchent donc, ou ont déjà dépassé, le niveau de GES émis par habitant auquel ils auraient eu droit dans une optique d'équité.

Cette dernière observation implique donc que les pays industrialisés devraient :

- non seulement faire davantage d'efforts dans la réduction de leurs émissions de GES, en reconnaissance de leur dette écologique vis-à-vis des pays en développement, ce qui est effectivement reconnu par le Protocole de Kyoto[52],

- mais qu'ayant, en outre, considérablement handicapé le développement futur des pays du sud, en limitant leurs possibilités d'émettre à leur tour des GES (possibilité qui peut, en effet, être assimilée à un bien commun), prendre également des mesures de compensation supplémentaires à destination de ces pays « contraints », chaque fois que leurs émissions de GES par habitant cumulé impliquera un dépassement du niveau de GES auquel ils auraient encore droit par tête d'habitant, selon une répartition égalitaire .

Quant à l'Afrique, et aux pays insulaires les moins avancés, quel effort spécifique pourrait-on leur réclamer quand on sait qu'ils ne sont responsables que d'environ 4 % des émissions mondiales!

Aujourd'hui de très nombreux auteurs s'accordent ainsi pour constater que la négociation climatique, fondée sur la fixation de quotas d'émissions, ne marche pas, et qu'il faudrait donc changer de logique, en allant notamment vers l'adoption d'un prix international du carbone. Cette solution permettrait non seulement de réduire les émissions de GES, en rendant les solutions économes en carbone financièrement plus intéressantes, mais également de récolter des fonds très importants pour financer les projets d'adaptation au changement climatique et éventuellement aider les plus modestes à faire face à ce coût carbone .

Les négociations internationales récentes sur le réchauffement climatique[53]

L'accord obtenu à Copenhague (lors de la Cop 15 en 2009), n'a été, à son tour, qu'une simple déclaration d'intention : celle de déterminer une limitation du réchauffement de 2°C par rapport à l'ère

---

[52] Dont le montant actuel correspondrait pour de nombreux auteurs au total de la dette financière de tous les pays en développement à l'égard des pays industrialisés.

[53] La plus significative ayant été la Cop 16, ou Conférence de Cancún en 2010, après toutes les Cop précédentes ou suivantes, qui ont débouché sur de simples déclarations d'intentions.

préindustrielle d'ici à 2050 (alors que l'objectif initialement fixé avant la conférence était une réduction de 50% des émissions de gaz à effet de serre), et d'imposer l'engagement de tous les participants à donner par écrit les chiffres précis de leurs réductions d'émissions d'ici à 2015.

Les pays industrialisés s'étaient, par ailleurs, engagés à apporter une aide de 10 milliards de dollars (6,9 milliards d'euros) par an en 2010, 2011 et 2012 aux pays pauvres pour les aider à faire face aux conséquences du changement climatique, comme la sécheresse et les inondations, et développer les énergies non polluantes[54].

L'accord a également précisé que les engagements des pays industrialisés devraient être « mesurables, notifiables et vérifiables » (règles MNV/MRV), afin de pouvoir en contrôler la réalité, mais ne prévoit malheureusement pas la création d'une instance internationale pour vérifier la mise en œuvre des engagements de chaque pays, et n'évoque plus la création d'une Organisation mondiale de l'environnement, qui aurait notamment pu avoir ce rôle, et croiser ces objectifs avec ceux de la protection de la Biodiversité.

C'est à Cancún, en novembre 2010, que 200 pays, rassemblés sous l'égide de l'ONU pour la seizième conférence des Parties à la Convention sur le Changement Climatique (COP16), ont finalement adopté, un texte destiné à officialiser la déclaration d'intention de Copenhague.

Une des principales avancées prévues par l'accord de Cancún a donc été la création d'un « Fonds vert pour le climat », qui devrait permettre aux pays en développement de s'adapter au changement climatique, mais aussi de protéger les forêts tropicales et de pouvoir bénéficier des technologies propres, comme le solaire ou l'éolien. Et bien que son mode d'alimentation n'ait pas été défini, il a été convenu que la gestion de ce fonds soit placée sous l'égide temporaire de la seule Banque mondiale, pendant les trois premières années, avant d'être supervisée par un comité d'administration, composé paritairement des pays en développement et de pays développés. Ce Fonds aura pour fonction de distribuer une partie de l'argent promis par les pays développés dans le cadre de la lutte contre le réchauffement climatique, à savoir 100 milliards de dollars par an à partir de 2020.

---

[54] A plus long terme, "l'objectif" était de porter cette aide à 100 milliards de dollars par an (69 milliards d'euros) d'ici 2020.

Les pays présents à Cancún[55] se sont cependant contentés de maintenir le statu quo sur le protocole de Kyoto, seul texte juridiquement contraignant sur le climat existant à ce jour, en repoussant à 2011 les négociations sur son avenir, sans prendre d'engagement de le prolonger au-delà de son terme[56].

Le texte adopté a également posé les bases d'un mécanisme pour réduire la déforestation, responsable à elle seule d'environ 15 % à 20 % des émissions globales de GES (le REDD : pour Reduced Emissions from Deforestation and Degradation, ou en français : Réduction des émissions dues à la déforestation et à la dégradation des forêts) . Ce mécanisme avait pour but de « ralentir, arrêter et inverser la perte du couvert forestier », avec « la participation » des parties impliquées dans la gestion de la forêt, dont les populations autochtones, mais n'avait pas prévu les mécanismes de contrôle, ni précisé le mode de financement[57].

Il avait cependant prévu pour 2015 le réexamen des objectifs climatiques limitant le réchauffement global et le suivi des promesses faites par les nations pour le climat sur la base de données qu'elles fourniront elles-mêmes et sans qu'aucune sanction ne soit prévue.

En 2010, les émissions de gaz à effet de serre avaient cependant atteint un nouveau record, notamment du fait que de nombreuses économies étaient reparties à la hausse après la récession, les émissions mondiales de dioxyde de carbone avaient augmenté de 5,9% durant l'année, selon une estimation de l'Agence internationale de l'énergie.

L'urgence pour les gouvernements de mettre en place des politiques permettant de promouvoir un abandon des énergies fossiles et de développer les énergies renouvelables (éolienne, solaire, géothermique et hydraulique) n'était donc plus à démontrer[58].

---

[55] Tous les pays participants, sauf la Bolivie, ont approuvé un texte, qui prévoit à côté du Fonds vert pour le climat, de remettre les décisions principales à la prochaine Conférence qui devait avoir lieu en novembre 2011 à Durban en Afrique du Sud.

[56] Sa première phase d'engagements expirait en 2012, et de nombreux pays avaient prévenu qu'ils ne prolongeraient pas le protocole, exigeant un nouveau traité incluant les autres pays émetteurs de gaz à effet de serre, à commencer par les États-Unis, la Chine et l'Inde.

[57] Réduire des émissions, résultant du déboisement et de la dégradation des forêts favorisant un effort, en créant une valeur financière du carbone stocké dans les forêts, et inciter les pays en développement au développement durable, afin de réduire les émissions provenant des terres boisées en investissant dans les chemins à faible émission de carbone.

[58] Le GIEC a publié en mai 2010 un rapport affirmant que les énergies renouvelables pourraient fournir jusqu'à près de 80% de toutes les énergies en 2050 si des choix politiques étaient faits. Dans le cas contraire, cette part ne serait que de 15%

Actuellement, la part de ces énergies est de 13% au niveau mondial où les combustibles fossiles comme le charbon, le pétrole et le gaz restent dominants.

L'accroissement des émissions de GES semble de nature à compromettre l'objectif de limiter à 2°C le réchauffement climatique par rapport à l'ère préindustrielle d'ici à 2050, qui ne pourrait être atteint selon le GIEC, que si ces émissions pouvaient être stabilisées dès 2015, faute de quoi le réchauffement climatique serait malheureusement compris entre 3,2 et 6,1°C.

Les limites et les critiques des négociations internationales récentes sur le réchauffement climatique

- Persistance des inégalités nord-sud et de l'absence de vision commune entre pays développés et pays émergents ou en voie de développement.

Les propositions des États-Unis, de l'Union européenne, et, plus largement, des pays de l'Annexe 1 de la Convention-Cadre des Nations Unies (regroupant les pays industriels), ont, en effet, été les seules à être discutées, bien qu'elles n'aient pas toujours été à la hauteur des enjeux, et qu'elles suscitent un mécontentement permanent et une opposition systématique des pays du Sud.

Une parfaite illustration est donnée par la tentative des pays riches, sous la pression de puissants lobbys industriels et économiques, d'étendre les mécanismes de la finance carbone à tout l'arsenal de lutte contre le réchauffement climatique, malgré sa dangerosité dénoncée par de fortes critiques.

Le sud apparaît malheureusement très divisé dans ses requêtes, à l'inverse des pays du nord, qui, malgré quelques divergences internes, plutôt marginales, restent profondément attachés aux seuls mécanismes du marché et à la propriété privée des biens publics mondiaux, pour réguler les éventuels efforts à répartir, tout en récusant leur unique responsabilité dans le réchauffement climatique.

Le Sud se présente, en effet, sous la forme d'une mosaïque d'intérêts souvent très différents, regroupés généralement autour d'un petit nombre de pays pauvres, qui ne peuvent pas avoir de véritable influence sur les débats.

Le Sud se compose notamment de:

- l'Alliance des petits États insulaires en développement (APEID), composée de 43 membres particulièrement vulnérables aux changements climatiques,

- des pays les moins avancés (PMA), au nombre de 49, également très vulnérables aux changements climatiques,

- du G77-Chine (129 pays en développement plus la Chine),

- de la coalition des pays avec des forêts pluviales (Rainforest coalition), qui cherche à faire reconnaître les efforts réalisés pour ralentir les émissions dues au déboisement,

- de groupes encore non reconnus comme parties prenantes, et qui demandent à l'être, comme le Forum international des peuples indigènes sur le changement climatique (IIPFCC).

Face à ces multiples coalitions, les pays développés apparaissent davantage unis, que ce soit au sein du groupe de l'Union européenne, ou dans un autre groupe appelé « Groupe parapluie », qui comprend notamment les États-Unis, le Canada, le Japon, l'Australie et la Russie, et développent effectivement des solutions convergentes.

D'où l'impérieuse nécessité d'un rééquilibrage nord-sud dans les négociations à venir, afin de pouvoir garantir une réponse efficace, équitable et déterminante à l'urgence climatique.

Le climat qui est, par excellence, un bien public mondial, ne pourra, en effet, faire l'objet d'une protection efficace, qu'à travers une action publique internationale ancrée sur trois axes:

- se fonder sur la justice et la solidarité universelle pour être en mesure d'imposer un cadre contraignant unanimement respecté,

- décider des actions à mener à l'issue de négociations fondées sur la coopération et non la concurrence, et surtout,

- respecter le droit des peuples dans la gestion de leurs territoires et l'appropriation de leur destin, notamment à travers leur participation effective à la gestion des fonds publics affectés à la lutte contre le réchauffement climatique.

Outre l'absence d'une vision partagée à moyen et long terme, de grandes divergences d'intérêts ont été révélées au cours des négociations, notamment par la volonté des pays industrialisés de gommer les intérêts spécifiques des pays en développement ou émergents.

Ces divergences concernent notamment l'absence d'éthique dans la détermination des quotas d'émission, la répartition des efforts nationaux pour lutter contre le réchauffement climatique, l'idée d'un accord contraignant sous supervision onusienne, la conservation du cadre de négociation onusien, la pertinence des mécanismes mis en place et enfin, le mode de gestion des fonds affectés à la lutte contre le réchauffement climatique.

- Divergences sur la répartition des efforts nationaux à consentir pour lutter contre le réchauffement climatique et sur l'idée d'un accord contraignant sous supervision onusienne

Les pays en développement ont cependant été très insatisfaits des engagements de réduction de GES des pays développés, tant par les engagements passés que par les promesses d'engagements futurs.

Sous l'impulsion des États-Unis, les négociations à Copenhague ont remis en cause cette approche. Réfractaires à tout engagement juridiquement contraignant sous supervision onusienne, et appuyés en cela par le Canada et l'Australie, les États-Unis ont, en effet, vainement essayé d'aboutir à une déclaration s'appliquant à tous les pays sous le nom de « vision partagée », qui consistait en une simple inscription des engagements sous la forme de réduction absolue pour les pays développés et de réduction de l'intensité énergétique pour les pays en développement. Ces propositions ont été rejetées par la quasi-intégralité des pays en développement et des mouvements sociaux du Sud, qui exigent une régulation contraignante sous l'égide de l'ONU.

En parallèle aux négociations onusiennes, les questions climatiques sont désormais discutées au sein du G8 ou du G20, qui tendent à marginaliser et délégitimer le processus de l'ONU, tout comme la « Rencontre des économies majeures sur l'énergie et le climat », créée à l'initiative des États-Unis pour définir un régime climatique post-2012.

Dans un cadre onusien, compte tenu des forces en présence, des alliances nouées par les pays en développement et de la pression de l'opinion publique internationale, il semble encore possible de créer du droit international environnemental, qui puisse à terme s'opposer au droit commercial et aux logiques purement économiques et ultra libérales. Une telle perspective s'éteindrait évidemment si les négociations bilatérales, et/ou de type G20/G8, prenaient le pas sur les négociations onusiennes, quelles que soient les mobilisations citoyennes internationales qu'elles engendrent.

Force est de constater, qu'avec tous ces mécanismes de compensation, ce ne sont pas les pays riches qui font une faveur aux pays en développement, mais les pays en développement qui en font une aux pays riches, en leur permettant d'atteindre leurs objectifs de réduction sans pour autant les contraindre à changer leur modèle économique.

- Divergences sur la gestion des fonds de la Convention-cadre des Nations unies sur les changements climatiques (CCNUCC)

Les fonds de la Convention-cadre des Nations unies sur les changements climatiques sont gérés par le Fonds pour l'environnement mondial (FEM), créé en 1991, et administré par le PNUD, le PNUE et la Banque mondiale (BM). Au sein du FEM, l'influence majeure de la BM est particulièrement contestée par les pays en développement, qui remettent également en cause le poids très important affecté aux donateurs dans son conseil d'administration.

Depuis le début des années 2000, on assiste à une multiplication des fonds pour le financement du changement climatique, avec notamment les fonds pour le développement du marché du carbone. Si les pays du Sud, et en particulier le G77 plus la Chine, réclament un financement multilatéral sous l'égide de l'ONU, la Banque mondiale tend à se positionner comme le centre du système de financement. Le débat est central aujourd'hui, car la Banque mondiale multiplie les fonds, sollicite les contributions des États, alors que les fonds onusiens sont très insuffisants.

À Poznan, en décembre 2008, plus de 160 ONGs, organisations des peuples indigènes et associations de citoyens pour une justice climatique, ont lancé un appel pour un financement indépendant de la Banque mondiale, sous l'autorité de la CCNUCC. Un tel financement est nécessaire pour un nouvel accord global sur le changement climatique, qui nécessite un transfert sur une grande échelle de ressources financières des pays riches vers les pays pauvres.

L'administration des fonds devrait être transparente et démocratique, avec une représentation forte des pays en développement et des peuples indigènes, des mouvements sociaux et environnementaux.

Le Fonds mondial pour le climat devrait donner les outils nécessaires pour l'élaboration de plans nationaux qui garantissent la participation des peuples, des communautés, des individus, au changement vers des économies à bas carbone. L'accès direct au fonds devrait être garanti pour les plus vulnérables, par le biais des associations populaires, des mouvements sociaux, des ONGs et des mouvements de base, y compris les associations de femmes, de façon à renforcer le droit des peuples à la souveraineté alimentaire et énergétique.

Les pays du Sud s'accordent sur quelques principes fondamentaux pour assurer le financement de l'adaptation au changement climatique et de la lutte contre ses effets :

- ce financement devrait être indépendant de l'aide publique au développement (APD),

- il devrait se réaliser sous forme de subventions et non de prêts,

- il ne devrait pas exonérer les pays du Nord d'un changement radical de leur modèle de développement, ni reproduire les rapports de domination Nord-Sud, en privant les peuples du Sud de leur souveraineté pour assurer la maîtrise de leurs ressources et leurs choix de société.

La préservation et l'accroissement des puits de carbone[59]

Diverses solutions permettraient d'améliorer la séquestration naturelle du carbone, ou de développer des techniques de capture et stockage du carbone, que ce soit par des voies naturelles (conservation, réhabilitation et gestion des océans, forêts, tourbières, sols, mangroves et autres écosystèmes) ou par des voies artificielles (capture et stockage).

- Les voies naturelles

- Les océans

Les océans restent le principal « puits naturel » de carbone planétaire, par le biais de deux systèmes : un système physique ou *upwellings*, qui entraîne les eaux de surface chargées en gaz carbonique dissous vers des couches plus profondes, où il se trouve isolé de l'atmosphère, et, un système biologique qui permet de fixer du carbone par les coraux et dans les coquilles calcaires de certains micro-organismes, et le phytoplancton et les poissons via la photosynthèse[60]. Une partie du carbone ainsi fixée est ensuite entraînée en profondeur sous forme de déchets ou de cadavres[61].

Les océans absorbent près de 30 % des émissions de dioxyde de carbone dues aux activités humaines : ils en contiennent 50 fois plus

[59] D'une manière générale, un puits est un processus, une activité ou un mécanisme qui élimine de l'atmosphère un gaz à effet de serre ou un aérosol, ou un précurseur de l'un d'eux. Un précurseur étant un composé atmosphérique différent, mais qui, agissant sur leurs concentrations contribue aux processus physiques ou chimiques qui contrôlent leur taux de production ou de destruction.

[60] En produisant du carbonate de calcium, qui constitue le principal puits de carbone océanique et planétaire.

[61] « L'enjeu plancton : L'écologie de l'invisible » de Pierre Mollo et Maëlle Thomas-Bourgneuf, Edition Charles Léopold Mayer, novembre 2009, 272 pages.

que l'atmosphère et sont, de ce point de vue, en couvrant plus des 2/3 de la planète, globalement plus performant que les forêts. Ils sont aussi ceux qui absorbent la chaleur avec le plus d'efficacité : le milieu marin stockerait, en effet, aujourd'hui, plus de 90 % de l'excédent d'énergie généré par l'augmentation de la concentration des gaz à effet de serre dans l'atmosphère, phénomène à l'origine de sa dilatation et à l'origine de l'élévation du niveau des mers[62].

Les océans voient cependant leur capacité d'absorption de dioxyde de carbone diminuer considérablement et arriver à la limite de la saturation, à la fois : du fait de la dégradation des barrières de corail et de la raréfaction du plancton et des poissons, du fait de leur réchauffement, qui intensifie la remontée des eaux profondes moins chaudes et plus salées, dans lesquelles le dioxyde de carbone se dissout moins facilement, du fait de leur acidification.

- Les forêts et le mécanisme du REDD+

Les forêts, par le mécanisme de la photosynthèse, absorbent normalement le carbone, à la condition qu'elles soient préservées ou en augmentation, mais à l'inverse, elles en dégagent plus qu'elles n'en consomment, si elles sont surexploitées, victimes d'incendies, ou d'une déforestation d'origine climatique ou humaine.

La lutte contre la déforestation[63], la reforestation et la gestion durable des forêts sont donc devenues indispensables, car l'écosystème forestier est avec le plancton océanique, les tourbières et les prairies, l'un des principaux puits de carbone naturels planétaires, en accumulant d'énormes quantités de carbone dans le bois (surtout les bois durs des forêts « primaires »), les racines, le sol et l'écosystème via la photosynthèse (les plantes absorbent le CO_2 de l'atmosphère, stockent une partie du carbone prélevée et rejettent de l'oxygène dans l'atmosphère).

Le parc forestier mondial absorbe ainsi un tiers du CO2 émis par les combustibles fossiles dans l'atmosphère, soit 2,4 milliards de tonnes par an, selon une étude internationale publiée par la revue américaine

[62] Françoise Gaill, directrice de recherche au CNRS et présidente du conseil stratégique de la flotte océanographique de recherche française. http://www.lemonde.fr/climat/article/2015/06/08/l-ocean-absorbe-30-des-emissions-de-co2-dues-aux-activites-humaines_4649587_1652612.html#yuyHiplw6I7e6UOU.99

[63] Responsable de l'émission de 2,9 milliards de tonnes par an, soit environ 26% du total des émissions de combustibles fossiles, qui se chiffrent, en effet, à plus de 8 milliards de tonnes par an.

« Science », qui alerte, en parallèle, sur les conséquences dramatiques de la déforestation dans le contexte du réchauffement climatique[64].

L'étude, portant sur les années 1990-2007, a montré, pour la première fois, que dans les régions tropicales le volume de carbone émis du fait de la déforestation avait été contrebalancé par le volume de carbone absorbé par les forêts primaires intactes, et par la repousse des forêts secondaires dans les zones où l'agriculture a été abandonnée, avec, au final, un bilan carbone presque nul.

Un mécanisme associé au marché carbone, le « REDD+ », qui va au-delà de la déforestation et de la dégradation des forêts initialement considérées par le REDD, et qui privilégie le rôle de la conservation, de la gestion durable des forêts et du renforcement des stocks de carbone forestiers, a été rajouté aux négociations depuis 2005, pour lutter contre la déforestation, mais n'a finalement été adopté formellement qu'à la conférence de l'ONU sur le climat à Cancún (Mexique) fin 2010.

Partenariat de collaboration entre la FAO, le Programme des Nations Unies pour le développement (PNUD) et le Programme des Nations Unies pour l'environnement (PNUE), le REDD+ vise à pousser les pays ayant des forêts tropicales à éviter de les couper ou à les gérer de manière durable, en leur versant des compensations financières.

Le programme REDD+ a été initialement mis en place dans neuf pays pilotes:

Trois en Afrique (la République Démocratique du Congo, la Tanzanie et la Zambie), trois pour l'Asie et le Pacifique (l'Indonésie, la Papouasie-Nouvelle-Guinée et le Viet Nam) et enfin trois pour l'Amérique latine et les Caraïbes (la Bolivie, le Panama et le Paraguay).

Au mois de novembre 2010, la réunion du Conseil d'orientation du Programme ONU-REDD avait approuvé la subvention pour les Programmes Nationaux dans trois pays supplémentaire : le Cambodge, les Philippines et les Îles Salomon[65].

Ce mécanisme subit cependant une très forte contestation pour plusieurs raisons :

. Il est fondé, à tort, sur une définition des forêts qui inclut les plantations nouvelles, lesquelles n'abritent aucune population et portent

---

[64] «Si demain on arrêtait la déforestation, les forêts existantes et celles au stade de la reconstitution absorberaient alors la moitié des émissions des combustibles fossiles», a souligné Pep Canadell, coauteur de l'étude.

[65] Les autres pays susceptibles de bénéficier du Programme ONU-REDD seraient les suivants: l'Argentine, le Bangladesh, le Bhoutan, la République centrafricaine, la Colombie, le Costa Rica, l'Équateur, le Gabon, le Guatemala, la Guyane, le Kenya, le Mexique, le Népal, le Nigeria, la République de Congo, le Sri Lanka et le Soudan.

atteinte à la biodiversité, alors que les forêts naturelles et/ou primaires stockent cinq fois plus de carbone que les plantations, qu'elles sont des réserves de biodiversité irremplaçables, et abritent des populations qui vivent de la forêt et qui l'entretiennent.

. Il ne tient pas compte de la véritable responsabilité de la déforestation, qui incombe effectivement prioritairement aux compagnies qui s'approprient le bien commun pour transformer les forêts primaires en plantations contestables (OGM, ou production d'agro carburants), tout en sollicitant déjà le mécanisme du développement propre[66]!

. Il suppose également résolu le problème de la propriété foncière des forêts, et de la souveraineté des peuples et des communautés qui y vivent[67].

. Il ne résout pas, non plus, le problème de l'abattage illégal de bois, qui représente, par exemple, plus de 50% de l'abattage au Cameroun et plus de 70% en Indonésie.

. Son inclusion dans la finance carbone, à l'instigation de la Banque mondiale notamment, rend instable et imprévisible le financement des programmes. Par ailleurs, l'évaluation des émissions dues au déboisement et à la dégradation, et qui auraient été évitées, est difficile et contestable ; elle suppose des systèmes complexes qui excluent du jeu des acteurs locaux et favorisent les grandes entreprises, capables de faire face à des coûts d'accès au marché carbone élevés[68].

Le système REDD aboutit finalement à récompenser ceux qui éliminent les forêts au lieu de rémunérer ceux qui les protègent. Les forêts devraient en réalité, rester totalement en dehors des mécanismes d'échange prévus par le protocole de Kyoto, et la reconnaissance des droits des communautés locales devrait être une condition absolue de tout projet REDD[69].

---

[66] Le Forum international des peuples indigènes sur le changement climatique (IIPFCC) réclame ainsi la suspension immédiate des projets REDD (et des régimes fondés sur la finance carbone dans les territoires indigènes) : « Cut emissions at the source-NO REDD».

[67] Et pose le problème de qui, en définitive, a le droit de vendre des crédits de carbone forestier?

[68] Les systèmes de surveillance, qui permettent de mesurer, de fournir des rapports crédibles et de vérifier les activités REDD+, sont parmi les éléments les plus critiques pour la mise en œuvre réussie d'un mécanisme REDD +.

[69] Par ailleurs, les coûts du mécanisme REDD+ adopté dans le but de sauvegarder les forêts primaires s'avèrent extrêmement élevés dans la pratique pour des résultats peu convaincants.

- Les tourbières

Les tourbières, qui représentent environ 3% des terres émergées, constituent, également, à l'heure actuelle, un des puits de carbone terrestres les plus performants[70].

À l'échelle mondiale, les tourbières stockent l'équivalent des ¾ du carbone atmosphérique.

Son fonctionnement naturel (en termes de végétation spécifique : la sphaigne[71], de conditions climatiques particulières : température, humidité, et de conditions spécifiques du milieu : hydromorphie, acidité, pauvreté en nutriments…), conduit, en effet, à une absorption importante de carbone. Mais en cas de perturbations notamment anthropiques (piétinement, drainage, apports de nutriments, extraction de tourbe, son utilisation comme combustible fossile, etc..), ou dues à des incendies en saisons sèches (durant lesquelles les tourbières peuvent , en effet, brûler jusqu'à de grandes profondeurs avec un feu extrêmement difficile à éteindre, qui continue de couver pendant longtemps), on constate une remise en circulation du carbone historiquement stocké dans la tourbe, faisant que les tourbières deviennent alors non plus des puits, mais des sources supplémentaires de carbone.

D'où l'impérieuse nécessité de restaurer et de protéger les tourbières, au même titre que les forêts

- Les voies artificielles

Ces techniques consistent à extraire le CO_2 contenu dans les combustibles par divers procédés, à concentrer ce dioxyde de carbone (gaz pur comprimé, gaz liquéfié, neige carbonique ou carbonates…) puis à le stocker de manière à l'isoler de l'atmosphère.

Elles sont essentiellement au nombre de trois : la séquestration peut, en effet, se faire dans le substrat géologique rocheux, dans les fonds océaniques ou sous la forme de stockage minéral.

---

[70] « Les tourbières et leur rôle de stockage de carbone face aux changements climatiques », publié dans "Zones humides Info, 59-60 (2008) 22-24", Fatima Laggoun-Défarge et Francis Muller

[71] Mousse dont les rameaux privés de racines s'accroissent par le sommet tandis que la base meurt, se décompose et constitue une part importante de la tourbe.

- La séquestration et le stockage du CO2 dans le substrat géologique rocheux

Cette solution serait selon le GIEC la plus efficace. Elle pourrait potentiellement contribuer, pour une part importante (10 % à 55 %), à l'effort total de réduction à envisager pour le XXIe siècle.

Elle consiste à injecter, via des puits, du C02 sous forme supercritique[72] (très facile à obtenir du fait de sa température critique à 31 °C, et de sa pression critique à 73 bars) dans des roches perméables ou dans des cavités souterraines jugées suffisamment hermétiques, bien que la fiabilité de ces solutions à long et très long terme reste actuellement discutée, notamment face au risque sismique, d'éruption volcanique, d'infiltration d'eau, d'affaissements de terrain, de fissures, de forages malencontreux..).Ces substrats géologiques rocheux sont :

- Les gisements de gaz naturel et de pétrole, qui apparaissent comme ceux qui présentent le plus d'efficacité, en raison de leur étanchéité et de leur stabilité à l'échelle des temps géologiques ;
- Les veines de charbon dans les mines désaffectées des bassins houillers, lorsque les couches ne se sont pas tassées après extraction ;
- Les aquifères salins, qui sont géologiquement comparables aux gisements d'hydrocarbures, et qui présentent l'avantage d'avoir une capacité bien plus importante, tout en présentant moins de risque de fuite que dans les solutions précédentes ;
- Enfin, le stockage géologique serait également envisageable entre des strates de schistes.

- La séquestration et le stockage du CO2 dans les fonds océaniques

La séquestration et le stockage du CO2 dans les fonds océaniques pourraient se faire selon trois principales approches.

. La première chercherait à favoriser l'accroissement du phytoplancton par fertilisation des océans en fer, afin de stimuler et d'accélérer artificiellement leur fonction de pompe biologique à carbone[73], là où elle est peu active.

Mais la faisabilité économique et l'efficacité de cette technique sont incertaines, et ses effets annexes sur les écosystèmes et l'environnement sont encore mal connus. De plus, cette approche se heurte à une difficulté majeure, qui est que le fer devrait à la fois être

---

[72] On parle de fluide « supercritique », lorsqu'un fluide est chauffé au-delà de sa température « critique » et lorsqu'il est comprimé au-dessus de sa « pression critique ».

[73] Voir supra : « Contrecarrer la dégradation des barrières de corail et la raréfaction du plancton ».

bio assimilable pour le plancton, ce dont on n'est pas certain, et avoir été très largement réparti, ce qui paraît difficile à mettre en œuvre.

. La seconde serait d'injecter le CO2 piégé à une très grande profondeur, notamment dans les fosses marines, où la plus grande partie serait isolée de l'atmosphère pendant des siècles.

Deux principales techniques peuvent être utilisées à cet effet selon la profondeur d'immersion du CO2[74].

La technique appelée « Dense plume » en anglais , ou « panache de densité descendant » en français, qui repose sur le fait que l'eau de mer chargée en CO_2 dissous est plus dense que l'eau de mer normale, et qu'en dessous de 3.000 mètres de profondeur, le CO_2 liquide est plus dense que l'eau de mer. Elle traduit le fait que lorsque la concentration en dioxyde de carbone est forte, cela crée un courant de densité qui plonge vers les fonds océaniques, permettant au CO_2 de s'accumuler alors sur les fonds sous la forme de lac de CO_2 liquide et d'hydrate de CO_2 solide. Le dioxyde de carbone finit par se dissoudre dans l'eau environnante, puis par retourner à l'atmosphère. En fonction des conditions de profondeur et de courantologie, la durée de vie d'un lac de CO_2 peut être de plusieurs millénaires.

La technique appelée « Droplet plume » en anglais, ou « panache ascendant de gouttelettes » en français, repose sur le fait que le dioxyde de carbone liquide est moins dense que l'eau de mer aux profondeurs intermédiaires et que l'eau de mer enrichie en CO_2 est plus dense que l'eau de mer normale. Par conséquent, lorsque l'on injecte du CO_2 liquide ou mélangé avec du CO_2 gazeux vers 1.000 mètres de profondeur, depuis la côte ou un navire-type méthanier, des gouttelettes flottantes de CO_2 se forment. Un panache ascendant de gouttelettes se crée alors, propice à la dispersion et à la dissolution du CO_2 dans l'eau de mer. L'eau enrichie en dioxyde de carbone, plus dense, plonge vers les profondeurs. Là aussi, le CO_2, dissout dans l'eau de mer, rejoint le cycle du carbone et finit, au bout de quelques siècles, par retourner dans l'atmosphère. Il semblerait que la technique « Droplet plume » devrait avoir un impact écologique plus faible que la technique « Dense plume ».

Le CO2 devrait alors être acheminé par gazoduc ou par navire jusqu'à l'emplacement choisi et injecté dans la colonne d'eau ou déposé

---

[74] « Séquestration artificielle du CO2 », Futura-environnement, http://www.futurasciences.com/fr/definition/t/developpement-durable-2/d/sequestration-artificielle-du-co2_7129/

au fond de l'océan. L'impact de cette technique de stockage sur les écosystèmes des fonds marins est cependant inconnu. Nul ne sait, en effet, quelle est l'adaptabilité des organismes de ce milieu à un changement important de la concentration en CO_2 et de l'acidité.

Outre ces incertitudes sur les effets environnementaux, l'injection du CO_2 dans les océans, par l'une ou l'autre de ces deux techniques, pose un problème légal : en vertu de la Convention de Londres, il est interdit d'immerger en mer des déchets, et si le CO_2 était considéré comme un déchet il entrerait donc dans le cadre de cette Convention.

. La troisième, enfin, serait de convertir le CO2 en bicarbonates, hydrates ou matière organique, qui évolueraient alors vers une nécromasse riche en carbone.

- *La séquestration du CO2 par stockage minéral*

La carbonatation minérale (ou stockage minéral inerte) est une des voies de stockage du CO_2 sous une forme minérale, qui réagit peu ou pas avec l'atmosphère. C'est le cas par exemple du stockage du CO_2 sous la forme de carbonates.

Le principe est de transformer chimiquement le CO_2 en carbonate inorganique solide à l'aide d'oxydes alcalins ou alcalino-terreux tels que l'oxyde de magnésium (MgO) et l'oxyde de calcium. Ces oxydes se trouvent naturellement dans les roches silicatées comme l'olivine et la serpentine.

Cette forme de stockage serait la plus durable et la plus sûre, mais elle est aussi la plus coûteuse, notamment en énergie. Pour l'instant, cette technique est encore en phase expérimentale.

La promotion des énergies propres, de la sobriété et de l'efficacité énergétique

L'énergie fossile (charbon, pétrole, gaz) produit du dioxyde de carbone. Alors que l'énergie nucléaire et les énergies renouvelables ne contribuent pas à l'effet de serre. Cependant, lors des négociations internationales, le nucléaire a été exclu des "mécanismes de développement propre" et n'est donc pas considéré comme une option pour lutter contre le réchauffement climatique. Dans de nombreux pays, on assiste cependant à une réelle volonté d'abandonner la filière nucléaire à moyen terme, d'investir dans les énergies renouvelables et surtout dans la sobriété énergétique. Se pose alors un problème d'ordre dimensionnel : faut-il continuer produire de l'énergie à une échelle exclusivement nationale ou régionale (comme cela est le cas aujourd'hui, essentiellement pour alimenter le système industriel) ou favoriser une production privée à l'échelle de tous les ménages (et éventuellement des industries) au moyen d'énergies renouvelables pour satisfaire les besoins de façon décentralisée et non plus centralisée, voire monopolistique ?

C - Les conséquences du dérèglement climatique

Les principales incidences négatives du réchauffement climatique, qui apparaissent comme étant les plus dramatiques peuvent être distinguées selon :

- qu'elles sont déjà malheureusement devenues quasi irréversibles, comme la fonte des glaces, des glaciers et du permafrost, la modification d'El Niño, dont la fréquence et l'intensité devraient s'accroître, et la fin du Gulf Stream,
- ou au contraire susceptibles de pouvoir encore être corrigées, comme la dégradation des récifs coralliens et la raréfaction du plancton, l'augmentation du nombre, de l'intensité et de la violence des phénomènes climatiques extrêmes, l'élévation du niveau de la mer, et les incidences sanitaires directes ou indirectes.

Les conséquences désormais quasi irréversibles du dérèglement climatique

- La fonte des glaces, des glaciers et du permafrost

Les régions gelées de la Terre constituent la cryosphère, dont la fonte s'accélère partout dans le monde. La plupart des scientifiques s'accordent à dire que ce phénomène est résultat du réchauffement climatique, qui entraînera des effets secondaires risquant fort d'accélérer le processus : par exemple, la fonte du permafrost libèrera du méthane, qui est un gaz à effet de serre très persistant, et la fonte de la glace de l'Arctique engendrera la perte d'une partie sa capacité de réflexion, puisque l'eau absorbe plus d'énergie solaire que la glace et la neige.

Ce dégel s'accélère dans toutes les régions froides du monde, comme le montre le tableau suivant:

La glace de mer de l'Arctique	Au cours des dernières décennies, la glace de mer de l'Arctique a régressé de 9% environ par décennie. Avant la fin du siècle, toute la glace de mer d'été risque de disparaître. Sa fonte n'aura cependant aucun effet sur le niveau des mers, puisque ce n'est qu'un gros glaçon sur l'océan[75].
Permafrost arctique	Le réchauffement du permafrost a atteint 2° depuis les années 1980. Les scientifiques prévoient un dégel généralisé, qui libérera de vastes quantités de méthane et de dioxine de carbone dans l'atmosphère, accélérant encore le réchauffement climatique.
Les glaciers norvégiens	Les scientifiques pensent qu'un tiers des plus grands et tous les petits glaciers de Norvège – qui sont au nombre de 1 627 – fondront totalement d'ici le siècle prochain.
Monts du Caucase (Fédération de Russie)	Les glaciers ont diminué de moitié pendant le dernier siècle.
Montagnes de Tien Shan (Asie centrale)	Les glaciers ont perdu près d'un tiers de leur surface au cours de la seconde moitié du 20e siècle – parfois jusqu'à 2 kilomètres cubes de glace par an.
Glaciers du plateau tibétain	Ces 46 298 glaciers, qui constituent la plus vaste superficie de glace en dehors des régions polaires, sont en train de disparaître au rythme de 50 % par décennie. Leur fonte représente une menace pour les ressources en eau d'une bonne partie de l'Asie.
Mont Everest, Himalaya	Les glaciers de l'Everest ont rétréci de 2 à 5 kilomètres au cours des cinquante dernières années, inondant les lacs glaciaires et les communautés environnantes
Alpes, Europe de l'Ouest	Les glaciers alpins pourraient rétrécir jusqu'à ne représenter que 5 % de leur volume des années 1970 d'ici la fin du siècle.
Glaciers du mont Kenya	Les glaciers de ce site du Patrimoine mondial ont perdu plus de 75 % de leur superficie au cours du siècle dernier. Huit d'entre les 18 entités de glace ont disparu.
Glaciers Ruwenzori (Afrique de l'Est)	Ces glaciers ont fondu de 50 % depuis 1987, et ils pourraient disparaître en l'espace de vingt ans.
Kilimandjaro (Tanzanie)	La superficie de glace a régressé de 80 % au cours du siècle dernier.
Glaciers de Carstensz et West Meren (Indonésie)	Le Carstensz a reculé de 80 % entre 1942 et 2000, et le West Meren a complètement fondu à la fin des années 1990.
Glaciers de Nouvelle-Zélande	Les glaciers reculent depuis le milieu du 19e siècle, ils ont perdu la moitié de leur superficie, et se sont dangereusement fracturés.
Glaciers de l'Alaska (États-Unis d'Amérique)	La fonte de nombre d'entre eux a été trois fois plus rapide au cours de la décennie écoulée que durant les quarante années précédentes, et contribue à la hausse annuelle du niveau des mers à hauteur de 0,14 millimètre.
Calotte glaciaire du Groenland	La plus vaste masse terrestre gelée de l'hémisphère nord fond au rythme d'au moins 50 kilomètres cubes par an – de quoi provoquer une hausse mondiale du niveau des mers de 0,13 millimètre par an.
Glacier de Breidamerkurjökull (Islande)	Le principal glacier émergeant de la calotte glaciaire de Vatnajökull – la plus vaste d'Europe – a reculé de 2 kilomètres entre 1973 et 2000. Depuis 2000, la plupart des glaciers de Vatnajökull reculent.
Parc national des glaciers (États-Unis d'Amérique)	Au cours du dernier siècle, le parc a perdu les deux tiers de ses glaciers. Il n'en restera peut-être plus d'ici 2030.
Glaciers péruviens	Ces glaciers ont perdu au moins 22 % de leur superficie depuis 1970, et la fonte s'accélère, menaçant l'alimentation en eau et en électricité de la côte aride du pays qui abrite les deux tiers de la population
Calotte glaciaire de Quelccaya (Pérou)	La fonte de la plus vaste calotte glaciaire tropicale du monde s'est accélérée jusqu'à atteindre 60 mètres par an. Elle disparaîtra probablement d'ici 2020.

[75] En revanche, ce ne serait pas le cas pour le Groenland ou l'Antarctique qui sont des îles couvertes d'une calotte glaciaire

Glacier de Chacaltaya (Bolivie)	Avec la piste de ski la plus élevée du monde, le Chacaltaya a perdu les deux tiers de sa masse dans les années 1990, et est en cours de disparition.
Champs de glace de Patagonie	Les plus importantes masses glaciaires de l'hémisphère sud (en dehors de l'Antarctique) sont les glaciers qui reculent le plus rapidement au monde, ils contribuent de plus de 9 % à la hausse mondiale du niveau des mers, issue de la fonte des glaciers.
La mer d'Amundsen (Antarctique ouest)	Les glaciers sont en train d'abandonner à la mer une quantité de glace qui est 60% plus importante que celle qui s'accumule grâce aux chutes de neige – ce qui pourrait relever le niveau des mers d'environ 0,2 millimètre par an.
La plate-forme de Larsen B (Péninsule antarctique)	En 2002, 3 000 kilomètres carrés de cette banquise se sont désintégrés. Depuis, les glaciers locaux se déplacent plus rapidement et libèrent davantage de glace dans la mer.

Environ les deux tiers de la totalité des glaces polaires fondues se situent au Groenland et le reste dans l'Antarctique[76], leur fonte ajoutée à celle des glaciers et de l'Arctique, en rejetant de l'eau douce dans les océans, risque donc également de modifier considérablement les courants marins.

Selon une étude publiée par le WWF (World Wildlife Fund) fin 2003, une augmentation moyenne des températures de 4°C supprimerait la quasi-totalité des glaciers, qui représentent à eux seuls plus des 3/4 des réserves mondiales d'eau douce. Plusieurs milliards de personnes seraient alors privées d'eau.

Les conséquences environnementales et humaines de la fonte des glaciers et des banquises sont particulièrement graves[77] :

- elles constituent une menace pour les peuples autochtones, qui seront obligés de migrer pour survivre,

- elles vont impliquer une baisse de la ressource en eau potable pour les rivières qui étaient alimentées jusque-là par les glaciers,

- elles se traduisent par une destruction de l'habitat de la biodiversité vivant sur la banquise : ours polaires, phoques, caribous, morses...

- elles vont notamment être, avec la fonte du pergélisol (sous-sols gelés en permanence), à l'origine d'importantes fuites de gaz à effet de serre, particulièrement de méthane, issu de la décomposition des êtres vivants piégés dans les glaces depuis des milliers d'années[78].

- elles vont engendrer une élévation du niveau des mers et des inondations, notamment des zones côtières, menaçant ainsi la survie de nombreux village. Cette élévation, qui, sur un plan purement

[76] L'Antarctique renferme 90% de la glace et 70% des réserves d'eau douce. L'épaisseur moyenne de la glace atteint les 2000 mètres avec quelques pointes à 5000 mètres.

[77] Notamment en matière de migration, le GIEC estime par exemple que le nombre de réfugiés climatiques se monterait à environ 150 millions en 2050.

[78] Selon une étude publiée dans Nature Géoscience.

mécanique, sera quasiment uniquement imputable à la fonte des glaciers terrestres (essentiellement de l'Antarctique et du Groenland)[79], viendra accentuer les effets de la dilatation thermique des océans due au réchauffement climatique. Selon une récente étude, considérée comme la plus précise jamais faite à ce jour, qui a été publiée dans la revue américaine Science du 30 novembre 2012, la fonte des glaces polaires se serait accélérée ces vingt dernières années sous l'effet du réchauffement climatique, surtout au Groenland, et aurait contribué pour 20% à la montée des océans sur cette période.

Elle indique aussi que le niveau de la mer, qui s'est élevé en moyenne depuis 1992 de plus de 55 mm (3 mm par an), est attribuable à l'expansion thermique de l'eau pour 80%, et pour 10% à la seule fonte des deux plus grandes calottes glaciaires de la planète.

- L'accroissement de la fréquence et de l'intensité d'El Niño

El Niño (« l'enfant » en espagnol, devenu le « courant de l'Enfant Jésus », car il apparaissait toujours peu après Noël), désignait à l'origine un courant côtier saisonnier chaud au large du Pérou et de l'Équateur mettant fin à la saison de pêche. Le terme désigne aujourd'hui, et par extension, le phénomène climatique particulier, différent du climat usuel, qui se caractérise par des températures anormalement élevées de l'eau dans la partie est de l'océan Pacifique sud, représentant une extension vers le sud du courant chaud péruvien.

El Niño serait en train de se modifier en accroissant sa fréquence et son intensité, et ces phénomènes, causes et conséquences du réchauffement climatique ont de grandes chances de modifier les conditions climatiques sur la côte Pacifique de l'Amérique du sud et de perturber la totalité de la circulation atmosphérique planétaire.

---

[79] En effet, du fait qu'elles flottent, les glaces de mer (la banquise) déplacent un volume d'eau de mer, dont le poids est égal au poids de la glace selon le principe d'Archimède, et donc l'eau de leur fonte occupera exactement le volume d'eau de mer que la glace occupait, sans modifier le niveau marin, la différence de salinité pouvant cependant avoir tout de même une certaine influence, qui ne sera que très légère. Le principe d'Archimède n'est, en effet, valable, que si l'eau, qui constitue la glace et l'eau dans lequel elle flotte ont la même salinité (et donc la même masse volumique lorsqu'elles se retrouvent à la même température). Donc si tous les glaciers continentaux fondaient totalement, le GIEC, dans son rapport de mars 2012, a estimé que l'élévation du niveau des mers à l'horizon 2100 pourrait se situer entre 20 et 60 cm, mais aussi qu'en prenant en compte la « réponse dynamique » des calottes polaires au réchauffement mondial, cette estimation pourrait être revue à la hausse avec une élévation située entre 60 et 180 cm en 2100.

Des résultats récents basés sur l'analyse des simulations du GIEC (Groupe d'Expert Intergouvernemental du Climat) indiquent que le phénomène El Niño pourrait, en effet, changer profondément de caractéristiques avec le réchauffement climatique.

La dernière décennie à vu naître un nouveau type d'El Niño, nommé « Warm Pool El Niño » ou encore « El Niño Modoki », dont les évènements deviendraient beaucoup plus fréquents.

Le réchauffement climatique pourrait ainsi provoquer des sécheresses plus répétitives, par exemple en Australie et en Inde, et modifier du même coup la façon dont la variabilité équatoriale influence l'écosystème du courant de Humboldt, le plus poissonneux du monde, qui se caractérise par un système de courants plus ou moins parallèles à la côte ouest du continent Sud-Américain, associé à une circulation verticale « upwelling », ou remontée d'eaux profondes.

- La fin du Gulf Stream

Circulation thermohaline (de thermos = chaud et halos = sel), le Gulf Stream est une sorte de tapis roulant océanique, qui transporte et redistribue la chaleur au niveau mondial. Sa fin serait due à l'arrêt du NDAW (North Atlantic Deep Water) courant froid (ou Labrador Current), consécutive à l'apport en eau douce provoquée par l'augmentation de la fonte des glaces et des précipitations, qui, abaissant la salinité de l'océan et donc la densité des eaux de surface, empêcherait leur plongée et donc le refroidissement du courant.

Le paradoxe est que la fin du Gulf Stream, provoquée par le réchauffement climatique, pourrait, entre autres, entraîner un refroidissement climatique majeur en Europe.

Les conséquences du dérèglement climatique susceptibles d'être encore stoppées ou réversibles

- La dégradation des barrières de corail et la raréfaction du plancton

Les récifs coralliens comptent parmi les écosystèmes les plus diversifiés et les plus importants. Ils sont constitués par une multitude d'animaux minuscules, appelés polypes, qui sécrètent un squelette calcaire et qui, en se divisant et en croissant tout au long de leur vie, forment la structure de ces récifs particuliers.

La mort des coraux a constitué l'un des effets les plus dévastateurs du changement climatique[80]. Elle est due :

- au blanchiment, qui résulte du dépassement de leur seuil thermique et de l'expulsion de l'algue symbiotique, la zooxanthelle, dont ils dépendent (le corail abrite des millions d'algues qui lui donnent ses couleurs et qui ne supportent pas l'élévation de la température de l'eau, une fois les microalgues mortes, le corail se décolore et meurt de faim, se transformant en un squelette calcaire), mais aussi,

- à l'altération de leur capacité à sécréter leur squelette calcaire, impliquée par l'élévation de la concentration du dioxyde de carbone dans les espaces océaniques et de l'acidification croissante qui en résulterait[81], ou enfin,

- à l'accroissement de la fréquence des maladies coralliennes et de l'apparition soudaine d'espèces aussi destructrices que l'acanthaster pourpre, ou l'étoile de mer, imputable au changement climatique.

Le PNUE a estimé en 2008 que plus de 80 % des récifs coralliens pourraient ainsi mourir en quelques décennies sous l'effet du changement climatique, et engendrer ainsi des disparitions comparables de nombreuses autres espèces qui en dépendent, puisqu'ils abritent environ le tiers des espèces marines répertoriées aujourd'hui à la surface du globe. Les récifs de coraux pourraient donc disparaître du fond des océans d'ici 2050, si aucune action n'est entreprise pour mettre fin aux activités qui menacent la « forêt tropicale de la mer »[82], en entraînant une énorme perte de biodiversité, notamment au niveau des phytoplanctons marins[83].

Par ailleurs, l'accroissement de l'acidification des eaux de surface océaniques, dont le pH moyen, qui devrait passer de 8,2 environ avant l'ère industrielle, à environ 7,85 à la fin du siècle, provoquera une raréfaction du plancton, réduisant d'autant la capacité de la première étape de la chaîne alimentaire.

---

[80] Sur tous ces points, voir Tammie Matson ; « Les espèces face au changement climatique. Quelles menaces le changement climatique fait-il peser sur les espèces les plus emblématiques de notre planète ? », 10 études de cas. Rapport rédigé pour Earth Hour et le WWF International (32 pages).

[81] La diminution de la concentration de l'eau de mer en carbonate de calcium limite, en effet, la capacité des récifs à se construire et à se renouveler.

[82] Selon le rapport publié le mercredi 23 février 2011, par le centre de réflexion World Resources Institute.

[83] Le développement des phytoplanctons marins pourrait, cependant, être stimulé par l'injection de fer dans les océans : l'ajout de petites quantités de fer permettant, en effet, de multiplier leur population environ par vingt ou trente.

Outre le réchauffement climatique, la grande barrière de corail en Australie, par exemple, est également menacée par des facteurs aggravants que sont le développement urbain côtier, les ports, la navigation maritime et les navires qui la percutent accidentellement, la dégradation de la qualité de l'eau, les activités industrielles et les installations de gaz naturel liquéfié. Elle pourrait donc, non seulement accélérer son inscription par l'UNESCO sur la liste des sites du patrimoine "en danger"[84], mais aussi la prise de conscience de l'urgence de la protection des récifs coralliens, par le renforcement de leur résistance, via des mesures de réduction de la pollution, la modification des pratiques de pêche (telles que la surpêche), et la constitution de réseaux de zones marines protégées, complètes, adéquates et représentatives[85].

Le plancton, de son côté, premier maillon des chaînes alimentaires marines est également en déclin depuis quelques décennies. Il se compose de l'ensemble des petits organismes vivants dans l'eau, le plus souvent en suspension et apparemment passivement, qui constituent environ 50 % de la matière organique produite sur la planète.

On distingue deux grands types de plancton :

- Le plancton végétal, ou phytoplancton, constitué d'algues microscopiques[86], qui est le point de départ de toute l'activité biologique de la mer, et à la base de toutes les chaînes alimentaires aquatiques[87]. Son déclin est directement corrélé à la hausse des températures de surface de la mer, en conséquence du réchauffement climatique global. Il utilise l'énergie solaire pour croître et a besoin d'une alimentation, en

---

[84] Le Queensland où elle se trouve est, en effet, une région de l'Australie qui connaît l'un des rythmes de développement les plus rapides, faisant que son industrie charbonnière de premier plan et les activités industrielles connexes se conjuguent avec le succès touristique de la barrière de corail pour en accélérer la détérioration.

[85] Le WWF s'emploie ainsi à préserver la mer de Corail, frontalière de la grande Barrière de Corail, ainsi que le Triangle du corail, qui abrite 75 % des espèces de corail du monde réparties dans les eaux de Malaysia, d'Indonésie, des Philippines, de Papouasie-Nouvelle-Guinée, des îles Salomon, des Fidji et d'Australie septentrionale. Ces initiatives ambitieuses contribueront à la survie des récifs coralliens face aux changements climatiques, et viendront en complément de la réduction des émissions de dioxyde de carbone. Sur tous ces points, voir : « Les espèces face au changement climatique. Quelles menaces le changement climatique fait-il peser sur les espèces les plus emblématiques de notre planète ? », deTammie Matson, op cit.

[86] Qui produisent de grandes quantités d'oxygène nécessaire à la vie dans l'eau, mais aussi, par les échanges gazeux, qui participent à l'oxygénation de la planète.

[87] Les micro-organismes végétaux nourrissent, en effet, aussi bien les minuscules organismes de zooplancton que les grands mammifères marins (baleines...), les oiseaux de mer et la plupart des poissons. « Le phytoplancton est le carburant de l'écosystème marin. Son déclin affecte toute la chaîne alimentaire, jusqu'aux humains », selon Daniel Boyce de l'université canadienne de Dalhousie.

provenance des couches profondes des océans, qui est compromise par leur stratification due au réchauffement et par des phénomènes comme El Niño.

Le plancton végétal joue également un rôle crucial dans l'écosystème de la planète, en étant une des sources principales en oxygène de la planète que nous respirons (pour pratiquement 50%), en réduisant le gaz carbonique[88], et en étant à la base de la chaîne alimentaire aquatique.

- Le plancton animal, ou zooplancton, est constitué de micro-organismes de tous les groupes zoologiques marins : des animaux unicellulaires aux méduses, les crustacés dont les minuscules copépodes figurent même parmi les animaux les plus nombreux de la planète, et enfin les "fausses crevettes" du krill polaire.

Le plancton, invisible à l'œil nu, est donc un élément essentiel à l'équilibre écologique mondial. Il offre également d'intéressantes potentialités pour l'alimentation humaine en étant très riche en oligo-éléments et en vitamines, et en contenant des antibiotiques naturels. Il est, cependant et malheureusement, de plus en plus menacé à la fois par le réchauffement climatique, mais aussi par un ensemble d'activités terrestres, à l'origine de sa dégradation en quantité et en qualité (essentiellement les déversements de métaux lourds, ou de produits chimiques et l'utilisation abusive d'engrais)[89].

Sa protection passe essentiellement par une protection accrue de la mangrove (très collectrice de plancton), la mise en place de systèmes d'aquaculture durable, l'intensification des échanges entre chercheurs, et la réalisation de projets d'écloseries (installation destinée à produire des œufs et des larves ou alevins, notamment de poissons, de crustacés et de mollusques), et enfin par le déversement de sulfate de fer pour fertiliser les océans et permettre le développement d'algues planctoniques.

---

[88] Il est admis qu'un tiers du CO_2 produit dans l'atmosphère est absorbé par les mers et les océans grâce au phytoplancton, soit autant que tous les végétaux terrestres et les plantes aquatiques, le dernier tiers étant celui qui serait responsable de l'augmentation des gaz à effet de serre dans l'atmosphère.

[89] « L'enjeu plancton : L'écologie de l'invisible » de Pierre Mollo et Maëlle Thomas-Bourgneuf, op cit.

- L'augmentation du nombre et de la violence des phénomènes climatiques extrêmes

Comme le réchauffement n'est pas réparti de façon homogène sur la surface du globe, et que plus les différences de températures sont fortes entre les régions, plus le déplacement de l'air est rapide, il en résulte automatiquement une augmentation du nombre, de la fréquence et de la violence des phénomènes climatiques extrêmes, et notamment des tempêtes.

Alors que le nombre de cyclones annuels est resté relativement stable, une étude du Groupe d'Experts Intergouvernemental sur l'Évolution du Climat (GIEC) a montré qu'ils avaient cependant eu, ces dernières années, une intensité de plus en plus forte (davantage de cyclones d'intensité 4 ou 5, accompagnés de vents de plus de 200 km/h, de plus en plus dévastateurs).

Les catastrophes naturelles, liées au dérèglement climatique, s'accroissent par ailleurs également en nombre et en intensité dans certaines régions du monde, comme les canicules directement liées à l'augmentation des températures en été, ou comme les épisodes de sécheresse, qui affectent la productivité agricole, et qui réduisent encore davantage les terres arables et la séquestration de carbone par les forêts primaires[90].

Tous ces phénomènes climatiques extrêmes deviennent aussi de plus en plus meurtriers, essentiellement du fait des inondations et des destructions liées aux phénomènes météorologiques très violents, qui affectent les côtes ainsi que l'intérieur des terres (glissements de terrain, coulées de boue), surtout dans les pays pauvres[91], et entraînent de nombreux dégâts matériels, qui accentuent en particulier les problématiques liées à l'accès à l'eau potable et à l'insalubrité de l'eau[92].

---

[90] En s'appuyant sur les données du GIEC, des études confirment qu'entre 1,1 et 3,2 milliards de personnes d'ici 2080 manqueront d'eau, alors qu'entre 200 et 600 millions souffriront de la faim.

[91] Selon une nouvelle étude menée par la Banque mondiale sur « les conséquences des changements climatiques sur les populations pauvres des milieux urbains », près d'un milliard de personnes vivent actuellement dans des régions fortement vulnérables, avec une précarité exacerbée par des facteurs liés à leur environnement (manque d'infrastructures adéquates, logements insalubres, mauvaise nutrition et mauvaise santé.

[92] Les maladies dues au changement de volume des pluies vont progresser entraînant une augmentation des maladies diarrhéiques et la propagation d'épidémie (comme le choléra, la typhoïde ou encore des virus comme l'Hépatite A). Les maladies hydriques progresseront également du fait de la transmission de bactéries et de virus corrélative à une diminution de l'accès à l'eau potable, aux toilettes et à des conditions d'hygiène décentes.

Ils constituent enfin une réelle menace supplémentaire pour la paix et la sécurité internationale, selon Ban Ki-Moon, secrétaire général des Nations Unies, qui s'est récemment exprimé dans ce sens au cours d'une réunion du Conseil de sécurité de l'ONU du 20 juillet 2011, destinée à débattre des impacts directs que le changement climatique pourrait avoir sur le maintien de la paix[93].

- L'élévation du niveau de la mer

Une des conséquences, les plus visibles et redoutées du réchauffement climatique, est l'élévation attendue au cours du XXIe siècle du niveau de la mer, provoquée à la fois par la dilatation thermique (une eau chaude est plus volumineuse qu'une eau froide) et la fonte des glaciers (de montagne et de l'Arctique)[94]. Avec l'accroissement du nombre de tempêtes ce phénomène pourrait entraîner la disparition pure et simple de certaines iles ou de côtes de faible altitude, et, par voie de conséquence, la migration de millions de personnes vers d'autres pays ou vers l'intérieur des terres[95].

Ces migrations climatiques et massives de populations constitueront vraisemblablement l'élément de tension géopolitique le plus préoccupant, car elles affecteront prioritairement les pays les plus pauvres (sud de l'Asie, Moyen-Orient, Asie centrale, Afrique et Amérique latine). Plusieurs mégapoles sont par ailleurs directement menacées dans le monde par la montée du niveau des mers : Tokyo, Bombay, Sao Paulo, New York, Lagos, Calcutta, Shanghai, Los Angeles, Dhaka, Karachi, Buenos Aires, Djakarta, Manille, Le Caire, Osaka, Rio de Janeiro, Istanbul.

---

[93] « Les catastrophes naturelles sont de plus en plus fréquentes et violentes dans les pays riches comme dans les pays pauvres, anéantissant vies, infrastructures, institutions et budgets. Un cocktail détonant qui peut créer de dangereux vides pour la sécurité » selon Ban Ki-Moon. Propos confirmés par Achim Steiner, Directeur exécutif du Programme des Nations Unies pour l'environnement (PNUE), qui énonce, de son côté, que : « La communauté internationale peut éviter les conflits, les tensions et l'insécurité liés aux changements climatiques si elle met en place une réponse collective et ciblée qui s'attaque aux racines, à l'ampleur, à la volatilité et à la rapidité des défis émergents », et que : « Notre capacité à gérer les conséquences les plus dangereuses des changements climatiques dépendra d'une stratégie définie par des plates-formes, mécanismes et institutions internationaux réformés ou nouveaux et capables d'anticiper les problèmes et de faciliter la coopération ».

[94] D'après le rapport du GIEC de 2007, l'élévation du niveau des mers d'ici 2100 pourrait être comprise entre 18 et 42 cm.

[95] 1/5 de la population mondiale vit sur des zones côtières, qui sont menacées par la montée du niveau des mers et les inondations.

La prévention des phénomènes climatiques extrêmes passe systématiquement par l'amélioration des moyens de prévision météorologique et d'information des populations.

La prévention des inondations passe plus particulièrement par la préservation des mangroves dans les zones tropicales, la limitation des constructions en zone inondable, les aménagements divers pour maîtriser le ruissellement de l'eau (bassins de rétention, drainage des terres...), la construction de barrages pour retenir ou dévier des volumes d'eau d'une rivière, l'augmentation de la capacité d'évacuation des eaux et la prévision des crues des cours d'eau.

- Les incidences sanitaires potentielles

L'augmentation des températures ne sera pas répartie uniformément sur la planète, les conséquences du réchauffement climatique sur la santé humaine dépendront donc fondamentalement de la situation géographique et du niveau de développement des différents pays. Alors que les effets sanitaires directs du changement climatique, qui sont sans doute les plus graves, peuvent être prévus de façon relativement satisfaisante (comme les canicules, les sécheresses et les variations de l'ozone[96]), les effets sanitaires indirects, liés à la raréfaction ou à la pollution de l'eau, à la pollution de l'air[97], et aux évolutions écosystémiques[98], restent beaucoup plus compliqués à prévoir, que ce soit dans le domaine des maladies animales transmissibles à l'homme, dans le domaine des vecteurs de transmission, et dans celui des effets des pertes de biodiversité (susceptible de favoriser la virulence de certains micro-organismes)[99].

---

[96] Autre effet, l'appauvrissement de l'ozone stratosphérique qui entraîne une surexposition aux rayons ultra-violets, favorisant ainsi les cancers de la peau. La progression du nombre de carcinomes cutanés et de mélanomes malins devrait varier entre 5% en Europe et 10% aux États-Unis. Economie solidaire avril 2011 :
http://www.economiesolidaire.com/2011/04/01/changement-climatique-et-risques-sanitaires-en-france-et-dans-le-monde/

[97] Les allergies et les maladies respiratoires progresseront, en particulier chez les personnes vulnérables ou les enfants. Economie solidaire avril 2011, op cit.

[98] Agissant comme véritable menace sur une biodiversité riche et abondante, le changement climatique entraînera la multiplication des feux de forêt et des maladies vectorielles (transmises par l'animal aux hommes) avec la propagation des agents infectieux et des parasites ou le déplacement des populations animales. Les épidémies ou les pandémies seront plus fréquentes et géographiquement plus répandues. Economie solidaire avril 2011, op cit.

[99] Les conséquences sanitaires du changement climatique, ONERC (Observatoire National sur les Effets du Réchauffement Climatique) (Association pour la recherche thérapeutique anticancéreuse : ARTAC), Document réalisé sous la Direction de Marc GILLET, Directeur de l'ONERC, 2009, (158pages).

Le réchauffement climatique global devrait, en effet, être directement à l'origine :

- d'une plus grande émission de pollen, favorisant un accroissement des allergies,
- de l'extension de certains parasites vers de nouvelles zones au nord et l'apparition des maladies qu'ils transmettaient jusque-là exclusivement au Sud (paludisme, dengue, maladie du sommeil, et fièvre jaune), ainsi que
- l'extension des champs d'action de certaines maladies des affections cardiorespiratoires (rhinites, asthme dans les périodes printanières, et stress thermique en été, provoquant maladies cardiovasculaires et affections respiratoires)[100].

Indirectement, le réchauffement climatique provoquera également des incidences sanitaires à travers toutes ses autres conséquences et notamment certaines maladies infectieuses (comme la salmonellose ou le choléra, et favorisées par des épidémies dues aux pénuries d'eau potable).

Les solutions efficaces pour anticiper et éviter ces incidences sanitaires potentielles du changement climatique doivent s'articuler autour de trois principaux vecteurs : le renforcement de l'observation et de la recherche, une meilleure prévention et information des populations, et enfin une meilleure couverture géographique à l'échelle mondiale des moyens d'intervention en matière de soins médicaux.

Renforcer l'observation et de la recherche des incidences sanitaires d'origine climatique :

- en garantissant la pérennité des réseaux d'observation portant sur les maladies les plus menaçantes, afin d'améliorer la surveillance, tout en apportant de nouvelles informations à la recherche,
- en renforçant les systèmes actuels environnementaux et sanitaires de surveillance, notamment en assurant la qualité des données, leur accessibilité et une meilleure mise en cohérence entre eux,

---

[100] Les conséquences du réchauffement climatique sur la santé seront, en effet, saisonnières et il faudrait s'attendre pour le siècle prochain à une diminution relative de la surmortalité hivernale, avec moins de maladies de l'appareil respiratoire (bronchites, pneumonies) et de cardiopathies, et en revanche à une assez franche surmortalité estivale, due à la mise en échec absolue des mécanismes thermorégulateurs (hyperthermie, coup de chaleur, déshydratation aigüe). Selon une étude du groupement X-Environnement de l'école polytechnique.

- en développant la recherche sur les relations entre climat, vecteurs, et virus, et notamment sur la diffusion d'arboviroses[101], et sur les évènements climatiques susceptibles d'être des facteurs déclenchants des maladies vasculaires, respiratoires ou de pollinoses, au moyen de modèles de simulation plus précis et plus adaptés aux besoins à des échelles régionale et locale,

- en améliorant l'évaluation de la vulnérabilité des populations et des impacts socio-économiques, ainsi qu'un approfondissement de la réflexion sur les stratégies d'adaptation susceptibles d'être adoptées, et enfin,

- en développant les échanges d'informations et les partenariats avec les pays voisins, notamment du sud.

Améliorer la prévention et l'information des populations :

- en développant une véritable culture de la gestion des crises et des risques sanitaires liés au changement climatique,

- en facilitant la diffusion de l'information vers le public par l'éducation et la formation multidisciplinaire, les parties prenantes et les décideurs politiques

- en réalisant l'interconnexion des services de veille et de surveillance entre pays voisins.

Assurer une meilleure couverture géographique mondiale des moyens d'intervention en matière de soins médicaux :

- en assurant l'accès aux soins de santé de base dans tous les pays, en tant que droit fondamental de l'être humain, comme le stipule la Constitution de l'OMS,

- en facilitant la couverture universelle des soins de santé et le financement des infrastructures nécessaires, ainsi que la coopération médicale internationale.

---

[101] Comme la maladie du Nil occidental sur le continent, les fièvres dengue et le Chikungunya outre-mer

D - Les enjeux de la COP21

La 21e Conférence des parties à la Convention-cadre des Nations unies sur les changements climatiques (CCNUCC), ou COP21, qui va se tenir du 30 novembre au 11 décembre 2015 à Paris, devrait rassembler près de 40 000 participants : délégués (représentants chaque pays), observateurs, membres de la société civile, et sera l'une des plus grandes conférences climatiques jamais organisées.

Son but est d'aboutir, pour la première fois, à un accord universel et contraignant permettant de lutter efficacement contre le dérèglement climatique et d'impulser/d'accélérer la transition vers des sociétés et des économies résilientes et sobres en carbone.

Pour cela, le futur accord qui devrait entrer en vigueur à partir de 2020, devra traiter, de façon équilibrée, de l'atténuation – c'est-à-dire des efforts de baisse des émissions de gaz à effet de serre permettant de contenir le réchauffement global à 2°C - et de l'adaptation des sociétés aux dérèglements climatiques déjà existants, en prenant en compte les besoins et capacités de chacun des pays invités, pour la première fois, à publier, dès que possible et avant la COP21, une contribution présentant les prévisions de leurs efforts nationaux.

Un autre objectif essentiel visé par la COP21 est la mobilisation de 100 milliards de dollars par an par les pays développés, de source publique et privée, à partir de 2020, conformément à l'engagement, formulé lors de la conférence sur le climat de Copenhague en 2009, pour permettre aux pays en développement de lutter contre le dérèglement climatique, tout en favorisant un développement durable et juste, et dont une partie transitera par le Fonds vert pour le climat.

Plus largement, la conférence de Paris doit donc adresser aux acteurs économiques et financiers les signaux nécessaires à la réorientation de leurs investissements, afin d'engager la transition vers des économies bas carbone. Enfin, les nombreuses initiatives, qui sont aujourd'hui développées par une diversité d'acteurs non gouvernementaux : villes, régions, entreprises, association, appelée « l'Agenda des solutions », ou « Plan d'action Lima-Paris (PALP) », connaissent depuis peu une dynamique positive de mise en œuvre d'actions concrètes, d'échanges de bonnes pratiques et de transferts de connaissances. Elles devraient venir compléter les engagements des États, porter un message d'opportunités économiques et sociales et ainsi contribuer à renforcer l'ambition de chacun.

II - L'épuisement accéléré des ressources naturelles

Une ressource naturelle est un élément, présent dans la nature, susceptible d'être exploité ou non, et pouvant être « renouvelable » ou « non renouvelable ».

Une ressource naturelle est qualifiée de non renouvelable (ou épuisable) lorsque sa vitesse de destruction dépasse sa vitesse de création (eau fossile, énergies fossiles, minerais, forêts primaires, biodiversité, etc.) et de renouvelable lorsqu'elle n'est pas directement détruite par son usage (énergie marémotrice, énergie éolienne, énergie solaire), ou lorsqu'elle est détruite par son usage, mais qu'elle peut se reconstruire rapidement, sans pour autant devoir consommer une ressource non renouvelable (productions agricoles, animales ou végétales).

La croissance démographique, la multiplication des besoins, et les dégradations sur le milieu naturel des activités humaines liées à la production et au productivisme, sont à l'origine de risques de pénurie extrêmement importants et très inquiétants[102], pour chacune des grandes composantes des ressources naturelles : l'eau, dont il convient de remédier à sa raréfaction - la biodiversité, dont il convient de combattre la dégradation - les forêts, la végétation et les terres cultivables, qu'il s'agit de protéger - les sources d'énergie renouvelables, dont il convient de reculer les limites actuelles et d'optimiser leur exploitation – et enfin les ressources fossiles non renouvelables, dont il faut évidemment ralentir voire stopper l'épuisement -

---

[102] Dès 1964, Jean Dorst soulignait déjà le problème: « L'homme moderne dilapide d'un cœur léger les ressources non renouvelables, combustibles naturels, minéraux, ce qui risque de provoquer la ruine de la civilisation actuelle. » dans son ouvrage « Avant que nature meure ». En 1968, le Club de Rome légitimait, pour la première fois, les inquiétudes environnementales, et a montré dans un célèbre rapport (rédigé par l'équipe du MIT, sous la direction de Dennis Meadows, en 1972) que « si les tendances actuelles de la croissance de la population mondiale, de l'industrialisation, de la pollution, de la production alimentaire et de l'épuisement des ressources naturelles se poursuivaient sans changements, les limites de la croissance seraient atteintes sur cette planète à une date qui se situerait quelque part dans les 100 prochaines années ». Le mot d'ordre du rapport était tout entier contenu dans son titre: "Halte à la croissance", qui donnera, plus tard, naissance à l'expression « croissance zéro ».

A - Raréfaction de l'eau douce

Sur l'ensemble de la planète, la quantité d'eau est estimée à 1 400 millions de km^3 (environ 400 fois le volume de la Méditerranée). Cette quantité d'eau n'a pas augmenté depuis son apparition sur Terre, il y a environ 3,4 milliards d'années.

Elle se décompose en eau non exploitable pour 99% (eau salée : 97,4%, humidité des sols et de l'air : 0,1%, calottes glaciaires, neige et glaciers : 1,5%) et en eau douce exploitable pour seulement 1%, qui recouvre :

- les eaux de précipitation : la pluie
- les eaux de surface : les rivières, les plans d'eau
- les eaux souterraines, qui proviennent du sous-sol (aquifères ou roches-réservoirs), et captées par sources naturelles ou forages.

Selon la croissance de la population et les décisions politiques, les pénuries d'eau exploitable concerneront, vers 2050, un nombre très important d'êtres humains[103] :

- 7 milliards de personnes dans 60 pays (hypothèse pessimiste) ou
- 2 milliards dans 48 , dont environ les 3/4 de la population des BRIICs (Brésil, Russie, Inde, Indonésie et Chine) (hypothèse optimiste).

Les réserves d'eau potable diminuent rapidement, en effet, de façon très importante, et la moitié des êtres humains se trouve déjà confrontée à ce problème. En 2000, la consommation mondiale d'eau était d'environ 4 milliards de mètres cubes par an et dépassait déjà les capacités de renouvellement des réserves. Depuis, les situations de stress hydriques n'ont cessé de croître, notamment du fait de la baisse du niveau (voire de la disparition) des fleuves, des lacs et des nappes phréatiques dans de nombreux pays et/ou de leur pollution croissante.

Des régions comme l'Asie centrale, l'Afrique sahélienne ou les grandes plaines des États-Unis pourraient connaître un assèchement dramatique pour les populations qui y vivent, leur approvisionnement en eau, et l'agriculture, comme le rappellent les études de l'United Nations Framework Convention on Climate Change (UNFCCC).

Ce manque d'eau inéluctable à l'échelle mondiale s'annonce lourd de conséquences sur les activités humaines et sur les relations diplomatiques internationales. Les cours d'eau et les lacs inter étatique

[103] Source : NOVETHIC

sont déjà devenus des enjeux géopolitiques stratégiques déterminants à la source de nombreux conflits.

À tout cela s'ajoute un autre problème qui limite l'accès à l'eau douce à plus de la moitié de la population mondiale, particulièrement dans les pays du Sud : celui de l'absence, de la faiblesse ou de l'insuffisance des réseaux d'adduction et d'assainissement de l'eau.

Les solutions envisageables, pour lutter contre la raréfaction de l'eau douce, concernent avant tout une meilleure gestion, non seulement en luttant contre toutes les formes de gaspillages (pertes des prélèvements dues au drainage, fuites et évaporation issues des techniques d'irrigation des terres dans les pays chauds, fuites des réseaux de distribution d'eau potable, notamment dans les mégapoles du tiers monde, surutilisation de l'eau potable à d'autres fins que répondre à la soif), mais aussi par la lutte contre sa pollution (qui pourrait à terme la rendre partiellement ou totalement inexploitable), et enfin, par la mise au point de techniques de désalinisation de l'eau de mer moins coûteuses, notamment pour l'irrigation agricole dans les pays du sud à façades maritimes.

B - Dégradation de la biodiversité

La biodiversité, synonyme de « diversité biologique », représente la variété de la vie sur la Terre. Elle est vitale pour l'homme et son environnement naturel.

Elle recouvre :

- la diversité spécifique : variété au sein des espèces (domaine des inventaires d'espèces et de la taxonomie)
- la diversité génétique : variété des espèces (domaine des sciences génétiques)
- la diversité écologique : variété des écosystèmes (domaine des sciences écologiques et de la biogéographie)

Fruit de milliards d'années d'évolution, la biodiversité englobe ainsi la totalité:

- des gènes (qui déterminent les différences entre les individus),
- des populations, et
- des espèces[104].

Elle repose également sur la variété des écosystèmes, dans lesquels interagissent les organismes vivants, et pour lesquels la multiplication de ces interactions garantit à la fois leur stabilité, leur capacité d'évolution et leur résistance aux agressions extérieures.

Les espèces sauvages et leurs habitats jouent un rôle crucial dans les processus de fonctionnement de la biosphère et, par conséquent, dans le maintien et l'amélioration de la vie. Ces processus écologiques sont indispensables à l'agriculture, à la foresterie, aux pêches, ainsi qu'à d'autres activités inhérentes à la vie humaine.

Ils contribuent également au maintien de la qualité de l'environnement en dégradant ou en éliminant certains polluants, et en empêchant l'accumulation des déchets.

Parmi les processus biologiques dans lesquels les espèces sauvages jouent un rôle de premier plan, on trouve, en effet :

- le maintien d'une concentration adéquate d'oxygène dans l'atmosphère,
- l'extraction du dioxyde de carbone de l'air,
- la filtration et la purification de l'eau,
- la pollinisation des plantes[105],
- la dispersion des graines,
- la régénération du sol,
- la stabilisation du climat.

Des échanges génétiques permanents au sein des populations permettent l'adaptation des espèces aux modifications de leur milieu.

Le stock de gènes détenu par l'espèce est un immense réservoir d'informations pour assurer, par exemple, la pérennité des cultures en

---

[104] Selon une récente étude américaine, menée par les chercheurs du « Census of Marine Life », l'on ne connaîtrait à l'heure actuelle que 14% des espèces vivantes dans le monde. Seules 1,23 million, sur les 8,7 millions estimés d'espèces vivantes (animales ou végétales), dont 6,5 millions évolueraient sur la terre ferme et 2,2 millions en milieu aquatique, auraient été, en effet, jusqu'à présent découvertes, décrites et cataloguées. Et «Nombre d'espèces pourraient disparaître avant même que nous en connaissions l'existence».

[105] La disparition des insectes pollinisateurs, notamment des abeilles, compromet gravement à terme l'existence même des arbres et des plantes à fleurs.

cas d'attaque parasitaire, ou pour des molécules intéressant l'industrie (micro-organismes, enzymes, biopolymères).

De même, en médecine, la mise au point de nouveaux médicaments et traitements dépend en grande partie des espèces sauvages et de leurs habitats (de nombreux médicaments contiennent un ou plusieurs principes actifs tirés d'une plante ou d'un animal sauvage, l'exemple le plus connu est celui de l'aspirine, dont le principe actif a été tiré de l'écorce de saule).

Toute diminution de la biodiversité se traduit donc toujours :

- Soit par une perturbation du milieu : l'espèce qui disparaît dans l'écosystème peut entraîner, par exemple, une rupture de la chaîne alimentaire et un appauvrissement, voire la disparition de la population d'autres espèces présentes dans cette chaîne[106],
- soit par une réduction de la diversité du patrimoine génétique, qui peut aller jusqu'à la condamnation totale d'une espèce.

L'Union Mondiale pour la Nature (IUCN) avait estimé en 2011, dans « la liste rouge », que le nombre des espèces animales peuplant la Terre s'élevait à environ 7,77 millions au total, parmi lesquelles uniquement 953.434 avaient été décrites et classées par les naturalistes, et que le nombre des espèces végétales s'élevait 298 000 dont 215.644 décrites et classées, mais aussi que seules 59.508 espèces étaient surveillées (moins de 1% des espèces de la planète) dont 19.625 qui étaient menacées d'extinction[107].

La liste des espèces animales et végétales menacées d'extinction s'est encore allongée en 2015, malgré les promesses de nombreux pays d'œuvrer en faveur de la protection de l'environnement, comme le montre un inventaire récent, publié le 22 juin 2015, car la Liste rouge des espèces menacées comprendrait désormais 22.784 espèces, soit près du tiers des animaux et des plantes qui sont surveillés, contre 22.413 en 2014.

---

[106] Par exemple, la disparition des papillons entraîne celle des larves et des chenilles qui constituent les aliments indispensables à la progéniture de nombreuses espèces d'oiseaux.

[107] Viendraient ensuite 611.000 espèces de champignons et moisissures, dont 43.271 ont fait l'objet d'une classification. Les chercheurs ont aussi estimé à 36.400 le nombre des espèces de protozoaires, des organismes unicellulaires dotés de certains comportements animaux, comme le mouvement. Ils en ont répertorié 8.118 à ce jour. Enfin, ils ont dénombré 27.500 espèces d'algues, de diatomées (algue unicellulaire) et de moisissures d'eau. Sur ce nombre, 13.033 ont été identifiées et cataloguées.

Un très grand nombre d'espèces vivantes sont donc en voie d'extinction :

- Des milliers d'espèces animales ont déjà été exterminées, et on estime à environ 6000 les espèces animales qui continuent d'être exterminées annuellement. Depuis 3 siècles plus de 100 espèces de mammifères et environ 150 espèces d'oiseaux ont disparu!

- La quantité de matière vivante des océans a été divisée par dix en un siècle (dans le même temps, les moyens technologiques de pêche étaient décuplés!).

- On estime qu'une extinction massive menace 13% des oiseaux, 25% des mammifères, 34% des poissons, la Terre risque de connaître une extinction des espèces d'une échelle identique à celle qui a présidé à la disparition des dinosaures. Un amphibien sur trois fait partie des espèces en péril. Une espèce vivante disparaîtrait toutes les 20 minutes, et à ce rythme, les 2/3 des espèces animales auront disparu en 2100[108].

- On estime également à environ 34 000 espèces les plantes menacées de disparition (environ 12,5% de la flore en termes de diversité) dont le quart des conifères.

La liste rouge des espèces menacées de l'Union mondiale pour la nature (UICN), publiée au fil des ans, n'offre guère de motif d'espoir quant à l'évolution de la diversité biologique de la planète, et la disparition de toutes ces espèces (le plus souvent d'origine anthropique) leur ôte à jamais toute possibilité de migrer ou d'évoluer.

Selon WWF, 1 espèce sur 1000 disparaît chaque année et l'indice planète vivante, qui estime les effectifs de certaines populations d'animaux dans les forêts, dans les océans et côtes et dans les eaux douces, s'est réduit de 30% depuis les années 1970[109].

---

[108] Selon le WWF. Une nouvelle étude, parue le 19 juin 2015 dans la revue Science Advances corrobore cette affirmation en affirmant que la planète Terre serait "sans aucun doute notable" entrée dans sa sixième extinction de masse (la cinquième correspondant à la disparition des dinosaures il y a 66 millions d'années). Les travaux de recherches menées par des biologistes des universités américaines de Stanford, Princeton et Berkeley, montrent, en effet, que les espèces animales disparaissent aujourd'hui environ 8 à 100 fois plus rapidement que depuis le début du 20e siècle. Selon les auteurs, cette nouvelle période pourrait bien signer la perte de l'espèce humaine. L'activité humaine en est la cause principale.
Voir plus particulièrement : http://www.maxisciences.com/animal/c-039-est-officiel-la-sixieme-extinction-de-masse-est-en-cours_art35152.html

[109] Sur tous ces points, voir : http://www.wwf.fr

Les principales causes de l'appauvrissement de la biodiversité sont d'origine anthropique, et peuvent être directes ou indirectes, comme le montre le tableau suivant:

En termes d'actions humaines incriminées	Les causes directes	Les causes indirectes
* la cueillette (dispersion des graines autour des lieux d'habitation) * le pastoralisme (domestication de certaines espèces) * l'agriculture (sélection de végétaux privilégiés, emploi d'engrais, de pesticides, par exemple) et l'élevage extensif * la sylviculture (réduction des forêts à quelques espèces dominantes) * l'agroforesterie * les activités industrielles (pollutions en tous genres et destructions des ressources) * le commerce (voies de communication favorisant la dispersion des espèces) * les transports et leurs infrastructures.	* les changements d'affectation des terres (déforestations, urbanisation[110], constructions d'infrastructures), * la dégradation des écosystèmes (par dégradation de ses composants, ou par changement d'affectation), *la destruction et la fragmentation des habitats, * l'introduction d'espèces étrangères invasives (exotiques), * l'exploitation sélective des espèces (surpêche, chasse à outrance, abattages sélectifs d'arbres).	* la réduction de la couche d'ozone, * les changements climatiques, * la pollution des eaux et des sols * le gaspillage

Aujourd'hui, le rythme d'extinction des espèces est devenu 100 fois plus rapide que l'évolution naturelle, et risque de s'accélérer encore dans les années à venir.

Cette extinction massive des temps modernes est souvent désignée par le nom « d'extinction de l'Holocène »[111].

La biodiversité fait désormais l'objet d'études internationales dirigées par les Nations unies, via un groupe d'experts : l'IPBES[112], car elle est définitivement considérée comme un indicateur important, dont la dégradation serait significative pour la santé de la planète, et le bien-être humain. La préservation de la biodiversité est également un des objectifs majeurs du millénaire pour le développement.

La nécessité de conserver des ressources vivantes et de préserver la diversité génétique dans son volet écologique a été évoquée pour la

---

[110] Urbanisation des littoraux, par exemple.

[111] Dans l'état actuel du vivant, on estime qu'il faudrait 10 millions d'années pour reconstituer les ressources perdues. Conserver la biodiversité des milieux naturels, c'est conserver des fonctions vitales à l'homme, c'est aussi conserver un formidable réservoir d'informations et de substances.

[112] La Plate-forme intergouvernementale sur la biodiversité et les services éco systémiques (IPBES, en anglais pour : Intergovernmental Science-Policy Platform on Biodiversity and Ecosystem Services) est le nom donné à une consultation internationale qui viserait à créer une structure équivalente au GIEC, mais pour la biodiversité. Le Programme des Nations unies pour l'environnement (PNUE), sous l'égide de l'ONU, est en charge de cette consultation.

première fois dans le rapport sur la « World Conservation Strategy », publié en 1980 par l'International Union for the Conservation of Nature (IUCN), et a fait l'objet d'une convention spécifique à la conférence de Rio, « premier Sommet de la Terre » du 3 au 14 juin 1992 : « la convention sur la diversité biologique », parallèlement à la convention sur les changements climatiques.

Cette convention, constatant les pressions subies par la diversité biologique, avait trois principaux objectifs :

- la conservation de la diversité biologique à travers le monde,
- l'utilisation durable de la diversité biologique, et
- le partage juste et équitable des avantages découlant de l'exploitation des ressources génétiques.

À partir de Rio, vont se succéder de nombreuses conférences internationales (Conventions des parties sur la convention de la diversité biologique)[113], qui vont progressivement modeler et affiner la préservation de la biodiversité biologique, jusqu'à nos jours.

La dixième conférence de l'ONU sur la diversité biologique, qui a eu lieu, en octobre 2010, à Nagoya dans le centre du Japon, a réuni les ministres de l'Environnement et les délégués de plus de 200 pays qui sont parvenus à un accord sans précédent, visant à mieux protéger les espèces et les écosystèmes et à en partager plus équitablement les bénéfices, en fixant de nouveaux objectifs à l'horizon 2020, pour garantir une meilleure protection des écosystèmes et lutter contre l'extinction de certaines espèces animales et végétales.

Le nouveau protocole de Nagoya, en liant très étroitement la protection de la diversité biologique à la survie de l'humanité, a visé la protection de tous les écosystèmes.

Il a par exemple, étendu les aires protégées de la planète, qui vont être portées de 13% aujourd'hui à 17% de la surface totale des terres, afin de stopper la destruction des habitats naturels et surtout des forêts, et de moins de 1% à l'heure actuelle à 10% de celle des océans et des côtes, ajoutant que la restauration des récifs coralliens doit faire l'objet d'efforts spéciaux.

L'un des sujets clés a également porté sur l'accord dit APA (sur l'Accès et le Partage des Avantages) relatif aux bénéfices tirés de l'exploitation des ressources génétiques naturelles, sujet particulièrement délicat, car ayant trait à la propriété intellectuelle et

---

113 Parallèlement aux Conventions des parties sur la convention sur les changements climatiques.

aux échanges commerciaux (molécules, extraits naturels, gènes). Le protocole de Nagoya sur les ressources génétiques a enfin[114] fixé les règles devant régir, dès 2012, la gestion et le partage des bénéfices provenant de la commercialisation et de la fabrication (généralement par des entreprises industrielles du nord) de médicaments, de cosmétiques ou de ressources vivrières à partir de biens génétiques (animaux, plantes, micro-organismes) issus d'autres pays (généralement de pays en voie de développement, qui disposent d'importantes ressources naturelles)[115]

C - Déforestation, désertification et stérilisation des terres

La déforestation

Le terme « déforestation » qualifie la régression ou la disparition des espaces forestiers. Elle a pour principales causes premières : l'urbanisation, l'extension des terres agricoles et la surexploitation, trop souvent illégale, d'essences forestières, mais connaît également des causes sous-jacentes (pauvreté, accroissement démographique, absence de régulation des marchés et du commerce de produits forestiers) et des causes naturelles (infestations d'insectes, maladies, incendies, évènements climatiques extrêmes).

---

114 Après de longues années de tractations.

115 Le protocole de Nagoya, malgré les réels progrès enregistrés, a cependant fait l'objet d'importantes critiques, soulignées par de nombreux spécialistes :
- les États-Unis, n'ayant jamais ratifié la Convention sur la biodiversité lancée en 1992 (au sommet de Rio), n'étaient à Nagoya, qu'en qualité d'«observateurs», et l'accord de Nagoya ne peut donc pas leur être appliqué et, a fortiori, ni à leurs entreprises,
- l'absence de cadre légalement contraignant et l'absence de police supranationale de l'ONU (les casques verts) susceptible de contrôler et capable d'enrayer la dégradation de la biodiversité, faisant que l'application de l'accord est laissée à la responsabilité des États, qui devront donc mettre eux-mêmes en place leurs procédures de surveillance,
- l'ambigüité de certains pays, comme le Brésil, qui abrite un dixième des espèces vivantes, et qui s'est réjoui de l'accord censé mettre fin à la biopiraterie, alors que l'État brésilien est accusé par les Indiens d'Amazonie de tarder à sanctuariser le territoire au profit des industries productivistes, ou comme le Japon, hôte de l'événement, qui refuse toujours tout moratoire sur sa chasse controversée à la baleine,
- sans compter le risque d'une financiarisation excessive avec l'accord ABS (pour Access and Benefit Sharing : APA en français).

Le rythme de la déforestation, déjà particulièrement élevé, s'accélère encore davantage depuis une dizaine d'années[116]. L'Organisation des Nations unies pour l'agriculture et l'alimentation (Food and Agriculture Organization, FAO en anglais) a déploré, dans un rapport paru fin novembre 2011, basé sur des données satellitaires à haute résolution, une perte de 6,4 millions d'hectares par an, en moyenne entre 2000 et 2005. Entre 1990 et 2005, la planète aurait donc perdu en moyenne 4,9 millions d'hectares de forêt par an, soit près de 10 hectares de forêt par minute[117], en 2005, les forêts ne couvriraient donc plus qu'environ 30,3 % des surfaces émergées de la planète, soit 3,69 milliards d'hectares.

La déforestation engendre quatre graves conséquences, des répercussions climatiques à l'échelle locale et globale (à travers une réduction de la capacité d'absorption du carbone[118], et une diminution de l'humidité dans l'atmosphère, et donc des pluies), une érosion des sols, une extinction de la biodiversité (en menaçant la survie d'un grand nombre d'espèces animales, dont elle constitue l'habitat naturel), et enfin, des implications négatives sur le mode de vie des peuples qui vivent dans (et de) la forêt, allant jusqu'à les menacer de disparition pure et simple.

Cette déforestation touche toutes les forêts dîtes « primaires » (forêts boréales, forêt humide froide du Canada, mangroves et forêts équatoriales et tropicales), mais ce sont les grandes forêts tropicales d'Amazonie[119], d'Indonésie et du Bassin du Congo qui sont parmi les plus touchées. Plus de la moitié du « poumon de la planète » aura donc disparu à l'horizon 2030 si son exploitation se maintient au rythme actuel.

La déforestation terrestre cache celle qui existe aussi au fond des océans, où l'on estime que le couvert végétal sous-marin a été, lui aussi, déjà diminué d'environ 25%, en raison de la pollution ou du changement climatique. Or, à l'image des arbres, cette végétation marine contribue significativement à la régulation du CO_2 atmosphérique.

---

[116] LEMONDE.FR avec AFP du 30.11.11.

[117] D'autres estimations parlent d'une disparition équivalente à 36 terrains de football par minute, soit 24,3 hectares de forêts par minute, ou encore du quart de la surface de la France par an ! Infographie Rio +20.

[118] Un hectare de forêt peut, en effet, absorber jusqu'à 6 tonnes de CO_2 par an.

[119] Qui, selon les projections du WWF a perdu 18% de sa surface (deux fois la France) depuis 1970.

Sa destruction pourrait donc bouleverser encore davantage l'équilibre gazeux de notre planète[120].

De plus, d'après les chercheurs ces plantes conserveraient le carbone beaucoup plus longtemps qu'un arbre "typique"[121].

La désertification et la stérilisation des terres

Parallèlement la désertification (dégradation des terres dans les zones arides, semi-arides et subhumides sèches, par suite de divers facteurs, parmi lesquels les variations climatiques et les activités humaines, selon les Nations Unies) et la stérilisation des terres arables (par acidification des sols, imputable à l'emploi excessif d'engrais azoté, ou par la pollution des sols due à un usage intensif de pesticides) s'accélèrent également partout dans le monde.

La désertification, en effet, est un phénomène mondial qui connaît une accélération sans précédent, notamment en Afrique (qui aurait ainsi perdu environ 650 000 Km2 de terres productives depuis une cinquantaine d'années), mais aussi dans des pays comme les États-Unis, l'Australie ou même l'Espagne[122].

Les principales causes anthropiques de la désertification sont :

- la croissance démographique,
- le surpâturage (accentué, par exemple, en Afrique et au Moyen-Orient par la sédentarisation de populations jadis nomades),

---

[120] En effet, selon une étude parue dans l'édition en ligne de Nature Geoscience, la végétation marine capterait deux fois et demie plus de carbone par kilomètre carré que les forêts terrestres. A l'heure actuelle, les scientifiques estiment que ces plantes marines capturent environ 27 millions de tonnes de carbone par an. Leur disparition progressive pourrait ainsi déstabiliser fortement les concentrations de CO2 atmosphérique. Sur tous ces points : voir « Quand la "déforestation" atteint aussi les mers », Maxiscience, Info rédaction, publiée le 27 mai 2012.

[121] Les recherches ont montré que certains herbiers analysés à travers le monde contenaient du carbone vieux de plusieurs milliers d'années.

[122] Selon le Programme des Nations Unies pour l'Environnement (PNUE), un quart de la surface terrestre du globe (superficie équivalente à celle du continent américain) et un sixième de la population mondiale (plus de 80 % des personnes, qui en sont victimes, vivent dans les pays en développement) sont, en effet, actuellement menacés par la désertification et la sécheresse.

Les 12 régions désertiques de la planète représentent ainsi aujourd'hui 33.7 millions de Km^2, et hébergent environ 500 millions de personnes. Le Sahara est le désert le plus vaste: 4.6 millions de Km^2, soit 10% du continent africain.

Ces déserts connaissent également les méfaits de toutes les menaces sur l'environnement, alors même qu'ils offrent des opportunités de ressources renouvelables très importantes (solaire, éolien, etc.), c'est dans cet esprit que le thème de la journée mondiale de l'environnement du 6 juin 2006 à Alger avait été : « Ne désertez pas les zones arides » !

- la surexploitation agricole (et notamment la diminution de la durée de la jachère),
- la mauvaise irrigation, et,
- la destruction de la couverture forestière (surexploitation du bois de feu, mais aussi culture itinérante sur brûlis et feux de brousse).

Les principales conséquences de la désertification sont :
- la réduction de l'étendue des terres fertiles, et donc une insécurité alimentaire grandissante,
- un renforcement de l'exode rural, entraînant une urbanisation accrue et/ou un bouleversement de la vie de communautés entières (notamment dans le tiers monde),
- la disparition d'espèces végétales et animales (réduction de la biodiversité),
- une dégradation quasi définitive des sols (au même titre que l'érosion, la salinisation, et la pollution).

D - Surexploitation des ressources naturelles renouvelables

Outre les biens dits « non économiques », ou « biens libres », car disponibles en abondance, et apparemment inaltérables et gratuits (l'eau douce, l'air, le soleil, le vent, la pluie, etc.), qui peuvent leur être assimilés, les ressources naturelles renouvelables concernent essentiellement les ressources vivantes susceptibles de se renouveler au moins aussi vite que leur exploitation ou leur consommation (les produits des cultures forestières et vivrières, les produits de la pêche et de l'élevage, etc.).

La surexploitation des ressources naturelles vivantes peut cependant entraîner une diminution significative de leur quantité disponible et altérer considérablement leur capacité de renouvellement[123], elle nécessite donc la plus grande prudence en la matière, ainsi que l'adoption de mesures (incitatives ou contraignantes) efficaces pour optimiser leur exploitation.

---

[123] Comme par exemple la surpêche et la déforestation entre autres, et si rien n'est fait pour enrayer ce type de spirale, cela peut conduire à l'épuisement total de la ressource, comme cela s'est déjà produit localement sur l'île de Pâques, par exemple, où la déforestation a conduit à la disparition des arbres sur l'île et à l'extinction de plusieurs espèces.

E - Épuisement des ressources naturelles non renouvelables

L'exploitation intensive et croissante des ressources non renouvelables, engendre déjà une incidence significative sur l'environnement en termes de pollution et le dérèglement climatique, et pose avec acuité le problème de la baisse inquiétante de leurs réserves, et donc de la perspective de leur très rapide et proche disparition : véritable source d'inquiétude socio-économique pour la satisfaction des besoins des générations futures en matière énergétique notamment.

La durée d'utilisation restante des ressources non renouvelables s'avère, en effet, aujourd'hui, extrêmement limitée, et ne pourrait être rallongée qu'en réduisant leur consommation, que ce soit par une utilisation plus efficace de la ressource (améliorations techniques et économiques), par sa réutilisation systématique, au moyen d'un recyclage intensif généralisé, ou par le recours à des ressources renouvelables de substitution.

La perspective que simple le jeu du marché puisse en réguler la demande, par application de la loi de l'offre et de la demande (la raréfaction d'une ressource entraînant mécaniquement une hausse des prix, qui elle-même se traduirait par une baisse de la demande, rendant alors dans le même temps, compétitives d'autres solutions techniques) supposerait en effet l'hypothèse, peu vraisemblable, qu'il existe de réelles potentialités d'innovations possibles et adéquates, en temps voulu, et la disponibilité effective de ressources de substitution si possible renouvelables[124].

L'épuisement des ressources minérales

Une estimation des dates d'épuisement des principales ressources naturelles non renouvelables de notre planète, au rythme actuel de consommation, réalisée il y a peu de temps, notamment par le United States Geological Survey (USGS, littéralement, « Institut d'études géologiques des États-Unis »)[125], est particulièrement édifiante, et ces prévisions sont extrêmement pessimistes.

---

[124] Lorsque l'amélioration technique est une véritable mutation, le besoin d'un substitut peut même disparaître. Par exemple l'apparition de la téléphonie mobile a substitué les ondes radio aux fils de cuivre et à la fibre de verre, initialement utilisés dans la téléphonie classique.

[125] Voir: http://minerals.usgs.gov/

Par exemple, pour les ressources les plus connues, ces dates d'épuisement seraient les suivantes[126] :

2021 : fin de l'argent
2022 : fin de l'antimoine
2023 : fin du palladium
2025 : fin de l'or et du zinc
2028 : fin de l'étain
2030 : fin du plomb
2038 : fin du tantale
2039 : fin du cuivre
2040 : fin de l'uranium
2048 : fin du nickel
2050 : fin du pétrole
2064 : fin du platine
2072 : fin du gaz naturel
2087 : fin du fer
2120 : fin du cobalt
2139 : fin de l'aluminium
2158 : fin du charbon

L'épuisement de l'eau fossile

Une autre ressource naturelle non renouvelable, considérablement menacée par des forages intempestifs, est l'eau dite « fossile » qui a quitté, temporairement à l'échelle des temps géologiques, le cycle de l'eau[127]. Elle se trouve dans des aquifères souterrains où elle s'est accumulée à des époques géologiques passées, lorsque les conditions climatiques étaient différentes, plus humides, et peut avoir des milliers, voire des millions d'années[128]. Comme toute ressource non renouvelable, l'exploitation de l'eau fossile pose des problèmes en termes de durabilité de développement et de gaspillage, et en termes de

[126] Les résultats de recherches récentes modifieraient cependant certaines de ces estimations notamment en ce qui concerne le pétrole et le gaz naturel. Mais leur épuisement, s'il peut être retardé, n'en est pas moins inéluctable.

[127] Futura-environnement du 17 mai 2010

[128] C'est le cas par exemple de l'aquifère « Continental Intercalaire » situé sous le Sahara, en dessous de l'Algérie, de la Tunisie et de la Libye. L'eau de cet aquifère est un stock non renouvelable, puisqu'il n'y a quasiment plus de recharge actuelle de cette nappe phréatique, les conditions climatiques présentes étant trop arides.

géopolitique, lorsque ses aquifères s'étendant sous plusieurs pays peuvent entraîner des conflits d'usage.

La fin prévisible des énergies carbonées

Avec l'augmentation du niveau de vie dans les pays émergents et en voie de développement, la consommation mondiale d'énergie à base de combustibles fossiles (près de 85% de la demande mondiale), et donc non renouvelables[129], explose, notamment au Sud, face à des réserves qui s'épuisent de plus en plus vite. La fin prévisible des énergies carbonées, qui couvrent aujourd'hui l'essentiel des besoins mondiaux en énergies primaires, fondées sur le pétrole, le gaz naturel, ou le charbon, oblige à recourir à des sources d'énergie alternatives, qui soient renouvelables et non dangereuses.

L'énergie nucléaire, souvent évoquée comme substitut possible, car non-productrice de gaz à effet de serre, est non seulement en réalité elle-même une énergie non renouvelable[130], mais engendre énormément d'inconvénients majeurs, comme la production de déchets hautement et durablement toxiques[131] (plusieurs milliers d'années), et les risques de prolifération militaire ou d'attaque terroriste, au-delà des risques qu'entraînent, au niveau de sa simple production, le transport et le stockage de matières fissiles, ainsi que les accidents graves susceptibles d'affecter les centrales nucléaires et leur environnement[132].

Il existe pourtant des solutions efficaces qui permettraient de généraliser rapidement les énergies renouvelables pour résoudre tous ces problèmes, parallèlement à celles qui visent un indispensable accroissement de l'efficacité énergétique, comme l'est, par exemple, la

---

[129] Et à effet de serre (en brûlant un kilo de charbon, un litre de pétrole ou un mètre cube de gaz, on produit, en effet, trois kilos de gaz carbonique).

[130] La consommation d'uranium, combustible de base pour la plupart des réacteurs nucléaires actuels, est également limitée dans le temps (2040 dans les estimations).

[131] L'énergie nucléaire induit en permanence des risques d'un tout autre ordre que ceux causés par d'autres activités industrielles, du fait de la nature même de la radioactivité, et plus particulièrement de ses trois principales caractéristiques:

- Il n'existe aucune dose de rayonnement sûre : toute dose de radioactivité est toxique, aussi minime soit-elle.
- Les effets ne sont pas limités dans le temps : la pollution radioactive ne s'atténue qu'après des milliers, voire des centaines de milliers d'années.
- Les effets ne se limitent pas à un périmètre réduit : la pollution radioactive se propage à l'échelle mondiale.

[132] « Une centrale nucléaire sûre, ça n'existe pas ! »

cogénération qui permet la production simultanée d'électricité et de chaleur.

La nécessité de recourir aux énergies renouvelables

Elles peuvent être regroupés en cinq principales catégories selon leurs sources : l'énergie solaire, l'énergie éolienne, l'énergie hydraulique, la bioénergie, et l'énergie géothermique, chacune disposant d'avantages et d'inconvénients, comme le montrent les tableaux suivants :

L'énergie solaire	De nombreux types de rayonnements électromagnétiques émis par le soleil[133] sont source d'énergie, qui est qualifiée d'énergie solaire thermique lorsqu'elle utilise la chaleur transmise par rayonnement, ou d'énergie photovoltaïque lorsqu'elle utilise le rayonnement lui-même. *L'énergie solaire thermique* Elle peut être utilisée directement pour chauffer des locaux ou de l'eau sanitaire (panneaux solaires chauffants et chauffe-eau solaire) ou des aliments (fours solaires), ou indirectement pour la production de vapeur d'un fluide caloporteur pour entraîner des turbines et ainsi obtenir une énergie électrique (énergie solaire thermodynamique). Elle est à l'origine d'un important projet de très grande envergure, dénommé « Desertec », dont l'Allemagne est le principal porteur et fondateur, pour désigner un concept écoénergétique prévoyant l'exploitation du potentiel énergétique des déserts afin de répondre durablement et à grande échelle aux besoins en électricité, en utilisant des centrales solaires thermodynamiques à concentrateurs, c'est-à-dire des miroirs paraboliques pour produire de la vapeur d'eau à très haute température et sous forte pression, afin d'alimenter une turbine et un alternateur produisant de l'électricité. Le projet « Desertec » repose sur le fait que «le désert reçoit en six heures l'équivalent énergétique de la consommation mondiale d'une année entière», selon les propos mêmes de la fondation. *L'énergie solaire photovoltaïque* Elle se base sur l'effet photoélectrique pour créer un courant électrique continu à partir d'un rayonnement électromagnétique. Le coût encore très élevé des panneaux photovoltaïques a cependant tendance à en limiter une plus grande généralisation.

[133] Principale source des différentes formes d'énergies renouvelables disponibles sur terre.

L'énergie éolienne	L'énergie éolienne consiste à utiliser l'énergie mécanique des vents pour alimenter directement des moulins à vent et des machines-outils, ou pour la transformer en énergie électrique. Dans ce dernier cas, elle exige des zones suffisamment ventées, et présente un impact souvent négatif sur le paysage. Les éoliennes seront désormais de plus en plus souvent placées en mer.

L'énergie hydraulique	L'énergie hydraulique est l'énergie fournie par toutes les formes de mouvement de l'eau : chute, cours d'eau, courant marin, marée, vagues, pour être utilisée directement en énergie mécanique (par exemple : pour un moulin à eau), ou pour être convertie, en énergie électrique dans une centrale hydroélectrique. L'énergie hydraulique est soit une « énergie potentielle de pesanteur », lorsqu'elle provient d'une chute ou d'un barrage, soit une « énergie cinétique » dans le cas des courants marins ou des cours d'eau, des marées, des vagues. Elle peut également provenir des propriétés thermiques ou osmotiques de l'eau. On distingue en général : *L'énergie hydroélectrique* L'énergie hydroélectrique provient des barrages et peut souvent impliquer un déplacement de populations, et des incidences négatives en termes d'agriculture et de pêche, généralement entraînées par la construction de barrages. L'hydroélectricité fait partie des énergies renouvelables et non polluantes : pas de dégagement de gaz à effet de serre ni de production de déchets toxiques. Elle représente aujourd'hui près de 20 % des capacités électriques mondiales et possède un potentiel de développement 3 fois supérieur à son niveau actuel ! Si l'investissement nécessaire ainsi que les impacts humains et écologiques pèsent sur les projets de grands barrages, l'avenir semble prometteur pour la petite hydroélectricité[134]. Elle apporte également une réponse très satisfaisante aux besoins d'ajustement de la production électrique lors des pics de consommation ou de brusques fluctuations de la demande d'électricité. Car, si l'on ne peut stocker l'électricité à grande échelle, on peut en revanche retenir l'eau dans de grands réservoirs au moyen de barrages ou de digues, et emmagasiner ainsi de l'énergie potentielle de manière simple et efficace (d'autant plus qu'une centrale hydroélectrique peut atteindre sa puissance maximale en seulement quelques minutes). *L'énergie houlomotrice* L'énergie houlomotrice utilise les mouvements permanents de la houle et des vagues grâce à des colonnes oscillantes (les

[134] Voir planète-énergie.com : « L'avenir des énergies actuelles ».

	« pélamis[135] »), des bouées[136] ou pendules en mouvement, des caissons flottants[137], des débordements d'un chenal[138] ou des colonnes d'eau oscillantes côtières, qui recueillent les vagues en fin de course[139]. Les rendements attendus de l'énergie houlomotrice sont bien supérieurs à ceux de l'éolien, mais elle présente cependant, certains inconvénients spécifiques tenant à la corrosion du matériel immergé, à des problèmes de fragilité liés à l'amarrage des éléments en mer et au besoin de systèmes mécaniques mobiles dans un milieu très agité, mais aussi à des problèmes environnementaux dans la mesure où les installations côtières peuvent défigurer le paysage et que leurs installations loin des côtes peut interférer sur la circulation maritime et la faune. *L'énergie marémotrice* L'énergie marémotrice utilise, à travers un barrage dans un site géographique approprié (baie, estuaire…), les variations journalières de la marée pour transformer à l'aide d'une turbine bidirectionnelle l'énergie mécanique en énergie électrique (elle nécessite cependant un marnage (différence entre le point le plus haut et le plus bas de la marée) d'un minimum de 5 mètres (idéalement entre 10 et 15 mètres). Bien qu'actuellement très peu exploité dans le monde, le potentiel de l'énergie marémotrice s'avère très élevé, mais ses avantages (disponibilité permanente des eaux de marée, absence d'émissions de GES) sont actuellement surcompensés par ses inconvénients

135 Structure semi-émergée, composée de quatre cylindres reliés par des articulations, ce serpent métallique est positionné dans la direction de propagation de la vague. Le mouvement des vagues agit dans chaque articulation sur un vérin hydraulique, qui envoie un fluide à haute pression vers une turbine pour produire de l'électricité. L'énergie produite est alors envoyée, par l'intermédiaire d'un cordon ombilical, dans les fonds marins pour être ensuite acheminée à terre. Le pélamis n'exige pas de fondations et donc peu de frais d'installation, il est, en effet remorqué et amarré en mer et sa maintenance est facilité par sa mobilité à terre au moyen d'un simple remorquage. Voir planète-énergie.com : « Les voies du futur ».

136 Bouées sous-marines en mouvement, qui montent, descendent et tanguent au gré des vagues: ancrées dans les fonds marins, leur mouvement actionne un piston, aspire de l'eau de mer dans une turbine ou comprime de l'air ou de l'huile qui va faire tourner un moteur et entraîner un générateur d'électricité.

137 Caissons reliés entre eux par des charnières articulées. Les vagues déplacent les caissons selon leurs mouvements. L'énergie est récupérée au niveau des articulations mobiles entre chaque caisson grâce à des pistons actionnant des pompes à huile sous pression.

138 Les vagues s'engouffrent dans un chenal qui se rétrécit de plus en plus. Elles enflent et débordent par-dessus la digue d'un réservoir qui se remplit peu à peu. L'eau du réservoir revient à la mer en passant par une turbine qu'elle fait tourner. Le réservoir peut se trouver sur la côte ou plus loin, sur une plate-forme à déferlement flottante.

139 L'eau entre dans un caisson où elle comprime de l'air aspiré quand la mer se retire. Cet air comprimé fait alors tourner une turbine qui entraîne un générateur électrique. Ses principaux inconvénients sont qu'à l'approche de la côte les vagues perdent de leur intensité, que les installations côtières sont disgracieuses et qu'elles peuvent affecter l'écosystème du littoral.

	(caractère intermittent de la production, dépendante des moments sans courant, impact environnemental négatif d'un barrage implanté en bord de mer, avec toutes les installations et les transformations des paysages que cela implique, investissements et coûts de maintenance très élevés). *L'énergie hydrolienne* L'énergie hydrolienne est produite par l'utilisation des courants sous-marins, actuellement en cours de développement, mais considérée comme trop chère, ayant des incidences environnementales négatives, et suscitant l'hostilité des pêcheurs au chalut. *L'énergie thermique des océans* L'énergie thermique des océans, encore à l'état d'expérimentation, pourrait être produite en exploitant la différence de température entre les eaux de surface (22 °C et plus) et les eaux profondes des océans (2 à 4 °C à 1 000 mètres) pour vaporiser un fluide[140] et faire tourner un turbogénérateur. *L'énergie osmotique* L'énergie osmotique est produite par la diffusion ionique provoquée par l'arrivée d'eau douce dans l'eau salée de la mer, en tirant alors l'énergie du mélange d'eau de mer et d'eau douce.

La bioénergie	Elle désigne l'utilisation de la biomasse, c'est-à-dire de l'ensemble des matières organiques [le bois et les plantes issus de l'agriculture et de la sylviculture, les déchets agricoles, les déchets issus de certaines activités industrielles (scieries, papeteries), les déchets ménagers organiques (épluchures, par exemple), les algues et les microalgues] comme source d'énergie, que ce soit par combustion (ex : bois énergie), après méthanisation c'est-à-dire fermentation (biogaz) ou après de nouvelles transformations chimiques (biocarburant). Source d'énergie par combustion, la biomasse peut être utilisée comme combustible dans des chaufferies à bois qui alimentent les radiateurs de bâtiments collectifs (campus universitaires, centres hospitaliers), fournissent de la chaleur à des unités industrielles (usines) ou alimentent des unités de cogénération. Son développement dépendra de l'amélioration de ses performances

[140] Par sa vitesse, la vapeur peut en effet entraîner une turbine, mais pour l'obtenir, le fluide choisi doit avoir un point de condensation (moment où son état se transforme, où de liquide il devient gaz et inversement) correspondant à la température de l'eau relativement froide (par exemple, l'ammoniac change d'état à 15 °C. Le fluide va ainsi passer de l'état liquide à l'état de vapeur dans un évaporateur en contact avec l'eau de mer chaude pompée en surface. Sa vapeur va alors passer dans un turbogénérateur pour produire de l'électricité, puis refroidir dans un condenseur en contact avec l'eau de mer froide pompée en profondeur. À terre, un transformateur récupère l'électricité produite par le turbogénérateur et la distribue au réseau.

	environnementales liées à la mise au point de filtres à fumées plus efficaces limitant au maximum les rejets polluants des chaufferies. Source d'énergie après méthanisation, la biomasse peut également produire du biogaz, dont l'utilisation n'accroîtrait pas en soi globalement l'effet de serre, contrairement à la combustion de gaz dit « naturel », dans la mesure où, lorsqu'elle est obtenue à partir de végétaux, elle ne fait alors que restituer du carbone, qui avait été ôté de l'atmosphère et qui avait été absorbé par ces végétaux lors de leur croissance, à moins de s'inscrire dans une surexploitation de la biomasse. Source d'énergie, après de nouvelles transformations chimiques la biomasse sert également à produire des biocarburants, utilisés dans les véhicules particuliers et les transports en commun. On parle d'agro carburant, lorsque le biocarburant est obtenu à partir de plantes. Ces biocarburants peuvent se répartir en trois catégories selon leur mode de production : - à base de canne à sucre (meilleurs rendements avec peu de concurrence directe avec les besoins alimentaires) ; - à base de céréales (moins bons rendements et concurrence directe avec les besoins alimentaires) ; - à base de colza (rendement satisfaisant pour le diesel sans concurrence directe avec les besoins alimentaires). De nouveaux types de biocarburants devraient en outre apparaître à partir de la transformation de la cellulose des plantes ou de gazéification de la biomasse. Les agrocarburants présentent cependant un très sérieux risque de concurrencer indirectement les besoins alimentaires en compromettant certaines cultures essentielles par l'utilisation croissante de terres agricoles à des fins de production d'énergie et de contribuer ainsi à la hausse de leurs cours, à la faim et à l'instabilité politique essentiellement dans les pays en voie de développement. Elle est par ailleurs de plus en plus contestée dans le monde, par le fait que les agrocarburants, qui ont toujours été présentés par leurs partisans comme moins polluants que le pétrole, auraient selon certains experts un bilan carbone très négatif en matière d'émission de gaz à effet de serre, d'autant qu'il existe un lien très étroit entre la culture du soja, du colza et de l'huile de palme (principaux fournisseurs d'agro carburants en Europe) et la destruction des forêts. Sachant que la déforestation est responsable de 20% des émissions de gaz à effet de serre au niveau mondial, les filières biodiesel européennes seraient donc plus néfastes pour le climat que les filières diesel fossiles.

L'énergie géothermique	Elle exploite la chaleur de la Terre pour produire du chauffage ou de l'électricité. Écologique, mais encore peu exploitée, elle pourrait représenter une piste intéressante pour le développement durable des énergies. Mais les ressources mondiales en géothermie haute température (pour la production d'électricité à grande échelle) se concentrent dans un nombre limité de pays, autour des zones volcaniques actives du globe, qui sont surtout localisées en Asie et en Amérique du Nord

L'Agence internationale pour les énergies renouvelables (en anglais : IRENA pour International Renewable Energy Agency) est une organisation intergouvernementale fondée en 2009, dont la mission est à la fois ;

- de promouvoir la transition énergétique et donc les énergies renouvelables à l'échelle mondiale, de faciliter les transferts technologiques (coopération Nord/Sud), et
- de conseiller les gouvernements en matière de politiques incitatives visant la sortie des énergies fossiles (pétrole, charbon, gaz) et leur remplacement par les énergies renouvelables
(éolien, solaire, hydroélectricité, géothermie, énergie marémotrice, énergie des océans).

L'IRENA compte 139 États membres et 32 États en cours d'adhésion au 15 janvier 2015, dont les principaux sont : l'Union européenne, les États-Unis, le Japon, l'Inde, l'Australie et la Chine[141].

[141] La plupart des États asiatiques, africains et sud-américains ont déjà adhéré ou sont en passe de le faire, mais trois grands États producteurs d'hydrocarbures refusent de rejoindre l'organisation : la Russie, le Canada et le Brésil.

III - L'altération de la couche d'ozone

Le soleil émet des radiations d'ultraviolets (UV) et des rayons X, qui seraient extrêmement nocifs pour la santé des êtres humains et la vie terrestre[142], s'ils n'étaient pas absorbés par une couche d'ozone (O3), située dans la stratosphère à une altitude comprise entre 10 et 50 km de la Terre. Mais la concentration de l'ozone atmosphérique est menacée par certains gaz (notamment parmi les gaz fluorés) et diverses autres substances imputables aux activités humaines, qui accélèrent la destruction des molécules d'ozone, et entraînent une diminution de l'épaisseur de ce filtre naturel, particulièrement à une altitude comprise entre 14 et 20 km[143].

Un accord international a été signé le 16 septembre 1987 au Québec, par 24 pays et par la CEE, pour réduire l'usage de substances appauvrissant la couche d'ozone (les SAO), il s'agit du Protocole de Montréal, modifiant la Convention de Vienne sur la protection de la couche d'Ozone, adoptée le 22 mars 1985. Depuis 2009, l'ensemble des 197 membres de l'ONU sont désormais signataires du Protocole de Montréal, lui permettant ainsi d'être le premier protocole environnemental à atteindre la ratification universelle et de disposer d'une réelle efficacité.

---

[142] L'impact des UV sur les organismes vivants dépend de la longue longueur d'onde de ces rayons : plus cette longueur d'onde est courte, plus le danger est grand. Trois grandes classes d'UV sont généralement distinguées en fonction de leur longueur d'onde en nanomètres:

- Les UV-A (400-315 nm), les UV-B (315-280 nm) et les UV-C (280-100 nm), ces derniers sont les plus dangereux de la gamme avec des longueurs d'ondes les plus courtes, ils sont heureusement pratiquement totalement arrêtés par la couche d'ozone.
- Les UV-B représentent 2 % de la partie UV qui atteint la surface de la Terre et sont très énergétiques. Ils sont à l'origine de brûlures superficielles, conjonctivites, cataractes, de l'augmentation des cancers et du vieillissement de la peau, de maladies du système immunitaire. Ils réduisent la photosynthèse, provoquant la diminution des rendements et de la qualité des cultures, mais aussi la disparition du plancton, premier maillon des chaînes alimentaires aquatiques. Ils accélèrent, par ailleurs, la génération du smog photochimique, stimulant ainsi la production de l'ozone troposphérique, qui est nocif, et diminuent "la durée de vie" de certains matériaux inorganiques comme les peintures et plastiques.

[143] Des facteurs naturels peuvent également être à l'origine de l'appauvrissement de la couche d'ozone, avec cependant une très faible influence, sauf pour quelques émissions volcaniques exceptionnelles, ou pour les incidences du cycle des taches solaires, des émissions volcaniques d'aérosols de sulfate, de la vapeur d'eau via les nuages, et enfin des émissions de protoxyde d'azote (N2O) d'origine naturelle.

A- Les principales substances prises en compte par le Protocole de Montréal

Les chlorofluorocarbures (CFC)

Les chlorofluorocarbures (CFC), sont composés de molécules de carbone, de fluor et de chlore. Ils furent abondamment utilisées (notamment en remplacement d'hydrocarbures inflammables) comme liquide de refroidissement dans les systèmes frigorifiques (domestiques, industriels et commerciaux) et les conditionnements d'air, solvants et gaz propulseurs dans les aérosols, solvants pour le nettoyage d'appareils mécaniques et électroniques, et agents gonflants pour la production de mousses plastiques. Leur extrême dangerosité a conduit à leur interdiction par le Protocole de Montréal.

Les Hydrochlorofluorocarbones (HCFC)

Les Hydrochlorofluorocarbones (HCFC) ont été développés par l'industrie pour remplacer les CFC dans la plupart de leurs applications. Ils contiennent de l'hydrogène, ce qui provoque leur dégradation plus rapide dans la haute atmosphère. Ils attaquent la couche d'ozone, mais moins longtemps que les CFC. Par contre, ils contribuent à accroître "l'effet de serre".

Les hydrochlorofluorocarbures, qui constituent les substituts de première génération aux CFC, regroupent, en effet, différents composés qui bien qu'ayant une durée de vie moyenne limitée à quelques dizaines d'années dans l'atmosphère, contiennent toujours du chlore qui contribue encore, certes plus modestement, à la diminution de la couche d'ozone. Suite à l'interdiction des CFC, les HCFC ont été massivement employés, ce qui a conduit, en 2007, à un accord visant à accélérer l'élimination des HCFC contenus généralement dans les systèmes de climatisation[144].

---

[144] En effet, "Les HCFC sont à la fois des substances qui appauvrissent la couche d'ozone et de puissants gaz à effet de serre : le plus utilisé est 2 000 fois plus puissant que le dioxyde de carbone du point de vue du réchauffement de la planète" a déclaré le Secrétaire général des Nations Unies, M. Ban Ki-Moon. C'est pourquoi leur production mondiale s'arrêtera en 2029. Au niveau de l'Union européenne, leur utilisation est déjà restreinte et leur fabrication a été interdite à partir de 2015.

Les Hydrofluorocarbones (HFC)

Les Hydrofluorocarbones (HFC), qui constituent les substituts de deuxième génération aux CFC, ne contenant pas de chlore, ont été considérés (apparemment à tort) comme ne participant donc pas à la destruction de l'ozone atmosphérique.

Les halons

Les halons recouvrent tous les bromofluorocarbures, qui sont des composés chimiques halogénés bromés. Ils ont été notamment utilisés comme produits extincteurs dans la lutte contre les incendies, en particulier dans toutes les situations, où il est impossible d'utiliser de l'eau pour pouvoir les éteindre (dans les salles d'ordinateurs, par exemple). Le protocole de Montréal a progressivement interdit la fabrication d'extincteurs contenant des halons.

Le méthylchloroforme ou Trichloroéthane (C2H3CI3)

Le méthylchloroforme ou Trichloroéthane est un solvant halogéné désormais interdit par le Protocole de Montréal

Le tétrachlorométhane ou tétrachlorure de carbone (CC14)

Le tétrachlorométhane ou tétrachlorure de carbone (CC14) est un composé chimique chloré qui, en raison de son atteinte à la couche d'ozone, et à son usage industriel massif, a été interdit au niveau mondial par le Protocole de Montréal depuis 1985. Mais sa présence dans l'atmosphère a diminué moins vite que prévu, et en 2014 une augmentation inexpliquée a même été constatée.

Le bromure de méthyle (CH3Br)

Le bromure de méthyle est utilisé en horticulture. Son utilisation à des fins de quarantaine et de traitement avant expédition est encore autorisée en Europe afin de garantir l'absence d'organismes nuisibles dans les cultures commerciales, dans la mesure où des solutions de remplacement pour cette utilisation spécifique tardent à être développées.

B - Les autres substances qui détruisent la couche d'ozone

Le protoxyde d'azote (N2O)

Alors que les émissions des SAO prises en compte par le Protocole de Montréal sont désormais contrôlées, le N2O, un puissant gaz à effet de serre, est récemment apparu comme étant aujourd'hui le premier gaz responsable de la destruction de la couche d'ozone. Bien qu'il existe des sources naturelles de protoxyde d'azote, un tiers des émissions de N2O sont liées aux activités humaines, dans lesquels l'agriculture représente les 2/3 de ces émissions. L'utilisation des engrais azotés dans l'agriculture et du fumier dans l'élevage, la combustion d'énergies fossiles et de biomasse ainsi que plusieurs procédés industriels sont, en effet, de puissants émetteurs de protoxyde d'azote. Ce gaz ne fait cependant pas partie des substances qui ont été bannies par le Protocole de Montréal.

Le Tétrachlorure de carbone (CC14)

Le Tétrachlorure de carbone a été étrangement détecté, avec surprise, mi-2014, il constitue un important gaz destructeur de la couche d'ozone, en étant encore très abondant dans la couche d'ozone, alors qu'il devrait tout simplement avoir disparu. En effet, officiellement, entre 2007 et 2012, aucun pays n'a émis de CC14 et pourtant, les mesures satellites, les avions, les capteurs au sol et les ballons-sondes météorologiques détectent bien le fameux composé chimique, principalement utilisé dans les extincteurs et le nettoyage à sec.

C- Constats et problèmes

Un récent rapport de l'Organisation météorologique mondiale (OMM) et du Programme des Nations Unies pour l'environnement (Pnue) a souligné les bienfaits de "l'action internationale concertée, engagée contre les substances appauvrissant l'ozone" ainsi que le rôle capital joué par le Protocole de Montréal, qui a notamment permis l'interdiction progressive des chlorofluorocarbones (CFC), principales causes de l'appauvrissement la couche d'ozone.

Sans lui, "les niveaux atmosphériques de substances nocives pour l'ozone auraient, en effet, pu décupler d'ici à 2050". Or l'étude constate au contraire une réduction de 10% à 15% de leur concentration par rapport au pic atteint dans les années 90[145].

La couche d'ozone devrait ainsi avoir retrouvé son niveau des années 1980 "avant le milieu du siècle aux latitudes moyennes dans l'Arctique, et un peu plus tard dans l'Antarctique". Le trou d'ozone continue de se former chaque année au printemps au-dessus de l'Antarctique, et il est prévu qu'il continue d'en être ainsi pendant la majeure partie de ce siècle, car, souligne l'étude, des substances appauvrissant l'ozone perdurent dans l'atmosphère, bien que leurs émissions aient cessé.

Malheureusement, il a été récemment constaté, que la généralisation de l'utilisation des HFC (hydrofluorocarbones) dans la réfrigération et la climatisation, pour remplacer les chlorofluorocarbones (CFC) et les hydrochlorofluorocarbones (HCFC), qui étaient néfastes pour la couche d'ozone sont aussi des gaz à fort effet de serre, auraient également pour conséquence paradoxale d'être à leur tour de très puissants gaz à effet de serre[146].

Le potentiel de réchauffement planétaire des hydrofluorocarbones (HFC) est, en effet, jusqu'à 14 800 fois plus élevé que celui du dioxyde

---

[145] Assessment for Decision-Makers, Scientific Assessment of Ozone Depletion: 2014, World Meteorological Organization United Nations Environment Programme, WMO Global Ozone Research and Monitoring Project – Report No. 56

[146] « Si rien n'est fait », ces substances pourraient « représenter en 2050 jusqu'à 20% de nos émissions mondiales » de gaz à effet de serre, a ainsi estimé Mme Royal, lors d'une réunion internationale à Paris sur le Protocole de Montréal en novembre 2014, « Sauver la couche d'ozone au prix d'un dérèglement climatique, cela n'aurait pas de sens », a-t-elle également souligné, en appelant les participants à adopter un amendement au protocole de Montréal « afin qu'il puisse encadrer (…) la production et l'utilisation des hydrofluorocarbones ».
http://www.goodplanet.info/actualite/2014/11/17/reunion-internationale-paris-protection-couche-dozone/

de carbone. Aujourd'hui, les hydrofluorocarbures (HFC) ne posent plus de problème pour la couche d'ozone, mais restent des gaz à effet de serre qui représentent l'émission d'environ 0,5 milliard de tonnes en équivalent CO2, en augmentation d'environ 7 % par an... À ce rythme, ils devraient contribuer significativement au réchauffement climatique dans les prochaines décennies. C'est pourquoi, en juillet 2009, les parties au protocole de Montréal avaient engagé des discussions sur une proposition visant à limiter et à réduire la consommation mondiale de HFC[147].

---

[147] http://www.notre-planete.info/environnement/trou-couche-ozone.php

IV - L'accroissement considérable de la pollution protéiforme

Parmi toutes les dégradations de notre écosystème, la pollution, de différentes natures et en provenance de diverses origines, tient une place extrêmement importante en continuant à affecter absolument tous les domaines de notre écosystème (l'eau douce de surface et les nappes phréatiques, les mers et les océans, le sol, l'atmosphère, les organismes vivants, l'espace et les sens), comme le montrent les tableaux suivants, qui décrivent les origines, les domaines, et les composantes, pour les onze principales natures de la pollution observable, qui peut être, en effet :
R = Radioactive, C = Chimique, O = Organique, H = Hydrocarbures,
D = Déchets solides, E = Electromagnétique, S = Sensorielle,
B = Biologique, G = Génétique, T = Thermique, I= Inorganique.
Avec :

R - La pollution radioactive ou radioactivité peut provenir d'accidents nucléaires importants, mais aussi intervenir lors des manipulations de produits radioactifs dans l'extraction et le traitement du minerai, du fonctionnement des réacteurs, du transport et du traitement des combustibles usés, du conditionnement et du traitement des déchets et des rejets gazeux ou liquides issus des centrales nucléaires. Elle implique des risques d'accident potentiel en provenance des déchets nucléaires de très longue durée de vie (qui ont été souvent immergés dans de profondes fosses sous-marines, ou enfouis, par de nombreux pays).

C - La pollution chimique est celle qui implique les effets néfastes sur la santé et l'environnement en provenant de la multitude des substances chimiques créées par l'homme (dont le nombre estimé à 89 millions en 2014, par le registre mondial du Chemical Abstract Service américain), pour une production mondiale actuelle atteignant 400 millions de tonnes.

O - La pollution organique provient de la décomposition de matières organiques d'origine humaine, animale ou industrielle, elle se compose de tous les rejets hydriques ou solides de matières végétales ou animales, issus des activités quotidiennes des êtres humains, des activités industrielles relatives à la production agroalimentaire ou aux activités agricoles de production animale ou végétale.

H - La pollution due aux hydrocarbures est imputable au pétrole sous toutes ses formes (pétrole brut, fuel-oil, résidus d'hydrocarbures et produits raffinés, « condensats », huiles minérales, gasoils et essences…) et peut se manifester lors des activités d'extraction, de raffinage, de transport ou de son utilisation (combustion incomplète, par exemple).

D - La pollution par les déchets solides, concerne les impacts négatifs de tous les résidus solides, qu'ils soient d'origine urbaine (ménagers, des activités de soins, de l'entretien des espaces verts, de l'assainissement, ou des moyens de transport), ou des activités économiques agricoles, commerciales, industrielles ou de services.

E - La pollution électromagnétique provient des incidences négatives d'une exposition excessive (d'êtres vivants ou d'appareils), à des champs électromagnétiques.

S - La pollution sensorielle concerne tous les troubles et les sensations désagréables occasionnés, à travers les organes de perception, que ce soit la vision, le toucher, l'ouïe, l'odorat, le goût.

B - La pollution biologique comprend l'introduction d'espèces animales et végétales exogènes dans un milieu, et qui le transforme en conséquence.

G - La pollution génétique est l'introduction causée par l'homme de gènes étrangers ou modifiés (OGM) dans un génome sauvage, qui va modifier le génome d'espèces adaptées à leur environnement, au risque d'altérer leurs avantages évolutifs, de perturber les écosystèmes, et de les affaiblir génétiquement.

T - La pollution thermique se traduit par une modification de la température du milieu, le plus souvent à la hausse par rapport à la température normale, due en général à l'action de l'homme. Elle concerne généralement les eaux (cours d'eau, lac de barrage, etc.) dont elle influence la vie aquatique.

I - La pollution inorganique provient de tous les polluants d'origine minérale qu'ils concernent l'atmosphère (comme les oxydes de soufre et d'azote (SOx, NOx) et l'ozone), ou les éléments minéraux (éléments majeurs comme l'aluminium, le fer ou le manganèse et éléments traces comme le cadmium, le plomb ou le zinc).

A- La pollution de l'eau douce de surface et des nappes phréatiques

Origines de la pollution	Composantes de la pollution	Nature de la pollution
La pollution domestique et urbaine	Les eaux usées domestiques regroupent les eaux "ménagères" (eaux de cuisine et de salle de bains) qui représentent les deux tiers du total des eaux usées domestiques, et qui contiennent, notamment, des graisses, des savons et détergents, des matières en suspension et des matières dissoutes organiques ou minérales, et les eaux "vannes" (WC)[148]. À cela il faut ajouter les eaux usées rejetées (effluents) par les installations collectives, telles que les hôpitaux, les écoles, les commerces, les hôtels et restaurants, etc.	**O et B**
La pollution industrielle	Les rejets industriels sont caractérisés par leur très grande diversité, suivant l'utilisation qui est faite de l'eau au cours du processus industriel, ils recouvrent : - des matières organiques et des graisses (abattoirs, industries agroalimentaires...), - des hydrocarbures (industries pétrolières, transports) - des métaux (traitements de surface, métallurgie), - des acides, bases, produits chimiques divers (industries chimiques, tanneries...), - des eaux chaudes (circuits de refroidissement des centrales thermiques), - des matières radioactives (centrales nucléaires, traitement des déchets radioactifs)...	**O** **H** **D** **C** **T** **R**
La pollution d'origine agricole	L'agriculture constitue la première cause des pollutions diffuses des ressources en eau. Lorsque l'on considère les pollutions d'origine agricole, il faut englober à la fois celles qui ont trait aux cultures et à l'élevage. Les activités agricoles sont, en particulier, largement impliquées dans les apports d'azote et, surtout, de ses dérivés, nitrates et nitrites, que l'on trouve en forte concentration dans les engrais, mais aussi dans les lisiers et purins d'élevage. Les pesticides utilisés pour le traitement des cultures sont également une source connue de dégradation des ressources en eau. Sous l'appellation "produits phytosanitaires" se cachent en fait une multitude de substances, dont la rémanence dans l'eau peut varier d'une molécule à l'autre.	**O et C**

[148] En l'absence de sanitaires, cependant, environ 1,8 milliard de personnes utilisent aujourd'hui de l'eau souillée par des excréments, soit une personne sur sept, pour la plupart pauvre et vivant en zone rurale, défèque encore en plein air, contaminant l'eau et créant un terrain propice à la diarrhée, au choléra, la dysenterie et la typhoïde. Cf. rapport rédigé par l'Organisation mondiale de la santé (OMS) et UN Water, publié le mercredi 19/11/2014 pour la journée mondiale des toilettes.

La pollution « naturelle »	La teneur de l'eau en substances indésirables peut également trouver son origine dans certains phénomènes naturels. Par exemple, le contact de l'eau avec les gisements minéraux peut, par érosion ou dissolution, engendrer des concentrations inhabituelles en métaux lourds, en arsenic, etc. Des éruptions volcaniques, des épanchements sous-marins d'hydrocarbures... peuvent aussi être à l'origine de pollutions.	**C**
La pollution d'origine atmosphérique	L'atmosphère terrestre contient un certain nombre de polluants, qui, sous l'effet des pluies, peuvent contaminer le sol. Par ruissellement ou infiltration, ces polluants vont ensuite migrer vers les eaux superficielles et souterraines. Le phénomène des "pluies acides" et ses conséquences sur la végétation (forêts, notamment) sont bien connus. Ce phénomène a pour origine l'oxydation, dans l'atmosphère, de l'anhydride sulfureux (SO2, issu de la combustion de combustibles fossiles, tels que le fuel ou le charbon) et d'oxydes d'azote (NOx) issus des moteurs à explosion et des foyers industriels, ayant pour conséquence la présence d'acide sulfurique et d'acide nitrique dans l'eau de pluie.	**C**
La pollution biologique	Pollution par des espèces invasives (végétales et animales) qui perturbent les cours d'eau et les écosystèmes lacustres, par des espèces domestiques échappées qui engendrent une pollution génétique par hybridation, ou encore par l'eutrophisation des plans d'eau qui génère une prolifération d'algues.	**B**
La pollution thermique	La pollution thermique, pollution diffuse et invisible, correspond à une variation de la température de l'eau par rapport à la température «normale » suite à l'action de l'homme, et qui affecte la vie aquatique. Elle résulte de l'utilisation de l'eau pour le refroidissement, que ce soit dans certains processus manufacturiers comme les aciéries, les industries de pâtes et papier ou les industries chimiques et pétrolières, ou, et surtout; par la production d'électricité, principale source de pollution thermique, notamment au sein des centrales nucléaires.	**T**
La pollution d'origine accidentelle	Accidents lors de transports fluviaux et lacustres de produits dangereux	**R, C et H**

B - La pollution des mers et des océans

Origines de la pollution	**Composantes de la pollution**	**Nature de la pollution**
Rejets d'hydrocarbures	Les marées noires : * naufrages de pétroliers * déballastages (eau de mer mélangée à du pétrole, qui provient du nettoyage des cuves de transport) * dégazages (rejets d'huiles de vidange et de résidus de fioul générés par les moteurs de l'ensemble des navires)	**H**
Pollution d'origine accidentelle	Accidents lors de transports maritimes de produits dangereux ou accident industriels sur les plates-formes offshores	**R, C et H**
Pollution originaire de la terre	- Pollution chimique (déchets industriels minéraux et organiques) * Le tout à la mer : rejets des eaux usées domestiques non traitées et des déchets * Le flot continu de résidus chimiques, pollution invisible - Pollution d'origine agricole (azote des fertilisants, engrais minéraux de synthèse, produits phytosanitaires)	**O et D** **C** **C et O**
Poubelles et déchets divers jetés de navires	Objets en plastique, en particulier. Les mers et les océans sont devenus de véritables poubelles que l'on retrouve dans les plus grandes profondeurs sous-marines.	**D**
Pollution radioactive	Déchets de l'industrie nucléaire civile et militaire (« Le monde du silence nucléaire »)	**R**
Pollution militaire chimique	Armes chimiques jetées dans les mers et les océans[149]	
Pollution biologique	Il existe un très grand nombre d'espèces invasives marines, qui comprennent des poissons, des moules, des algues, des coraux et des plantes marines.	**B**

On estime aujourd'hui que près de 40% des océans sont globalement considérés comme « lourdement » affectés par les activités humaines, du fait de la pollution et des destructions biologiques. Les déchets plastiques déversés dans les océans constituent l'un des problèmes les plus préoccupants, d'autant plus qu'il ne va pas en s'amenuisant, comme l'indique une étude récente, menée par des chercheurs de l'Université de Georgie, sous la direction de Jenna Jambeck aux États-Unis, dont les résultats ont été publiés dans la revue Science, et qui est parvenue pour la première fois à quantifier l'ampleur de ce désastre.

[149] De très nombreuses armes chimiques non utilisées gisent sur les fonds marins de la planète. Les poisons qu'elles contiennent (gaz moutarde, gaz sarin, arsenic…) s'échappent lentement, inexorablement, des fûts corrodés par des décennies d'immersion. Ces armes sont notamment l'un des terribles héritages des deux guerres mondiales. Après lesquelles, les armées des grandes puissances ont systématiquement déversé leur arsenal chimique quasi indestructible au fond des mers, mais aussi dans les lacs, lorsqu'il n'a pas été carrément enterré.

Pour 2010, les 192 pays côtiers étudiés auraient produit 275 millions de tonnes de déchets en plastique, dont huit millions de tonnes ont fini dans la mer (pour 2015 l'estimation passerait à environ 9,1 millions de tonnes). Selon les estimations des chercheurs, si rien n'est fait pour améliorer les méthodes de gestion des déchets, leur quantité dans les océans pourrait alors atteindre les 80 millions de tonnes, d'ici 2025[150].

Une quantité phénoménale de microfragments de plastiques contaminent ainsi les côtes des océans, et les toutes les mers fermées comme la Méditerranée. Ingérés par le plancton et les poissons, ils mettent en péril toute la chaîne alimentaire et la biodiversité marine. Aucun micro-organisme n'est cependant capable, à ce jour, de dégrader complètement le plastique. Ces microfragments, même transformés en poudre, constituent donc un danger permanent à la fois pour les poissons et les mammifères marins, mais aussi pour l'homme, ultime étape de la chaîne alimentaire.

Lorsque cette pollution se présente sous la forme de particules flottantes, celles-ci suivent inexorablement des déplacements, imposés par la circulation océanique générale, vers des zones de convergence identifiées correspondant aux « gyres », comme la mer des sargasses en Atlantique, par exemple, connues pour accumuler des espèces flottantes, végétales ou animales, et depuis peu toutes sortes de déchets (plastiques en particulier). Ces zones, véritables "îles de déchets" flottantes, sont essentiellement constituées d'une haute densité de microdéchets (notamment plastiques) en suspension sur 30 mètres de profondeur. Elles sont la conséquence de l'amalgame des déchets au point de rencontre de courants marins qui s'enroulent sous l'effet de la rotation de la Terre, selon le principe de la force de Coriolis, et la force centripète aspire lentement les détritus vers le centre. Plusieurs dizaines de millions de tonnes de déchets constitueraient chacun des cinq principaux gyres du globe (2 dans l'océan Pacifique, 2 dans l'Atlantique, et 1 dans l'Océan indien), et les déchets jetés ou abandonnés dans les océans sont donc condamnés, à plus ou moins longue échéance, à se retrouver piégés dans l'un d'entre eux, à proximité desquels la faune finit par disparaître : les poissons et les oiseaux s'étouffant, après avoir ingéré des morceaux de plastiques. Greenpeace rapporte que sur les 100 millions de tonnes de plastique produits chaque année, près de 10 % finissent dans les océans. Selon des chercheurs de l'Université de Californie à San Diego, alors que durant la période comprise entre 1972 et 1987, les microparticules de plastique (d'un diamètre inférieur à 5 mm) étaient relativement rares dans le "gyre subtropical" du Pacifique nord (plus de la moitié des échantillons prélevés à cette époque étaient alors totalement exempts de déchets plastiques) , des analyses effectuées dans la même zone de 1999 à 2010, ont montré que la concentration de microplastiques avait été multipliée par cent (selon une étude, publiée par la revue Biology Letters de la Royal Society britannique). Leur fragmentation en nano déchets de plastique accroît encore davantage leur dissémination dans la chaîne alimentaire des océans et le risque d'atterrir finalement dans nos assiettes.

---

[150] Sur tous ces points voir en particulier :
http://www.maxisciences.com/pollution/huit-millions-de-tonnes-de-plastique-finissent-chaque-annee-dans-les-oceans_art34309.html

C - La pollution du sol

Origines de la pollution	Composantes de la pollution	Nature de la pollution
Déversements directs par l'homme de substances toxiques (domestiques, industrielles ou de l'agriculture intensive et productiviste)	- Pollution par composés inorganiques toxiques pour l'homme et/ou pour les végétaux : *Les métaux lourds : cadmium, mercure, chrome, plomb, nickel, cuivre, zinc, arsenic, qu'ils existent à l'état naturel ou qu'ils soient issus du stockage de l'enfouissement ou de l'incinération de déchets industriels ou domestiques (tels que les piles ou les batteries chargées en plomb), de pratiques agricoles destinées notamment à la fertilisation des sols (cuivre pour les vignobles, par exemple) de déjections animales(sources de nitrates, de phosphore et d'azote), de retombées atmosphériques d'origine industrielle (métallurgie, déchetteries), de l'utilisation de combustibles fossiles ou d'hydrocarbure. *Les autres principaux composés inorganiques : cyanures (issus de leur utilisation dans les minerais d'or et d'argent en particulier), nitrates et nitrites (en provenance des engrais), fluorures (issus des industries métallurgiques et chimiques), sels de sodium.	**C et D**
	- Pollution par composés organiques (majorité des polluants du sol) : *Hydrocarbures et/ou huiles minérales *Produits organiques industriels (particulièrement volatils et toxiques) *Pesticides (fongicides, insecticides, herbicides)	**O, C et H**
	- Pollution par substances chimiques issues de produits militaires	**C**
	- Pollution radioactive	**R**
Les déchets	Est considéré comme déchet : « tout résidu d'un processus de production, de transformation ou d'utilisation, toute substance, matériau, produit ou plus généralement tout bien, meuble abandonné ou que son détenteur destine à l'abandon ». Autrement dit, tout élément qui est abandonné est un déchet. On distingue généralement : les déchets biodégradables ou compostables, les déchets recyclables, les déchets ultimes (qui sont réellement inutilisables et qui doivent être stockés pour éviter des pollutions de l'environnement), et les déchets spéciaux (déchets industriels dangereux : toxiques ou radioactifs, déchets d'activités de soins à risques infectieux et assimilés, déchets de l'industrie du bâtiment et de la construction, les déchets des équipements électriques et électroniques : DEEE). Le meilleur déchet, étant évidemment celui que l'on ne produit pas, diverses mesures existent cependant pour un traitement préventif (prévention, préparation en vue d'un réemploi) ou curatif (recyclage, autre valorisation, notamment énergétique, élimination).	**D**

Du jetable au durable, WWF[151] :
« Sac(c)age : Les effets dévastateurs des sacs à usage unique »
18 milliards de sacs à usage unique distribués chaque année, soit 570 par seconde, 72000 tonnes de déchets,
100 millions d'euros dépensés pour leur élimination, soit 0,6 centime d'euros par sac soit son coût de production,
122 millions de sacs à usage unique sont présents sur le littoral français de façon continue,
1 sac à usage unique = 1 seconde de fabrication, 20 minutes d'utilisation, 100 à 400 ans de dégradation
Chaque année en mer…5 millions de tonnes de déchets rejetés, 60 à 95 % sont des déchets plastiques
(Sacs à usage unique, bouteilles, emballages divers…)
Les sacs plastiques sont nocifs pour la faune et la flore aquatique.
Les sacs de caisse, à usage unique, engendrent une pollution visuelle.
Leur incinération engendre des rejets de dioxines, dangereuses pour la santé.
Les sacs à usage unique participent à l'épuisement des réserves de pétrole.

Les déchets des équipements électriques et électroniques (DEEE) générés dans le monde devraient augmenter de 33 % d'ici à 2017, pour représenter chaque année une montagne de 65,4 millions de tonnes (soit près de 200 fois l'Empire State Building), selon un rapport chapeauté par l'ONU. Leur évasion hors des circuits normaux de récupération pose d'énormes problèmes internationaux en matière de prolifération de centres sauvages de récupération informelle de matériels électroniques, susceptibles d'alimenter des marchés d'occasion notamment dans le tiers monde ou de contenir des métaux rares recyclables. Selon une récente étude publiée par l'Université des Nations-Unies (UNU) le poids des déchets électriques et électroniques, parfois baptisés "e-déchets", a atteint un record dans le monde en 2014, à 41,8 millions de tonnes. Alors que près de 60% de ces produits étaient des équipements de cuisine, de salle de bain ou de buanderie, environ 7% étaient des téléphones portables, des calculatrices, des ordinateurs portables ou encore des imprimantes. Ils proviennent pour 32% des États-Unis et de la Chine, qui sont suivis par le Japon, l'Allemagne et l'Inde. L'étude souligne également que, bien qu'étant un large réservoir potentiel de matériaux recyclables, seulement moins d'un sixième de ces déchets a été correctement recyclé. Par ailleurs, la valeur estimée des ressources précieuses qu'ils renferment, comme le fer, le cuivre, ou l'or a été estimée pour 2014 à 48 milliards d'euros. Ils contenaient malheureusement aussi 2,2 millions de tonnes de composants dangereux, comme le mercure, le cadmium ou le chrome, qui constitue une selon les termes de David Malone (directeur de l'UNU) une "mine toxique qui doit être gérée avec une attention extrême".

[151] Dossier de presse sur la Table ronde du WWF France : « Comment passer du jetable au durable ?», organisée à la Cité des Sciences et de l'industrie le 30/01/2004, Espace Gaz de France au sein de l'exposition Climax

D - La pollution de l'atmosphère

Origines de la pollution	Composantes de la pollution	Nature de la pollution
Rejets de polluants atmosphériques radiatifs (GES)	*de Dioxyde de Carbone, *de Méthane, *de Protoxyde d'Azote, *d'Ozone, *de gaz fluorés de synthèse, *de suie (ou carbone noir) issue des cheminées et des pots d'échappement[152],	**C**
Rejets de polluants gazeux et de poussières[153]	* de gaz toxiques (dioxyde de carbone, oxydes de carbone, oxydes de soufre, oxydes d'azote), dont les substances acides entraînent une acidification des eaux de pluie.	**C**
	* de composés organiques volatils,	**O**
	* de particules contenant des composés métalliques,	**D**
	* de composés fluorés	**C**
	* de dioxyde d'azote[154]	
	* de particules fines[155]	
Pollution électromagnétique ou « pollution invisible »	L'électricité est à la base de l'activité des fonctions vitales : le cœur, le cerveau, les muscles sont commandés par des signaux électriques. Notre environnement électromagnétique peut avoir des influences sur les phénomènes électriques intervenant naturellement dans le fonctionnement des organismes vivants, du corps humain en particulier. En effet, les champs électriques et magnétiques induisent dans l'organisme des courants électriques susceptibles d'interférer avec ceux de l'organisme et ainsi provoquer des effets néfastes. La multiplication de l'utilisation d'appareils engendrant des champs électromagnétiques, et les champs électromagnétiques de basse fréquence créés par les lignes électriques de très haute tension constituent aujourd'hui une source de pollution importante, susceptibles d'engendrer différents effets négatifs sur l'organisme.	**E** **E**

[152] Polluant à courte durée de vie, mais à incidence non négligeable sur le réchauffement climatique et sur la santé.

[153] Bien qu'elle ait changé de nature, en étant moins localisée au niveau des sites industriels et plus diffuse, via les transports, le chauffage, l'agriculture et l'air intérieur, la pollution de l'air représente "un coût majeur", en dépenses de santé relatives à la prise en charge des pathologies imputables à la pollution (particules fines, oxydes d'azote, etc.), et en matière d'impact de l'absentéisme professionnel sur la productivité des entreprises, de baisse des rendements agricoles, de perte de la biodiversité ou encore d'entretien des bâtiments dégradés. A un niveau mondial, l'OMS estime qu'un mort sur 8 serait lié à une maladie provoquée par la pollution de l'air.

[154] L'un des gaz les plus dangereux pour la santé humaine, incolore et inodore. Il est produit par les moteurs à combustion et les centrales thermiques, et se transforme en ozone troposphérique à travers une chaîne de réactions chimiques (polluant majeur de l'air, nocif pour la santé de l'homme, de la faune et de la flore).

[155] L'Organisation Mondiale de la Santé (OMS) qui estime que les particules fines feraient chaque année 1,5 million de victimes, vient également de classer les gaz d'échappement des moteurs diesel comme cancérigènes pour l'Homme, alors que l'on a pu constater qu'une plus grande partie de ces particules fines serait souvent due au chauffage au bois !

E - La pollution des organismes vivants

Origines de la pollution	Composantes de la pollution	Nature de la pollution
Introduction, causée par l'homme, de gènes étrangers, ou modifiés, dans un génome sauvage	- Introduction involontaire de gènes d'espèces domestiques (engendrant une pollution génétique par hybridation) ou exotiques (espèces invasives perturbant des écosystèmes), - Introduction volontaire de gènes d'organismes génétiquement modifiés (OGM)	**G**
Introduction, causée par l'homme, de substances nuisibles à la santé humaine, animale et végétale	- Les polluants domestiques Ils concernent notamment l'ensemble des produits chimiques nocifs ou dangereux qui existent dans nos maisons, nos écoles, dans l'air que nous respirons, ainsi que dans l'eau et la nourriture que nous ingérons Il existe déjà dans ce domaine des réglementations internationales, qui sont à actualiser en permanence et à compléter en fonction des résultats des nouvelles recherches sur les produits potentiellement dangereux, notamment pour les ingrédients et les emballages alimentaires. - L'aluminium Métal le plus abondant sur la terre, que l'on retrouve dans le sol, dans l'eau et dans l'air. Il possède des propriétés chimiques et physiques qui lui donnent de nombreuses utilités : par exemple, additif dans les produits alimentaires dont le lait maternisé pour les nourrissons, emballages, antiacides dans les médicaments, ustensiles de cuisson et papier d'aluminium dans les produits de consommation, coagulants pour le traitement de l'eau potable. Or il a été constaté un lien direct entre l'apport d'aluminium et certaines maladies, comme la démence neurologique chez les patients dialysés (encéphalopathie des dialysés), la maladie d'Alzheimer, la maladie de Parkinson et la sclérose latérale amyotrophique (maladie de Lou Gehrig). - Les nanomatériaux : certains matériaux microscopiques, présents dans de multiples produits de la vie courante, sont « toxiques pour l'homme » et peuvent avoir des effets délétères sur les milieux naturels. - Les polluants organiques persistants (POP) Ce sont des pesticides, des substances chimiques industrielles ou des sous-produits involontaires des procédés industriels, qui ont été utilisés pendant des décennies, mais dont trois propriétés inquiétantes ont été constatées récemment : *la persistance* — ils résistent à la dégradation dans l'air, dans l'eau et dans les sédiments ; *la bioaccumulation* — ils s'accumulent dans les tissus vivants à des concentrations plus élevées que dans le milieu environnant ; et *la capacité à se transporter sur de longues distances*— ils peuvent être retrouvés très loin du lieu d'émission, se déplaçant sous l'action de l'air, de l'eau et des espèces migratrices, contaminant généralement des zones situées à des milliers de kilomètres de toute source connue. La pollution occasionnée par les POP est donc un problème transfrontalier qui rend indispensable une action au niveau international. Les POP sont donc particulièrement nocifs pour la santé humaine et pour l'environnement.	**C** **I** **O**

Les polluants domestiques

On estime qu'ils se composent d'environ 100.000 molécules différentes, dont les conséquences sur la santé n'auraient été étudiées que pour seulement 3% d'entre elles. Ils peuvent se trouver dans les produits d'hygiène comme les paraffines chlorées (dans les mastics sanitaires…), les parabens (dans les savons, gels douche, shampoings, crèmes...), dans les ustensiles de cuisine comme les composés perfluorés (dans les poêles antiadhésives…), le bisphénol A (dans les boites de conserve, les tétines de biberon…) ou partout comme les phtalates (dans les jouets en plastique ou les revêtements de sols en vinyle…), dans les isolants, les revêtements et le mobilier, dans les insecticides ménagers, etc.

Un récent rapport, paru dans "Environmental Health perspective" et qui a été signé par 200 scientifiques, venant de 38 pays différents, a mis l'accent sur les dangers que peuvent représenter les produits chimiques, particulièrement, les polyfluoroalkyles et les perfluoroalkyles [sous famille très large des PFC (perfluorocarbures)]que l'on retrouve toujours dans de très nombreux produits manufacturés. Alors qu'ils participent déjà grandement au dérèglement climatique, en raison de leur potentiel élevé en matière de réchauffement planétaire, leurs utilisations domestiques diverses et variées font qu'on les retrouve dans le traitement des surfaces (usages : détergents, traitements antiadhésifs), la protection des papiers, dont ceux utilisés pour le conditionnement des aliments (emballages alimentaires), dans les imperméabilisants (vêtements, tapis, cuir, chaussures, ustensiles de cuisine), les antiadhésifs papiers (emballages alimentaires), les peintures, les détergents (nettoyants, shampoings), les pesticides et les insecticides et les revêtements de batteries de cuisine (ils y sont présents à 0,5%).Ils sont aussi employés de façon plus spécialisée, comme dans les mousses anti-incendie, dans les agents tensio-actifs pour les puits de pétrole et les mines, les fluides hydrauliques dans l'aviation, les placages de métal (chrome), les semi-conducteurs, la photolithographie et les semi-conducteurs ou encore la photographie.

Pour les ingrédients et les emballages alimentaires réglementés, les travaux de recherche de l'Autorité européenne de sécurité des aliments (en anglais EFSA, pour European Food Savety Authority) sont désormais menés par deux groupes scientifiques différents. Le groupe sur les additifs alimentaires et les sources de nutriments ajoutés aux aliments (groupe ANS) se penche sur les questions de sécurité qui entourent l'utilisation d'additifs alimentaires, de sources de nutriments et d'autres substances délibérément ajoutées aux aliments, à l'exclusion des arômes et des enzymes. Le groupe sur les matériaux en contact avec les aliments, les enzymes, les arômes et les auxiliaires technologiques (groupe CEF) se concentre sur ces questions et également sur la sécurité des procédés.

Les nanomatériaux

Du fait de leur très petite taille, ces nanoparticules sont extrêmement réactives. Surtout, par contact, par ingestion ou par inhalation, elles peuvent pénétrer dans l'organisme, sous la peau et dans les poumons, et franchir les barrières physiologiques : cutanée, alvéolo-capillaire (isolant les alvéoles pulmonaires des vaisseaux sanguins), hématoencéphalique (protégeant le cerveau des agents pathogènes du sang), placentaire (séparant dans le placenta les circulations sanguines de la mère et du fœtus. Mobilité qui les rend potentiellement dangereuses non seulement pour les salariés qui produisent ces nanomatériaux et qui, de ce fait, sont les plus exposés, mais aussi pour l'ensemble de la population, car des nanoparticules peuvent être relâchées par l'usure des produits manufacturés, par leur lavage quand il s'agit de vêtements, ou par leur dégradation quand ils deviennent des déchets.

Les polluants organiques persistants (POP)

Certains de ces polluants chimiques seraient d'importants perturbateurs endocriniens, leurs molécules agissant alors sur l'équilibre hormonal d'espèces vivantes à travers des effets indésirables sur la santé, en altérant des fonctions telles que la croissance, le développement et le comportement. Le chercheur américain Bruce Blumberg avait déjà constaté que certaines molécules pouvaient inciter le corps à produire plus de cellules de graisse, qu'il avait d'ailleurs qualifiées dès 2006 « d'obésogènes ». La disparition des abeilles peut également s'expliquer par l'utilisation abusive de pesticides souvent très dangereux. Dans un rapport d'avril 2013, l'OGN Greenpeace dénoncent, par exemple, sept pesticides qui comportent *«les dangers potentiels les plus immédiats pour la santé des pollinisateurs»* et qui doivent être interdits. Y figurent notamment trois néonicotinoïdes (clothianidine, imidaclopride et thiaméthoxame), utilisés pour le maïs, le colza, le tournesol et le coton, à côté de quatre autres pesticides : le fipronil, le chlorpyriphos, la cyperméthrine et la deltaméthrine.

La convention de Stockholm a considéré 12 POP prioritaires, produits intentionnellement ou non intentionnellement (de sources diverses, telles que la combustion domestique ou les incinérateurs de déchets). Ces 12 POP prioritaires sont l'aldrine, le chlordane, le dichlorodiphényltrichloréthane (DDT), le dieldrine, l'endrine, l'heptachlore, le mirex, le toxaphène, les polychlorobiphényles (PCB), l'hexa chlorobenzène (HCB), les dioxines et les furanes. Dans un premier temps, la convention a visé à interdire la production et l'utilisation de 9 POP, à limiter la production et l'utilisation d'une dixième substance, et de limiter la production involontaire et les rejets des deux derniers dans l'environnement. Très récemment, en mai 2009, les parties ont pris la décision historique d'ajouter les neuf nouveaux produits suivants à la liste des substances règlementées dans le cadre de la Convention : alpha-hexachlorocyclohexane et bêta-hexachlorocyclohexane (sous-produits) ; lindane et chlordécone (pesticides) ; tetrabromodiphényléther et hexabromodiphényléther, hexabromobiphényle, penta chlorobenzène, acide perfluorooctane sulfonique et fluorure de perfluorooctane sulfonique (substances chimiques industrielles).

F- La pollution des sens

Origines de la pollution	Composantes de la pollution	Nature de la pollution
Pollution sonore	La pollution sonore apparaît lorsque les nuisances sonores, généralement provoquées par les activités humaines, dépassent les seuils de tolérance en matière d'audition, et /ou affectent la santé et les écosystèmes. Elle affecte également de nombreux écosystèmes marins sensibles au bruit produit notamment dans les basses fréquences.	**S**
Pollution visuelle	La pollution visuelle correspond à l'ensemble des dégradations visuelles qui portent atteinte aux paysages et au cadre de vie (supports publicitaires : enseignes et panneaux d'affichage, infrastructures routières, ferroviaires, lignes à haute tension, etc..). Elle peut être associée à la pollution lumineuse qui désigne à la fois la présence nocturne anormale ou gênante de lumière et les conséquences de l'éclairage artificiel nocturne sur la faune, la flore, les écosystèmes, et les humains. La destruction des paysages est également le fait de l'urbanisation et du tourisme intensif.	**S**
Pollution olfactive	La pollution olfactive concerne toutes les nuisances qui affectent, ou qui touchent le domaine de l'odorat. Elle trouve son origine dans une multitude de molécules différentes, en concentrations souvent très faibles, dans l'air que nous respirons.	**S**

G - La pollution de l'espace

Origines de la pollution	Composantes de la pollution	Nature de la pollution
Les débris spatiaux en orbite	Depuis le premier Spoutnik en 1957, plusieurs milliers de lancements de satellites et autres stations spatiales ont eu lieu (environ un, tous les quatre à cinq jours en moyenne). Si la plupart se sont depuis longtemps désintégrés en retombant dans l'atmosphère, beaucoup continuent de graviter dans l'espace en étant souvent éparpillés en de nombreux débris. L'accumulation de ces débris de l'activité spatiale humaine autour de notre planète entraîne des risques croissants que l'on peut distinguer selon deux catégories : - Les risques en orbite qui correspondent aux risques de collision avec des objets opérationnels du fait de l'importance de leurs durées de vie en orbite (les collisions avec des satellites de télécommunication qui pourraient conduire à un arrêt possible de toutes communications sur Terre) et aux risques liés à la production de débris, suite au vieillissement des matériaux et des impacts éventuels avec d'autres débris ou météorites, et aux éventuelles explosions. Plus que leur taille, c'est leur vitesse qui rend ces débris si dangereux. À 300km de la surface du globe, les objets peuvent, en effet, se déplacer à plus de 28 000 km/h[156]. - Les risques au sol, qui correspondent aux risques de faire des victimes et des détériorations matérielles au sol lors des retombées sur Terre. Les évaluations récentes comptabilisent ainsi environ 13000 objets d'une taille supérieure à 10 cm qui sont suivis régulièrement par des capteurs, 200 000 objets d'une taille comprise entre 1 et 10 cm, et 35 000 000 d'objets d'une taille comprise entre 0.1 et 1 cm. Les particules d'une taille inférieure à 0.1 cm sont bien sûr encore plus nombreuses. Pour les objets d'une taille inférieure à 0.001cm et d'une taille supérieure à 0.1 cm, la pollution créée par l'Homme est maintenant devenue supérieure à l'environnement naturel dû aux météorites[157].	**D**
Pollution « nucléaire » de l'espace	Depuis les années 1960, le recours au nucléaire s'est considérablement développé pour alimenter en énergie des satellites d'observation radar, des vaisseaux habités et des sondes d'exploration planétaire. Généralement, les satellites de ce type, qui évoluent à 500 km environ au-dessus de nos têtes, sont propulsés, à la fin de leur vie, sur ce qu'on appelle une "orbite cimetière", c'est-à-dire une orbite située à 1000 km d'altitude environ. De cette manière, ces satellites ont quelques centaines d'années pour que leurs composés radioactifs perdent naturellement leur radioactivité, jusqu'à devenir inoffensifs au moment où ils rentreront dans l'atmosphère. Malheureusement, plusieurs de ces générateurs radio-isotopiques fonctionnant à l'uranium enrichi ou au plutonium sont déjà retombés sur terre ou en mer, générant ainsi une pollution radioactive marine ou terrestre.	**R**

[156] "Nous avons atteint ce que nous appelons la « densité critique », celle où il y a tant de grands objets dans l'espace qu'ils entrent en collision les uns avec les autres et créent, par effet domino, de nouveaux débris qu'on ne peut éliminer", Donald Kessler, ancien responsable du bureau des débris orbitaux de la Nasa.

[157] Sur tous ces points, voir en particulier le site web du CNES : http://debris-spatiaux.cnes.fr/

V - L'augmentation du nombre et de l'intensité des catastrophes

À l'échelle de la planète, on assiste actuellement à un accroissement important des impacts dommageables, directs ou indirects, de tous les types de catastrophes possibles sur les populations humaines et notre écosystème. La principale raison vient de l'augmentation des fréquences d'apparitions de certaines catastrophes, parallèlement à la croissance de l'étendue et à l'importance des dommages engendrés[158], sous l'influence des trois facteurs aggravants, que sont l'explosion démographique (et la multiplication corrélative des besoins à satisfaire), l'urbanisation galopante et le changement climatique.

Cette évolution a d'ailleurs engendré un climat général d'insécurité, et l'avènement d'une « société du risque », caractérisée par des risques nouveaux, de grande ampleur, récemment surgis et définitivement installés sur le devant de la scène.

Ces risques proviennent de toutes les catastrophes possibles, qu'elles soient naturelles, industrielles ou technologiques, écologiques, sanitaires, alimentaires, qui sont, toutes, également susceptibles d'engendrer de très graves crises humanitaires. Ils peuvent et doivent être minimisés par des mesures de prévention adéquates et par des traitements curatifs efficaces.

Remarque préalable : Considérations générales sur le risque

Toutes les sciences qui étudient les risques[159] ont pour objectif commun de résoudre les problèmes posés par l'identification du risque, sa mesure, l'évaluation de ses conséquences éventuelles, et enfin les moyens de le maîtriser (c'est-à-dire de l'éviter, de le contourner ou d'en minimiser les conséquences dommageables), mais aussi, et surtout, de construire des méthodes de prévention efficaces susceptibles d'être révisées et améliorées en permanence sur la base d'informations de terrain.

---

[158] Les technologies modernes ont atteint un tel développement qu'elles sont désormais capables, de provoquer des catastrophes écologiques à l'échelle de grandes régions, de pays, voire de continents entiers.

[159] Qui ont été récemment regroupées sous le terme de « cindyniques ».

Il s'agit de pouvoir ainsi identifier les risques prépondérants, de préparer les parades les plus efficaces possible et de définir les actions à mener pour les maîtriser. Chaque type de catastrophes admet ainsi des réponses spécifiques, en fonction de la criticité des risques encourus, dont l'indice peut se définir comme suit :

Indice de criticité = (gravité) x (occurrence) x (détectabilité)

Dans lequel la gravité traduit l'importance de l'impact de la survenance du risque (étendue du dommage potentiel), l'occurrence correspond à la probabilité que le risque apparaisse et la détectabilité à la plus ou moins grande facilité de la détection des signes annonciateurs du risque.

Et si l'on note:

- la gravité de 1 à 10,

(de 1 = très faible gravité, à 10 = risque très grave),

- l'occurrence de 1 à 10,

(de 1 = très faible vraisemblance, à 10 = forte probabilité),

- la détectabilité de 1 à10,

(de 1 = facilement détectable, à 10 = non détectable),

alors l'indice de criticité peut évoluer de 1 à 1000, et l'on admet généralement qu'un indice supérieur à 200 indique un risque majeur.

On compte généralement cinq grands types d'actions pour traiter les risques, ayant tous pour objectifs de réduire ou d'éliminer l'impact d'un risque identifié:

- éviter / éliminer
- réduire
- assurer
- transférer
- accepter
- prévenir

La prévention est une attitude, ou l'ensemble de mesures, à prendre, pour éviter qu'une situation (sociale, environnementale, économique, etc.) ne se dégrade, ou qu'un accident, une épidémie ou une maladie ne survienne. Elle consiste à limiter le risque, c'est la prévention proprement dite : mesures visant à prévenir un risque en supprimant ou en réduisant la probabilité d'occurrence du phénomène dangereux, mais aussi à prévoir les mesures optimales pour combattre le « sinistre » si celui-ci survient, à travers un processus de prévision et de protection, en instituant des mesures visant à limiter l'étendue ou la gravité des conséquences d'un phénomène dangereux, sans en modifier pour autant la probabilité d'occurrence.

A- Les catastrophes naturelles

Les catastrophes naturelles sont toutes celles qui ont une origine exclusivement naturelle, elles ne concernent donc pas le dérèglement climatique, qui est d'origine exclusivement anthropique, mais de très nombreux autres phénomènes[160]. Elles peuvent avoir une origine terrestre ou extraterrestre (chutes d'astéroïdes, de météorites, et effets induits de l'activité solaire notamment par les émissions de plasma de certaines éruptions solaires qui atteignent la terre[161]).

Les catastrophes naturelles d'origine terrestre qui sont les plus importantes concernent : les invasions acridiennes[162] ou d'animaux nuisibles ou l'intrusion d'espèces étrangères dans les écosystèmes[163], les épizooties (maladie frappant, dans une région plus ou moins vaste, une espèce animale ou un groupe d'espèces dans son ensemble)[164], les

---

[160] Sur tous ces points, voir par exemple : http://www.notre-planete.info/terre/risques_naturels/

[161] Celles-ci se traduisent par des perturbations des transmissions radioélectriques terrestres (orage magnétique), l'apparition d'aurores polaires en entrant en interaction avec le champ magnétique terrestre et la haute atmosphère, une émission de rayons durs susceptibles de blesser les astronautes et d'endommager les engins spatiaux, des radiations d'UV et de rayons X pouvant réchauffer l'atmosphère extérieure, et créant une résistance sur les satellites en orbite basse et réduisant leur durée de vie, éjections de masse coronale, provoquant des tempêtes géomagnétiques, et pouvant déranger le champ magnétique terrestre dans son ensemble et endommager des satellites en orbite haute. Les fluctuations du champ magnétique terrestre peuvent induire des courants telluriques dans les longues lignes de transmission électriques, engendrant des tensions et des courants d'intensité considérable pouvant excéder les seuils de sécurité des équipements de réseau.

[162] Le fléau acridien était jusque-là lié à l'Afrique, en étant la huitième plaie d'Égypte.

[163] L'introduction malencontreuse d'animaux exotiques est la première cause de disparition des espèces. Elle constitue une réelle menace sur notre patrimoine naturel. Les espèces invasives dites "allochtones" (étrangères - qui viennent d'une autre terre) se composent notamment de la perche-soleil, de l'écrevisse de Louisiane, de la tortue de Floride, du ragondin, de la grenouille-taureau, de l'ibis sacré, ou du frelon asiatique. http://www.saisons-vives.com/frontoffice/index.asp?id=645

[164] Une épizootie est une maladie affectant brutalement un grand nombre d'animaux, dans une région donnée. Elle correspond pour l'animal à ce qu'est une épidémie pour l'homme. Si l'épizootie touche un continent ou le monde entier, elle devient une « panzootie », et si elle frappe une région d'une façon constante, ou à certaines époques déterminées, elle devient une « enzootie ». Une épizootie peut se transformer en « zoonose » si elle se transmet à l'homme (cas de l'ESB - Encéphalopathie spongiforme bovine- qui a frappé la Grande-Bretagne et s'est transmise à l'homme sous le nom de maladie de Creutzfeldt-Jakob). Elle peut alors éventuellement évoluer en épidémie (le pendant humain de l'épizootie) ; c'est le cas de la grippe aviaire (une épizootie) qui pourrait devenir contagieuse pour l'homme (une zoonose) et devenir très contagieuse entre les hommes eux-mêmes (une épidémie) selon l'OMS. Si l'infection

incendies et feux de brousse d'origine naturelle (foudre), d'origine anthropique (déboisement) ou climatique, l'érosion provoquée par les vagues, la dégradation des zones humides côtières, les tsunamis[165], les éruptions volcaniques[166], les glissements de terrain et les avalanches, les séismes d'ampleurs diverses[167], ou, enfin, les résurgences de gaz emprisonnés dans les lacs[168].

Indépendamment, ou, en complément des conséquences du réchauffement climatique, les orages[169], la sécheresse, les tempêtes, les cyclones et ouragans[170], les tornades[171] ou les inondations peuvent également s'ajouter à la liste précédente.

Bien qu'il soit difficile de discerner une tendance sur le nombre de personnes tuées dans les catastrophes naturelles, on constate une augmentation du nombre d'évènements et de personnes affectées par les catastrophes dans les dernières décennies. Les causes sont directement liées à l'explosion démographique et à l'urbanisation galopante, ainsi qu'au réchauffement climatique observé depuis 1980[172].

La plupart de ces catastrophes naturelles sont difficilement prévisibles (tremblements de terre, inondations de petits bassins versants, feux de brousse, tornades…), alors que pour d'autres, des prévisions peuvent être réalisées dans des délais de quelques heures à quelques jours (tempêtes, et cyclones tropicaux, vents violents, précipitations abondantes…).

épizootique est transmissible à l'homme (cas de la tuberculose, de la peste, de la grippe aviaire, de la rage, etc.), on parlera alors « d'anthropoépizootie », dont certaines peuvent être bipolaires (l'homme contaminant l'animal, puis l'animal contaminant l'homme, etc.).

165 Onde marine exceptionnelle déclenchée par un soudain déplacement du plancher océanique. Le terme est dérivé d'un mot japonais qui signifie " vague portuaire ". Notre planète info op cit.

166 Les volcans ne sont pas répartis au hasard à la surface du globe, mais leur localisation est intimement liée à la tectonique des plaques. Notre planète info op cit.

167 Les tremblements de terre ou séismes sont les catastrophes naturelles les plus dangereuses et imprévisibles. Ils peuvent dévaster une région entière. Notre planète info op cit.

168 On parle alors d'éruption « limnique » qui se traduit par la remontée subite à la surface des gaz (en particulier le dioxine de carbone, et le dioxine de soufre) emprisonnés dans un lac volcanique, à la suite à un évènement sismique, comme ce fut le cas pour le lac Nyos au Cameroun en 1986.

169 Entre 3000 et 5000 orages sont en activité permanente dans l'atmosphère, générant une centaine d'éclairs par seconde. Notre planète info op cit.

170 On appelle cyclone (du grec kuklos, cercle) une dépression d'origine tropicale, c'est-à-dire qui naît sous l'influence des fortes chaleurs combinées aux eaux très chaudes des latitudes tropicales. Notre planète info op cit.

171 Les tornades (de l'espagnol torna qui signifie tourner) sont des phénomènes capables de générer des vents de plus de 500 km par heure. Notre planète info op cit.

172 Voir : http://www.notre-planete.info/terre/risques_naturels/catastrophes_naturelles.php

Certaines catastrophes naturelles peuvent également se combiner avec des risques industriels et technologiques qu'elles peuvent alors accroître ou déclencher par un effet domino.

À tort, les risques naturels apparaissent souvent inéluctables et incontrôlables. Ils ne sont cependant pas une fatalité. Les anticiper, permet de prévenir le risque.

La prévention des risques naturels vise à assurer la sécurité des personnes et des biens en tenant compte des principaux risques naturels (par exemple, pour la France, ils peuvent provenir des inondations, des mouvements de terrain, des avalanches, des séismes, et des incendies de forêt pour la partie métropolitaine, auxquels viennent s'ajouter, pour l'Outre-mer, les cyclones et les éruptions volcaniques) notamment à travers une réglementation concernant l'utilisation des sols et du permis de construire.

Toute politique de prévention des risques naturels est destinée à :

- Mieux connaître les catastrophes naturelles et leurs incidences ;
- Assurer lorsque cela est possible leur surveillance ;
- Sensibiliser et informer les populations sur les risques les concernant et sur les moyens de s'en protéger ;
- Prendre en compte les risques dans les décisions d'aménagement ;
- Adapter et protéger les installations actuelles et futures face à elles ;
- Tirer des leçons des évènements naturels exceptionnels qui se produisent.

La Stratégie internationale de prévention et de minimisation des impacts des catastrophes naturelles[173].

La stratégie internationale de prévention des catastrophes (SIPC) a été adoptée en l'an 2000 par les États membres des Nations Unies pour donner suite à la Décennie internationale de la prévention des catastrophes naturelles (1990-1999). Cette Stratégie internationale nouvellement adoptée vise une réduction considérable des pertes dues aux catastrophes et l'avènement de collectivités et de nations résilientes face aux catastrophes, en tant que condition essentielle du développement durable.

Le système de la SIPC se compose d'un grand nombre d'organisations, d'États et d'organisations de la société civile qui, dans toutes les parties du globe, œuvrent à la réduction des pertes dues aux catastrophes et à la mise en application du Cadre d'action de Hyogo.

---

173 http://www.eird.org/mah/cadre-d-action-de-hyogo.pdf

Tous les pays sont incités à mettre en place des plates-formes nationales pour la réduction des risques de catastrophes, ou d'autres mécanismes nationaux de coordination : les composantes internationales du Système de la SIPC étant la Plate-forme mondiale pour la réduction des risques de catastrophe et le secrétariat de l'ONU/SIPC.

La plate-forme mondiale pour la réduction des risques de catastrophe est le principal forum mondial de regroupement des Etats, des agences onusiennes, des institutions financières internationales, des organes régionaux, de la société civile, du secteur privé ainsi que des milieux scientifiques et universitaires.

Elle est responsable de la sensibilisation et du renouvellement des engagements ainsi que du partage, entre les intervenants et les Gouvernements, des expériences acquises en matière d'exécution, de la recherche de moyens pour combler les lacunes, et de l'apport d'orientations stratégiques et de cohérence à la mise en application du Cadre d'action de Hyogo. En outre, des plates-formes thématiques (unités, réseaux, initiatives) travaillent sur des sujets particuliers relevant du grand dossier de la réduction des risques de catastrophe, notamment l'adaptation aux changements climatiques, l'éducation, les risques urbains, l'alerte précoce, le relèvement et le développement des capacités.

La Plate-forme mondiale désigne un comité chargé de la conseiller sur les priorités et les orientations nécessaires au niveau des programmes.

Le secrétariat de l'ONU/SIPC agit en qualité d'intermédiaire, de catalyseur et de point focal de la réduction des risques de catastrophe au sein des Nations Unies et du Système de la SIPC. Il fait la promotion active de la nécessité d'un engagement fort envers la réduction des risques de catastrophes et de la mise en application du Cadre d'action de Hyogo. Il prépare et soumet également des rapports sur les progrès réalisés. Opérant sous la supervision du Secrétaire général adjoint aux affaires humanitaires, le secrétariat de l'ONU/SIPC rend compte à l'Assemblée générale des Nations Unies dans le cadre des questions relatives au développement durable, questions qui relèvent de la coordination du Département des affaires économiques et sociales.

Le Cadre d'action de Hyogo est actuellement le principal instrument que les États membres des Nations unies ont adopté pour réduire les risques de catastrophes. Son but fondamental est d'instaurer la résilience des nations et des collectivités face aux catastrophes par une réduction considérable des pertes qu'elles engendrent, tant en vies humaines qu'en capital (social, économique et environnemental) des collectivités et des pays.

Pour ce faire, le Cadre d'action de Hyogo a prévu cinq priorités, ainsi que des principes directeurs et des moyens pratiques qui permettent aux collectivités vulnérables d'atteindre une telle résilience dans le contexte du développement durable.

- Ériger la réduction des risques de catastrophe en priorité[174].
- Identifier les risques et passer à l'action[175].
- Instaurer une compréhension et une conscience des risques[176].
- Réduire les risques, par une action positive sur la vulnérabilité aux aléas naturels[177].
- Se préparer et se tenir prêt à agir.

B - Les catastrophes industrielles ou technologiques

Les catastrophes industrielles ou technologiques atteignent des proportions jamais égalées[178], elles concernent tous les accidents qui ont lieu dans une phase de production industrielle, d'exploitation des

---

[174] Veiller à ce que la réduction des risques de catastrophe soit une priorité nationale et locale et à ce qu'il existe, pour mener à bien les activités correspondantes, un cadre institutionnel solide.

[175] Mettre en évidence, évaluer et surveiller les risques de catastrophe (ce qui passe par un investissement scientifique, technique et institutionnel pour pouvoir observer, enregistrer, mener des recherches, analyser, prédire, modéliser et cartographier les aléas naturels), et renforcer les systèmes d'alerte précoce (mise en place de systèmes efficaces d'alerte précoce adaptés convenablement aux contextes des populations à risque, reconnus généralement comme étant un élément crucial de la réduction des risques de catastrophe).

[176] Utiliser les connaissances, les innovations et l'éducation pour instaurer une culture de sécurité et de résilience à tous les niveaux.

[177] Les pays peuvent accroître leur résilience en respectant les normes de construction requises pour la protection des infrastructures les plus importantes (écoles, hôpitaux, maisons d'habitation, etc.), en améliorant le degré de sûreté des bâtiments vulnérables, en protégeant les écosystèmes inestimables (comme les récifs coralliens ou les forêts de mangroves, car ils servent de protection naturelle contre les eaux)., et enfin en prenant les bonnes initiatives en matière d'assurance et de micro finance pour aider à transférer les risques et à se doter de ressources supplémentaires.

[178] 40 000 accidents industriels et technologiques ont ainsi pu être récemment recensés par ARIA, voir : http://www.aria.developpement-durable.gouv.fr/

ressources fossiles, de production d'énergie ou de transport de marchandises dangereuses[179].

Au cours de ces 50 dernières années, de grandes catastrophes industrielles ont entraîné la prise de conscience des risques industriels et technologiques, dont les plus emblématiques ont été :

- La catastrophe de Seveso, Italie, 1976[180]
- Le naufrage du pétrolier Amoco Cadiz, Bretagne, France, 1978
- La catastrophe de la centrale nucléaire de Three Mile Island, en Pennsylvanie, États-Unis, 1979
- La catastrophe de Bhopal, Inde, 1984
- La catastrophe de Tchernobyl, Ukraine, 1986
- Le naufrage du pétrolier Exxon Valdez sur la côte sud de l'Alaska, États-Unis, 1989
- La catastrophe d'AZF, Toulouse, France, 2001
- Le naufrage du pétrolier Prestige, Espagne, 2002
- La catastrophe du terminal pétrolier de Buncefield, Grande-Bretagne, 2005
- La catastrophe de la centrale nucléaire de Fukushima au Japon, 2011

Les accidents potentiels sur les sites industriels

Les accidents susceptibles de se produire sur un site industriel et d'entraîner des conséquences graves pour le personnel, les populations, les biens, l'environnement ou le milieu naturel sont principalement les suivants :

- L'explosion de gaz en expansion provenant d'un liquide en ébullition (*cas de l'accident de Feyzin, en 1967*), à la suite d'une augmentation de température, le plus souvent causée par un incendie, ayant fragilisé le métal de la sphère de stockage du gaz liquide qu'elle contenait.

---

[179] Notamment le transport de pétrole, qui a occasionné de nombreuses marées noires.

[180] Cette catastrophe environnementale a provoqué une prise de conscience et une réaction, des autorités européennes qui ont publié en 1982 la directive dite « SEVESO I », imposant le recensement des établissements industriels présentant des risques d'accident majeurs, puis en 1996 la directive « SEVESO II », qui prévoyait la mise en place dans les entreprises classées Seveso, de systèmes de gestion de la sécurité.

- L'explosion d'un nuage de gaz combustible en milieu non confiné, dont le mélange avec l'air avait formé un nuage inflammable et rencontré une source d'allumage (*cas de Flixborough, en 1947*).
- L'incendie d'un stock de produits, suivi d'une d'explosion (*cas d'AZF à Toulouse, en 2001*).
- L'émission et la diffusion de produits toxiques, suite à un incendie ou une fuite accidentelle, provoquant un risque de pollution de l'air, de l'eau, du sol (*cas de Seveso en 1976 et de Bhopal en 1984*).

Une politique de prévention globale s'impose donc pour les établissements présentant ces risques majeurs (par exemple ceux qui sont soumis en Europe à la directive Seveso). Elle repose sur les quatre principaux axes de tout système de gestion de la sécurité :

- la maîtrise des risques à la source sous la responsabilité de l'exploitant, qui doit régulièrement procéder à une étude des dangers potentiels de leurs extensions (dont les effets dominos sur une installation voisine) et de leurs conséquences, et élaborer en conséquence un système de gestion de la sécurité,
- la maîtrise de l'habitat et de l'urbanisation autour des sites sensibles, pour limiter le nombre de personnes exposées en cas d'occurrence d'un phénomène dangereux,
- la maîtrise des secours, subordonnée à la conception de plans de secours par l'exploitant et les pouvoirs publics et à l'organisation d'exercices périodiques d'entraînement,
- l'information des populations sur les risques, le signal d'alerte et la bonne conduite à avoir en cas d'accident, et la concertation fondée notamment sur des enquêtes et/ou des réunions.

Les accidents potentiels sur les sites d'exploitation de ressources fossiles

- Les accidents potentiels sur les sites miniers

Les risques de la mine concernent les risques de l'exploitation minière proprement dite et les risques résiduels présentés par les mines désaffectées.

Les risques d'exploitation minière sont bien connus et ont été à la base des plus importants accidents miniers dans l'histoire : les coups de grisou, les inondations (dues à l'infiltration trop importante d'eau dans le sol lors de pluies trop abondantes) et les éboulements, les maladies professionnelles spécifiques (la silicose ou maladie du mineur, délabrements de l'organisme et rhumatisme, asphyxie, accidents dus aux outils et techniques utilisés). La prévention a débuté dès la fin du XIX° siècle avec la lampe de sûreté destinée à prévenir les coups de grisou, la diminution les risques de formation des poussières (notamment par humidification), et l'amélioration des outils et techniques internes d'extraction et de transport.

Les risques résiduels font suite à la fermeture des grandes mines, en particulier de charbon et de fer, et à la disparition de leurs exploitants, exigent que les pouvoirs publics mettent en place un plan d'action pour l'après-mine afin de gérer plus efficacement les anciens sites miniers présentant des risques pour les personnes, les biens et l'environnement (effondrements de terrain, émanations de gaz ou encore pollutions des eaux et des sols). Ces actions de surveillance, d'exploitation d'installation de sécurité, de travaux sur d'anciens sites miniers nécessitent des investissements lourds sur plusieurs années.

- Les accidents potentiels sur les sites pétroliers et gaziers

L'industrie pétrolière et gazière traite de la chaîne industrielle du pétrole et du gaz naturel, de leur gisement jusqu'au consommateur.

Elle débute par les forages destinés à vérifier les résultats des analyses fournies par la géologie pétrolière, et se poursuit par des forages d'exploitation proprement dite, qu'ils soient situés à terre (on-shore) ou en mer (offshore)[181].

Puis se pose le problème du transport par un moyen quelconque vers les lieux de raffinage et de consommation, que ce soit par oléoducs (ou gazoducs) ou par voie maritime.

En ce qui concerne le gaz méthane (ou gaz naturel, il existe des navires-citernes particuliers appelés méthaniers sur lesquels on trouve des compartiments sous pression[182].

D'autres moyens de transport peuvent également être utilisés pour transporter les bruts et les produits pétroliers intermédiaire ou finis

[181] L'augmentation considérable de la part de l'offshore dans la production mondiale d'hydrocarbures tend à compenser l'épuisement des réserves terrestres, et constitue ainsi un enjeu majeur pour les acteurs de la filière.

[182] Le méthane gaz est, en effet, passé par une station de compression où on le comprime et par détente, on abaisse sa température pour le rendre liquide. On pompe ensuite le méthane liquide à très basse température sur le méthanier pour le transporter du lieu de production vers les lieux de consommation.

(transport fluvial par barges, par voie ferrée ou simplement par camions sur route). Ces moyens de transport sont utilisés soit pour des produits spécifiques soit sur de courtes distances. Les camions sont également utilisés pour livrer les produits depuis les raffineries vers les dépôts et les stations-service.

Le pétrole brut doit être traité par plusieurs procédés pour obtenir le maximum de produits légers à forte valorisation (gaz propane, butane, naphta, essences, kérosène et gazole), relativement aux fiouls et aux résidus. L'ensemble de ces procédés constituent le raffinage, susceptible de faire l'objet de plusieurs techniques.

Différents types de stockages apparaissent tout au long de la chaîne industrielle, que ce soit aux terminaux maritimes, aux lieux de production des bruts, dans les raffineries ou finalement près des lieux de consommation.

La prévention et la gestion des risques sur les sites pétroliers et gaziers on-shore posent des problèmes comparables à ceux des autres exploitations industrielles et technologiques, avec, pour différence importante, la dangerosité particulière sur l'environnement et les populations de tous les transports pétroliers et gaziers.

Les récents accidents en série impliquant des plates-formes pétrolières offshore ont contribué à sensibiliser l'opinion publique à l'évolution de l'exploitation de ces sources d'énergie, qui s'aventure toujours plus loin en eaux profondes, et ont posé deux questions principales : celle de la gestion des risques et celle des responsabilités et des indemnisations en cas d'accident. Le cadre international disponible à l'heure actuelle semble être à cet égard aussi incomplet que parcellaire[183].

Bien que la Convention des Nations unies sur le droit de la mer (CNUDM) de 1982 impose une obligation générale de protection de l'environnement maritime, aucun texte international spécifique ne fixe encore de règles quant aux conditions d'émission des autorisations de forage par les États. Il n'existe toujours pas de règle particulière en matière de responsabilités et d'indemnisations en cas de pollution provoquée par des activités d'exploration et d'exploitation offshore : en effet, la Convention sur la responsabilité pour les dommages de pollution par les hydrocarbures résultant de la recherche et de

---

[183] Sur tous ces points voir : La lettre de l'Iddri, n° 28, avril : « Pour une réglementation internationale de l'exploitation des sources d'énergie offshore », http://www.iddri.org/Publications/Collections/Lettre-de-l-Iddri/La-Lettre-de-l-Iddri-n-28

l'exploitation des ressources minérales du sous-sol marin (CLEE), adoptée en 1977, n'est jamais entrée en vigueur. Enfin, les initiatives régionales demeurent peu nombreuses et isolées.

Les accidents potentiels sur les sites producteurs d'énergie électrique

La production d'électricité nécessite de transformer une source d'énergie fournie par la nature, en utilisant différents moyens de production.

L'électricité est généralement produite de façon centralisée, sur l'ensemble du territoire et en grandes quantités, par des centrales électriques utilisant différentes sources d'énergie (fossiles[184] pour les centrales thermiques, fissiles[185] pour les centrales nucléaires, et renouvelables[186] pour les centrales éoliennes, solaires et hydrauliques) qui permettent d'alimenter des consommateurs grâce à un réseau de transport et de distribution.

Elle peut aussi être produite de façon décentralisée, et directement chez les consommateurs et en faibles quantités, par des petits équipements utilisant des sources d'énergies renouvelables, pour une autoconsommation immédiate.

- Les accidents potentiels sur les sites producteurs d'énergie thermique

Une centrale thermique est une centrale électrique qui produit de l'électricité à partir d'une source de chaleur. Cette source peut être soit un combustible (tel que du gaz naturel, du fioul, certaines huiles minérales, du charbon, des déchets industriels ou agricoles, des déchets ménagers), soit la fission de noyaux d'uranium 235 ou de plutonium 239.

Les centrales thermiques englobent donc essentiellement les centrales nucléaires et les centrales à flamme (qui, elles-mêmes, comprennent les centrales conventionnelles dans lesquelles un

---

184 Un combustible fossile correspond à une substance qui a été formée dans la roche par décomposition et transformation de végétaux sur plusieurs millions d'années et dont la combustion produit de la chaleur ou de l'énergie.

185 Un combustible fissile correspond à une substance dont on peut casser les atomes pour libérer de l'énergie et de la chaleur.

186 Énergie provenant de ressources que la nature renouvelle en permanence (eau, vent, soleil, matières organiques, chaleur de la Terre).

combustible fossile (charbon, fioul, gaz naturel...) est brûlé dans une chaudière pour produire la vapeur surchauffée alimentant la turbine, les centrales à turbine à combustion, à simple cycle, brûlant généralement du gaz, parfois du fioul (léger ou lourd réchauffé) , et les centrales à cycle combiné, brûlant les mêmes combustibles que les simples cycles, mais avec un bien meilleur rendement grâce à l'adjonction d'une chaudière de récupération et d'une turbine à vapeur.

- Les accidents potentiels sur les centrales nucléaires

Ils proviennent essentiellement des installations génératrices d'électricité, et des usines ou installations destinées à fournir le combustible de ces centrales ou à retraiter ce combustible et à conditionner et stocker les déchets (installations dites du « cycle du combustible »), mais aussi, et dans une moindre mesure, de laboratoires de recherche sur le nucléaire[187].

Les principaux risques viennent de l'irradiation potentielle, due aux rayonnements émis par une source radioactive, qui peut être externe (irradiation de proximité) ou interne à l'organisme (inhalation d'éléments radioactifs par contamination de l'air, ou consommation d'aliments devenus radioactifs suite à une contamination des ressources naturelles : tous ces éléments radioactifs circulent alors dans l'organisme humain et vont se fixer temporairement sur certains de ses organes, jusqu'à leur expulsion naturelle).

La prévention de l'irradiation externe peut être réalisée par l'interposition d'écrans ou de blindages d'épaisseur et de matériaux adaptés au pouvoir de pénétration des rayonnements émis par la source, et la prévention de l'irradiation interne par diverses mesures de précaution.

Les différents types d'accidents qui peuvent survenir sont soit des accidents de contamination, par rejets de produits radioactifs à l'extérieur des enceintes où ils sont contenus, soit des accidents d'irradiation lorsqu'une source radioactive solide intense sort de ses protections (accidents de transport de sources radioactives, utilisation industrielle de radioéléments comme les appareils de contrôle des soudures « les gammagraphes », utilisations médicales de sources radioactives comme certains appareils de radiothérapie), soit enfin des

---

[187] Ils peuvent également provenir des transports d'éléments radioactifs, de l'utilisation de radioéléments dans certaines applications industrielles, ou de certaines installations à usage médical (appareils pour la radiothérapie en particulier).

accidents de contamination et d'irradiation qui s'avèrent être les plus fréquents et les plus graves lorsque des produits fortement radioactifs sortent des enceintes qui ont été prévues pour les confiner et se répandent dans l'environnement. Ces derniers intéressent une grande superficie autour des centrales électronucléaires, qui souvent dépasse les frontières d'un pays, et ont fait l'objet de la part de l'Agence Internationale pour l'Énergie atomique (AIEA) d'une échelle de gravité graduée de 1 à 7.

Niveau 1 : Simple anomalie de fonctionnement sur une installation nucléaire, sans conséquence radioactive.

Niveau 2 : Incidents techniques affectant de façon importante les dispositions de sûreté ou entraînant un dépassement des normes d'irradiation annuelles pour un travailleur.

Niveau 3 : Incidents graves affectant la sûreté de l'installation, et/ou conduisant à des rejets radioactifs dans l'environnement supérieurs aux limites autorisées, et/ou à des irradiations graves pour un ou des travailleurs.

Niveau 4 : Accident répondant à l'un ou plusieurs des critères suivants : rejets ne comportant pas de risques importants hors du site, détérioration du cœur nucléaire, irradiation ou contamination d'un ou plusieurs travailleurs pouvant conduire à un décès.

Niveau 5 : Accident présentant des risques pour l'environnement conduisant au déclenchement du Plan particulier d'Intervention (PPI) et des dispositions de protection de l'extérieur du site en raison de risques de rejets radioactifs importants. Endommagement grave de l'installation nucléaire entraînant le relâchement de grandes quantités de radioéléments dans l'installation.

Exemple : accidents survenus à la centrale américaine de Three Mile Island en 1979

Niveau 6 : Accident grave entraînant de très importants rejets radioactifs à l'extérieur (une part significative de la radioactivité contenue dans un cœur de réacteur).

Niveau 7 : Accident majeur conduisant au rejet dans l'environnement d'une part importante des éléments radioactifs contenus dans le cœur d'un réacteur. Rejets conduisant à des effets graves pour l'environnement et la santé des populations dans un rayon vaste de l'installation.

Exemple : accident de la centrale nucléaire de Tchernobyl le 26 avril 1986.

Comme pour le risque industriel, la prévention du risque nucléaire repose sur quatre axes :

Axe1 : La réduction du risque à la source au niveau de l'installation

Par l'interposition en cascades de plusieurs " barrières étanches ", conçues et calculées, pour résister à tout évènement considéré comme raisonnablement imaginable, et par la mise en œuvre de mesures de sécurité, passives (lorsqu'elles agissent par leur seule présence, sans intervention humaine, ni besoin d'énergie, comme par exemple pour les bâtiments de confinement, ou les cuvettes de rétention), ou actives (car nécessitant une action, une énergie, un entretien, comme par exemple pour les détecteur, les vannes...).

Par une surveillance permanente de tous les phénomènes physiques essentiels de l'installation

Par une surveillance permanente du fonctionnement régulier des systèmes automatiques et/ou manuels de protection, et leur multiplication.

Par la prise en compte des facteurs humains : formation du personnel, contrôle des connaissances et entraînement sur simulateur pour habituer le personnel à réagir efficacement à tout accident d'exploitation.

Axe 2 : La maîtrise de l'urbanisation

En tenant compte de l'urbanisation existante, et en imposant un certain nombre de servitudes autour de l'installation, en particulier dans le voisinage immédiat.

Axe 3 : L'organisation des secours

Par l'organisation d'un plan d'urgence interne à l'établissement limitant les conséquences d'un accident et indiquant les mesures permettant de ramener l'installation dans un état sûr, ainsi qu'un plan externe destiné aux mesures à prendre par la sécurité publique pour assurer la protection de la population et de l'environnement[188].

Axe 4 : L'information préventive des populations habitant à l'intérieur de cercles à risques

Cette information porte sur la nature du risque et les consignes à appliquer en cas d'accident.

- Les accidents potentiels sur les centrales à flamme

Les centrales à flamme utilisent le charbon, le fioul ou le gaz, pour produire de l'électricité.

L'énergie électrique est alors obtenue par conversion de l'énergie mécanique produite par une turbine, un moteur à gaz ou une turbine à vapeur, en couplant une dynamo (courant continu) ou un alternateur (courant alternatif) à la turbine.

Dans les centrales thermiques à charbon, le risque majeur, au-delà des risques sur la santé créés par les émissions de dioxyde de carbone,

---

[188] Notamment par la distribution de comprimés d'iode à la population située à l'intérieur d'un certain périmètre autour des centrales électronucléaires, qui en se fixant sur la thyroïde aurait pour effet d'empêcher l'irradiation de cette glande.

est celui de l'explosion due à la poussière de charbon. Les poussières de charbon engendrent, en effet, des risques d'incendie et d'explosion, similaires à ceux que l'on peut rencontrer avec des vapeurs ou des gaz inflammables[189].

Les centrales thermiques à fioul lourd, en cours d'abandon, entraînent de leur côté une pollution importante de l'air et des milieux naturels, et donc des conséquences toxiques sur la santé des habitants, et engendrent, elles aussi, un risque d'explosion non négligeable des réservoirs de stockage en cas d'incendie.

En termes de génération de gaz à effet de serre, les centrales à gaz naturel, qui ne sont déjà pas nécessairement plus propres que les centrales à charbon, ni moins susceptibles d'explosion, engendrent d'autres impacts environnementaux spécifiques, à travers les polluants résultant de la fuite de gaz et les combustibles gazeux, qui présentent un très gros risque chimique pour les résidents, l'agriculture et l'environnement[190].

- Les accidents potentiels sur les sites producteurs d'énergie renouvelable

Toutes les installations permettant de produire de l'énergie électrique renouvelable admettent quasiment les mêmes remarques que les sites industriels proprement dits.

Elles concernent les centrales hydroélectriques, éoliennes, solaires, marémotrices, houlomotrices, hydroliennes, maréthermiques, de biomasse ou géothermiques.

Un risque majeur existe cependant pour les centrales hydroélectriques, celui de la rupture brutale d'un barrage susceptible d'engendrer de graves conséquences sur les populations, et les bâtiments en aval, nécessitant des mesures de prévention spécifiques en matière de contrôle et d'alerte.

- Les risques présentés par les lignes électriques

Les lignes à haute tension sont les lignes principales des réseaux de transport d'électricité. Elles sont le plus souvent aériennes, mais

---

[189] Les directives de classement pour les environnements poussiéreux et l'application des normes CEI (ou NEC aux USA) pour les environnements poussiéreux représentent un aspect important de la sécurité des centrales thermiques au charbon.

[190] Sur ce point, voir en particulier : www.green-blog.org/.../why-we-must-oppose-transition-to-gas-fired-

peuvent également être souterraines ou sous-marines. Elles servent au transport sur les longues distances de l'électricité produite par les diverses centrales électriques, ainsi qu'à l'interconnexion des réseaux électriques.

Les lignes haute tension aériennes posent des problèmes pour la santé humaine. "Les rayonnements électromagnétiques" émis notamment par les lignes hautes-tension posent un certain nombre de problèmes, qui, au-delà de l'électrocution caractérisant tout type de lignes électriques, concernent l'émission de champs magnétiques néfastes pour l'organisme humain[191].

Elles posent également des problèmes pour l'environnement, particulièrement en matière de protection des oiseaux migrateurs (notamment de grande taille, par collusion ou électrocution), d'impact sur les paysages (via notamment les "tranchées déboisées", sur le tourisme et l'habitat, et en matière de nuisances sonores pour les riverains (grésillement continu par temps humide).

Les accidents potentiels liés aux transports dangereux

Les transports dangereux sont essentiellement ceux qui concernent des marchandises elles-mêmes dangereuses, dont la plupart sont liées à des usages industriels, qu'elles soient sous forme liquide (chlore, propane, soude...) ou solide (explosifs, nitrate d'ammonium, combustibles et déchets radioactifs…), et qui présentent des risques pour l'homme, les biens ou l'environnement, du fait de leurs caractéristiques physico-chimiques (toxicité, réactivité ...).

Le Transport de Marchandises dangereuses (TMD) regroupe aussi bien le transport par route, voie ferrée, avion, voie fluviale et maritime que par canalisation. Il est régi par des accords internationaux, mais également par des spécificités nationales fixant les règles de ce transport.

Les principaux risques liés à un accident lors du transport de marchandises dangereuses sont l'incendie, le dégagement d'un nuage toxique, l'explosion, ou la pollution du sol et/ou des eaux. Les

---

191 S'appuyant sur plusieurs études épidémiologiques portant sur des groupes d'enfants exposés à proximité de lignes à haute tension et mettant en évidence un risque accru de leucémie, le centre international de recherche sur le cancer (CIRC) a, par exemple, classé les champs électromagnétiques « basse fréquence » comme possiblement cancérogènes pour l'homme : http://www.inrs.fr/inrspub/inrs01.nsf/inrs01_search_view/00B9BCA7162EB186C125745700 32FB35/$File/ed4210.pdf

spécificités de chaque moyen de transport ont fait qu'en matière de prévention et de gestion des risques, les réglementations existantes sont à la fois diverses et particulièrement abondantes. Les matières dangereuses font l'objet d'un classement harmonisé au niveau international par le biais du système global harmonisé (SGH). Ce système de classification et d'étiquetage des produits chimiques, adopté en juillet 2003 par le conseil économique et social des Nations Unies, fixe des critères correspondant aux différentes classes de dangers (explosibilité, risque gazeux, inflammabilité, toxicité, radioactivité, corrosivité, risque infectieux, etc.). Ces critères s'appliquent à tous les modes de transport et sont appelés à servir de base aux prochaines réglementations dans d'autres domaines (protection des travailleurs, environnement) en vertu du futur règlement communautaire SGH. Les 9 classes de référence des produits transportés :

Classe 1	*Matières et objets explosibles*
Classe 2	*Gaz comprimés, liquéfiés ou dissous sous pression*
Classe 3	*Matières liquides inflammables*
Classe 4	*4.1 : Matières solides inflammables,* *4.2 : Matières sujettes spontanément à l'inflammation,* *4.3 : Matières dégageant au contact de l'eau des gaz inflammables*
Classe 5	*5.1: Matières comburantes,* *5.2 : Peroxydes organiques.*
Classe 6	*6.1: Matières toxiques,* *6.2 : Matières infectieuses.*
Classe 7	*Matières radioactives*
Classe 8	*Matières corrosives*
Classe 9	*Matières et objets dangereux divers*

- Les risques relatifs au transport routier de marchandises dangereuses.

Les principaux produits dangereux transportés par route sont les produits pétroliers et les produits chimiques. Le transport de marchandises dangereuses par route est le mode de transport le plus exposé aux accidents, notamment pour les camions-citernes. Il nécessite des modalités efficaces d'organisation des secours, mais surtout une importante prévention.

La prévention des risques liés aux transports de marchandises dangereuses par routes se fait par la maîtrise du risque à la source que ce soit par l'imposition de règles de construction, d'entretien et d'utilisation des véhicules transportant des matières dangereuses, ou de règles d'identification visible du chargement (affichage du risque : code danger, permettant de connaître les caractéristiques détaillées de la matière, code matière ONU et pictogramme représentant le danger principal). Règles complétées généralement par une formation spécifique des conducteurs, la présence de documents obligatoires, d'un équipement spécifique du véhicule et du respect des prescriptions techniques de sa construction, des modalités de contrôle des normes des véhicules, des modalités d'emballage des colis et de chargement en commun de marchandises appartenant à des classes différentes, et enfin, de restrictions temporelles ou géographiques de circulation, de vitesse maximale et des modalités spécifiques de stationnement.

En Europe, le transport routier de matières dangereuses est encadré par l'Accord européen relatif au transport international des marchandises dangereuses par route, appelé aussi ADR[192]. Rédigé le 30 septembre 1957 et entré en vigueur le 29 janvier 1968, il a fait l'objet de plusieurs amendements et amélioration depuis son origine.

- Les risques relatifs au transport ferroviaire de marchandises dangereuses.

Le transport ferroviaire de marchandises dangereuses (essentiellement des produits pétroliers liquides, des produits chimiques et des gaz de pétrole liquéfiés) s'effectue se plus souvent par trains entiers, et pratiquement entièrement par des wagons-citernes.

Avec énormément moins d'accidents par tonne transportée que par la route, le mode ferroviaire se révèle être particulièrement adapté au transport de marchandises dangereuses.

Il exige une maîtrise du risque à la source par l'exigence de critères de résistance et de chargement très précis pour chaque catégorie de marchandise dangereuse, un repérage des wagons par une signalisation adaptée (indiquant le code de danger ainsi que le code matière de la marchandise transportée) et d'une autorisation préalable de circulation[193], ainsi qu'une organisation planifiée spécifique des secours en cas d'accidents.

En matière de transport ferroviaire international, c'est l'Appendice C de la Convention relative aux Transports Internationaux Ferroviaires (COTIF) s'appelant le Règlement concernant le transport International

[192] Pour "European **a**greement concerning the international carriage of **d**angerous goods by **r**oad".

[193] Les matières radioactives doivent quant à elles faire l'objet d'un plan de transport spécifique.

ferroviaire des marchandises dangereuses dit RID[194] qui est en vigueur depuis le 1er janvier 2011. Il a été rédigé au sein de l'Organisation intergouvernementale pour les Transports Internationaux Ferroviaires (OTIF), située à Berne en Suisse. Mi 2008, 43 États étaient membres de la COTIF.

- Les risques relatifs au transport par canalisation de marchandises dangereuses.

Moyen, considéré comme le plus sûr et le plus économique de transport des matières dangereuses (à l'exception des supertankers sur de très longues distances), le transport de marchandises dangereuses par canalisation consiste à déplacer de façon continue ou séquentielle des fluides ou des gaz liquéfiés[195] à travers des conduites sous pression, de pompes de transfert et de vannes d'arrêt.

Les accidents ou incidents survenant sur les canalisations peuvent avoir deux origines :

- une défaillance de la canalisation et des éléments annexes (comme les vannes) ou bien,
- une rupture (ou une usure) due à un évènement externe : agression extérieure due à des travaux, terrassements, glissement de terrain, séisme, érosion par une crue de rivière..., qui constitue la cause essentielle de la très large majorité des accidents se produisant sur des canalisations de distribution.

Les conséquences d'un accident sur une canalisation pourraient être, comme pour les autres modes de transport, en fonction du danger présenté par la matière transportée : un incendie, une explosion, un nuage toxique ou une pollution des sols et des eaux.

La maîtrise du risque à la source passe par la définition de règles à respecter pour la construction et l'exploitation des canalisations véhiculant des produits dangereux, que ce soit sur leur implantation (en tenant compte des effets létaux en zone urbaine, par exemple), la qualité de leur réalisation, ou les conditions d'exploitation et de surveillance, mais aussi par la prévention des agressions extérieures possibles (vannes d'arrêt suffisantes, repérage extérieur par des bornes de signalisation, protection par un système de grilles, disponibilité du plan du tracé exact, et obligation d'information préalable pour tout projet de

---

[194] Pour "Regulations concerning the International carriage of Dangerous goods by rail".

[195] Gaz naturel (gazoducs), hydrocarbures liquides ou liquéfiés (oléoducs, pipelines), produits chimiques (éthylène, propylène...) ou sel liquéfié (saumoduc).

travail dans la zone de la canalisation. L'organisation des secours, par la mise en place de mesures de prévention et de sécurité, et l'instauration d'une nécessaire information préventive des populations, viennent, alors, comme précédemment, logiquement compléter la maîtrise des risques majeurs impliqués par ce mode particulier de transport.

- Les risques relatifs au transport fluvial et maritime de marchandises dangereuses.

Le transport fluvial constitue le mode de transport terrestre le plus respectueux de l'environnement ainsi qu'en témoigne son efficacité énergétique : il ne consomme, en effet, qu'un 1/6 de l'énergie, par tonne-kilomètre de marchandises transportées, nécessaire pour le mode routier et la moitié de celle du mode ferroviaire. Les bateaux produisent, en outre, des émissions de gaz et de bruit limitées, et selon une étude citée par la Commission européenne, les coûts socio-économiques externes de la navigation intérieure sont estimés à 1/7 de ceux résultant du transport routier.

La navigation maritime intérieure offre par ailleurs plusieurs autres avantages (fiabilité, capacités inexploitées, délestage du réseau routier) qui en font une alternative compétitive aux transports routier et ferroviaire[196]. Parmi tous les transports terrestres, la navigation intérieure garantit un degré de sécurité élevé pour le transport des marchandises dangereuses.

Les marchandises dangereuses transportées se divisent en 3 grandes catégories : le transport de colis (y compris les conteneurs) et le transport de vrac, réalisés dans des bateaux à cargaisons sèches, ainsi que le transport de matières dangereuses liquides ou gazeuses grâce à des bateaux-citernes. Les matières dangereuses liquides inflammables (hydrocarbures), les matières corrosives, les matières toxiques et les gaz représentent l'essentiel des trafics fluviaux.

La prévention et la gestion des risques ont été largement développées par l'Accord européen relatif au transport international des marchandises dangereuses par voie de Navigation intérieure ou ADN.

---

[196] Sur tous ces points : Rapport fait au nom de la commission des affaires étrangères sur le projet de loi, adopté par le Sénat, autorisant l'approbation de l'accord européen relatif au transport international des marchandises dangereuses par voie de navigation intérieure (ADN), enregistré à la Présidence de l'Assemblée nationale le 16 janvier 2008. http://www.assemblee-nationale.fr/13/rapports/r0601.asp

Le transport fluvial international est actuellement règlementé par un texte intitulé ADN rédigé au sein de la CEE-ONU située à Genève en Suisse, et qui remplace l'ADNR et l'ADND[197] afin d'être l'unique réglementation du transport fluvial applicable en Europe. En mars 2009, 14 États avaient ratifié l'ADN, dont la Fédération de Russie.

En ce qui concerne le transport maritime de marchandises dangereuses, la réglementation internationale est fixée au sein de l'Organisation maritime internationale (OMI) située à Londres (Grande-Bretagne).

Le transport maritime international est régi notamment, au niveau du comité de la sécurité maritime, par la convention SOLAS [198], en français « Sauvegarde de la vie humaine en mer », qui s'applique en général aux navires de jauge importante, effectuant des voyages en eaux internationales.

Cette convention énumère les mesures à respecter, en matière de

- Construction
- Compartimentage et stabilité, machine et installations électriques
- Protection contre l'incendie, détection et extinction
- Matériel de sauvetage. (Code LSA)[199]
- Radio communications. (SMDSM)[200]

---

[197] Les deux anciens textes internationaux étaient suivis d'une lettre en fonction de particularités du fleuve concerné : la lettre "R" avait été ajoutée pour « Rhin » (accord géré par la Commission centrale pour la navigation du Rhin (CCNR) située à Strasbourg en France) et la lettre "D" avait été ajoutée pour le « Danube » (accord géré par l'ADND par la Commission du Danube (CD) située à Budapest en Hongrie).

[198] Pour « Safety Of Life At Sea », de son nom complet « International Convention for the Safety of Life at Sea », est un traité international visant à définir différentes règles relatives à la sécurité, la sûreté et l'exploitation des navires.

[199] Le Code LSA, pour Life-Saving Appliances, est un texte adopté par les états membres de l'Organisation Maritime Internationale (OMI) regroupant toutes les mesures techniques, auxquelles doit satisfaire le matériel de sauvetage mentionné dans la convention SOLAS.

[200] Le système mondial de détresse et de sécurité en mer (SMDSM, ou en anglais GMDSS) est un système international qui utilise des moyens de télécommunications pour la recherche et le sauvetage en mer et la prévention des accidents maritimes. Il a été conçu pour qu'à tout moment un navire soit capable de rentrer en contact rapidement avec les autorités à terre MRCC (pour Maritime search and Rescue Coordination Center), qui sont chargées de coordonner les opérations de recherche et de sauvetage dans leur zone de responsabilité.

- Sécurité de navigation. (SIA)[201], Boîte noire maritime obligatoire
- Transport de marchandises particulières (en particulier le transport de grain)
- Transport de marchandises dangereuses.
- Navires à propulsion nucléaire.
- Gestion de la sécurité des opérations du navire. (Code ISM pour « International Safety Management »)[202]
- Mesures de sécurité pour les navires à grande vitesse.
- Mesures spéciales pour améliorer la sécurité des navires : l'International Ship and Port Security (ISPS), qui en français signifie « Code international pour la sûreté des navires et des installations portuaires », est un code qui a été adopté en décembre 2002[203].
- Mesures de sécurité additionnelles pour les navires transportant des marchandises en vrac.

---

[201] Le SIA « Système d'identification automatique », ou « Automatic Identification System » (AIS) en anglais, est un système d'échanges automatisés de messages entre navires par radio VHF, qui permet aux navires et aux systèmes de surveillance de trafic de connaître en continu l'identité, le statut, la position et la route des navires se situant dans une zone de navigation concernée. Ce système permet notamment d'identifier les navires lorsque la reconnaissance visuelle ou radar n'est plus possible (nuit, temps de brume, faibles échos radars). Des systèmes SIA sont installés sur des marques flottantes (bouées) ou fixes (phares), afin de pouvoir les identifier plus rapidement. Ce système devrait également faciliter la coordination des opérations de sauvetage en permettant aux stations terrestres d'identifier les navires les plus à même de se porter sur les lieux d'un sinistre maritime.

[202] Ce code de sécurité est applicable aux compagnies maritimes il est entré en vigueur au 1er juillet 2002 pour tous les navires d'un tonnage supérieur à 500 (UMS ou Universal Measurement System, unité de tonnage). Il est formulé en termes généraux, car il y a une très grande diversité de navires et de compagnies. Le code se borne donc à des principes et des objectifs. Ses principales exigences sont : une politique claire et précise (politique écrite et lue par tous les intervenants), une analyse systématique de risques (prévenir vaut mieux que guérir), l'identification des éléments critiques (quelles sont les choses à surveiller de près), les définitions des responsabilités (qui fait quoi, quand, comment), l'amélioration des compétences (stages de remise à niveau), la mise en place de procédures (aide-mémoire pour différentes situations), la préparation aux situations d'urgence (exercices fréquents), l'amélioration des relations terre/navire (se rencontrer pour se comprendre), le contrôle de l'existence de documentation nécessaire (vérification de la disponibilité de la documentation), la mise en place d'audits internes et externes (autocritique et examen par une personne étrangère), la mise en place de retour d'expérience (tout accident, presque accident, incident doit être rapporté et étudié), la nécessité de faire évoluer le système en permanence (le système n'est pas figé chacun le fait évoluer).

[203] C'est la prise en compte de la possibilité qu'un navire puisse être pris pour cible potentielle par des terroristes, que ce navire soit le but de l'attentat (paquebot, pétrolier, gazier, etc.) ou simplement le vecteur (le navire pris d'assaut serait volontairement dirigé vers une infrastructure terrestre ou maritime) qui a mené les États-Unis à proposer la création du code ISPS à l'Organisation Maritime Internationale.

Le transport maritime est également régi par la convention internationale MARPOL, acronyme de l'anglais « Marine Polution », en ce qui concerne la pollution de la mer.

Cette convention a été élaborée dans le cadre de l'Organisation maritime internationale (OMI), et est gérée par le comité de protection du milieu marin. Elle a été ratifiée par 136 pays, et donne les règles pour la prévention de la pollution par hydrocarbures, pour le contrôle de la pollution par des substances liquides nocives, pour la prévention de la pollution par des substances toxiques transportées par mer sous forme de colis, par les systèmes sanitaires (eaux grises) des navires, par les ordures des navires et enfin pour la prévention de la pollution de l'air par les navires.

Les deux conventions s'appliquent conjointement pour les marchandises dangereuses en colis. Pour les solides en vrac, les vraquiers doivent appliquer en plus des réglementations habituelles, s'imposant aux navires par les conventions Solas et Marpol, plusieurs autres règlements internationaux, par exemple le code BC pour « code of safe practice for solid Bulk Cargoes ». Pour les gaz en vrac, les gaziers doivent respecter le code IGC (pour « International Gaz Cargoes »), en français le « recueil international des règles sur les transporteurs de gaz », qui s'applique désormais à tous les navires transportant du gaz.

Pour les produits chimiques en vrac, qui présentent de nombreux risques tant pour l'équipage que pour l'environnement, les chimiquiers sont soumis à des règles très strictes, provenant d'organisations internationales (Organisation maritime internationale notamment), des états, et des sociétés de classification, et doivent respecter le code IBC (pour « International code for the construction and equipment of ships carrying dangerous Chemicals in Bulk), issu du sous-comité des liquides et des gaz (BLG) de l'OMI, ainsi que l'annexe II (substances liquides nocives en vrac) de la convention Marpol.

Enfin, en ce qui concerne les hydrocarbures en vrac, les pétroliers doivent appliquer l'annexe I de la convention MARPOL.

- Les risques relatifs au transport aérien de marchandises dangereuses.

Les risques relatifs au transport aérien de marchandises dangereuses sont principalement réglementés par l'organisation de l'aviation civile internationale (OACI) basée à Montréal, notamment par l'annexe 18 sur la sécurité du transport aérien des marchandises dangereuses, et par les règles émises par « l'association internationale du transport aérien » (en anglais « International Air Transport Association », ou IATA), qui est une organisation commerciale internationale de sociétés de transport aérien, également basée à Montréal.

IATA édicte des règlements pour l'expédition d'articles dangereux et publie le manuel IATA de Règlement d'Articles dangereux, qui constitue une référence globalement reconnue par les compagnies aériennes concernées.

Outre la réglementation IATA, il faut aussi se conformer aux réglementations nationales qui définissent des règles plus restrictives.

En France, il s'agit de l'arrêté du 12 mai 1997 « OPS 1 ». À cela s'ajoutent les réglementations des Exploitants qui sont encore plus sévères que la réglementation de leur État d'appartenance.

C - Les catastrophes écologiques

Les catastrophes écologiques sont celles qui se traduisent par une évolution défavorable de l'environnement d'une ou plusieurs espèces, en mettant en cause leur survie d'une façon irréversible. Une crise écologique peut résulter d'une catastrophe naturelle, ou bien être d'origine anthropique à travers un autre type de catastrophe (ex : marée noire).

Leur prévention rejoint celle des catastrophes qui peuvent en être à l'origine, tel qu'elles ont été développées précédemment. Elle nécessite cependant de prendre systématiquement en compte le principe de précaution à son plus haut niveau dans une nouvelle approche fondée sur la conscience des enjeux écologiques, et la réalisation de systèmes de sécurité, suffisamment performants en matière de protection environnementale pour rendre acceptable l'existence d'un risque résiduel en le minimisant relativement aux avantages induits.

L'éco-efficience, l'écoconception et l'écoprospective sont les principaux piliers de cette prévention au niveau de la gestion de toutes les entreprises productives, ainsi que l'introduction explicite de considérations environnementales dans l'analyse de tous leurs projets[204].

---

[204] Voir supra : La responsabilisation écologique et sociale des entreprises dans la mise en œuvre du développement durable.

D - Les crises sanitaires

La santé des êtres humains, se définit, selon l'Organisation Mondiale de la Santé (OMS) par: « un état de bien-être physique, mental et social, qui ne se caractérise pas seulement par l'absence de maladie ou d'infirmité », est de plus en plus affectée par l'environnement (milieux naturels et écosystèmes), ainsi que par l'ensemble des activités humaines.

Les crises sanitaires peuvent, en effet, avoir plusieurs origines :

- environnementale (Seveso en Italie, 1976, Bhopal en Inde, 1984),
- alimentaire (crise de la vache folle depuis le début des années 1990),
- médicale (crise de la thalidomide en 1960, du talc Morhange en 1973, du sang contaminé en Europe et plus particulièrement en France à partir de 1985, de l'hormone de croissance),
- professionnelle (crise de l'amiante aux États-Unis et en Europe à partir des années 1960 et 1970),
- comportementale (accidents de la route, cancers dus au tabagisme, etc.)
- pandémique (sida, paludisme, SRAS, grippe espagnole ou asiatique, choléra, etc.)

La notion de sécurité sanitaire, récemment apparue, traduit la prise de conscience tardive de l'ampleur de tous ces risques nouveaux.

Une nouvelle catégorie de risques sanitaires est également apparue : « les risques sanitaires incertains », ayant pour origine une connaissance insuffisante, ou incertaine, des effets sur la santé humaine de nombreuses innovations scientifiques (OGM, pollution électromagnétique, radiations nucléaires de faible dose ou pollution atmosphérique, etc..).

Les crises sanitaires, liées à l'activité industrielle, à certaines pratiques de l'agriculture intensive ou à la pollution, se sont multipliées lors de ces dernières années et sont venues s'ajouter aux grandes pandémies de notre époque (sida, paludisme, SRAS, grippe asiatique, choléra, etc..).

Elles ont également mis en évidence l'impact retardé sur la santé humaine de l'imprégnation des milieux par des substances toxiques ainsi que les risques liés aux faibles doses et aux longues durées d'exposition.

L'une des sources les plus importantes de pollution chimique reste les pesticides[205], alors que l'on en utilisait 60 000 tonnes par an en 1945, ce chiffre était passé à 2,5 millions de tonnes en 1995. Ils ont, certes, permis le développement massif de l'agriculture intensive et productiviste, mais sont aujourd'hui présents dans 40% des fruits et légumes frais consommés dans l'Union européenne, dans l'air et dans l'eau. Alors même que, dans l'état actuel des recherches, on ignore toujours les effets à moyen et long terme de près de 40 000 molécules mises en circulation, le plus souvent composées de POP (Polluants Organiques Persistants).

La notion de vigilance sanitaire est devenue une idée forte, qui constitue la base indispensable du dispositif de sécurité sanitaire et donc une mesure principale pour la prévention des crises sanitaires. Elle recouvre différentes catégories selon leur objet :

- La pharmacovigilance et toxicovigilance (pour les médicaments et les produits toxiques, et pour les médicaments ou vaccins contaminés ou pollués),
- L'hémovigilance (pour les produits sanguins labiles),
- La matériovigilance (pour les dispositifs médicaux),
- La réactovigilance (pour les dispositifs médicaux de diagnostic in vitro),
- La pharmacodépendance (pour les stupéfiants et psychotropes),
- La biovigilance (pour les organes, tissus, cellules et produits thérapeutiques annexes),
- La cosmétovigilance (pour les produits à finalité cosmétiques ou d'hygiène corporelle),
- L'infectiovigilance (pour les risques infectieux).
- La vigilance épidémiologique (pour les épidémies ou pandémies importantes, pour certains problèmes de type nosocomiaux, ou pour des crises principalement zoonotiques (comme la fièvre aphteuse) qui peuvent toucher l'Homme).

La vigilance sanitaire vient compléter l'anticipation des dommages sanitaires potentiels, issus d'évènements climatiques ou météorologiques (surmortalité induite par une canicule, d'un tsunami ou d'un tremblement de terre, d'une sécheresse ou d'inondation exceptionnelle), d'un accident source de pollution de l'eau ou de l'air,

---

[205] Sur tous ces points, voir plus particulièrement Isabelle Saporta : « Le livre noir de l'agriculture, comment on assassine notre santé et notre environnement », ed. Fayard, 2011, 251 pages.

ou d'une exposition chronique à un contaminant dangereux à long terme (comme l'amiante, par exemple)

Comme, du fait de la mondialisation et de l'augmentation du nombre et de la rapidité des transports, le risque de crise sanitaire à grande échelle s'est considérablement accru, il a été nécessaire de constituer des réseaux de veille sanitaire au plan régional et national, de plus en plus interconnectés et mondialisés, principalement autour, non seulement de l'Organisation mondiale de la santé (OMS), mais aussi de l'Organisation mondiale de la santé animale, nouvelle dénomination de l'Office international des épizooties (OIE), car la plupart des maladies émergentes ont été, et seront probablement, des zoonoses.

Une vigilance particulière est également mise en place par les services des douanes, des fraudes ou divers services de contrôle pour les produits importés (produits alimentaires à risques sanitaires, du fait de la présence de biocides, d'insecticides ou limacides, etc.., ou de pesticides dangereux pour la santé, ou autres produits de consommation contenant des substances dangereuses pour la santé).

E - Les crises alimentaires

Origines

Les crises alimentaires, qui sont de plus en plus fréquentes, ont plusieurs origines différentes, qui se cumulent dangereusement depuis quelques années.

La première concerne les incidences du réchauffement climatique sur les bases naturelles de l'alimentation, la seconde concerne les incidences du productivisme, la troisième est l'accroissement de la demande, la quatrième est l'augmentation corrélative des prix des produits alimentaires et des intrants nécessaires à leur production, la cinquième est la concurrence croissante et permissive de l'utilisation industrielle des céréales.

Les mesures correctives potentielles

- Limiter les incidences du réchauffement climatique sur les bases naturelles de l'alimentation.

Les surfaces arables du globe sont en réduction depuis plusieurs dizaines d'années sous l'effet de plusieurs facteurs : urbanisation croissante (notamment en Asie), désertification (notamment dans les régions du Sahel et en Australie, mais aussi en Espagne), augmentation du stress hydrique (en Europe particulièrement), inondations et érosion des terres arables, baisse du nombre de pollinisateurs sauvages ou domestiques et/ou prolifération des insectes nuisibles, etc.

La pêche fait également partie des activités économiques qui souffrent le plus du changement climatique. Les écosystèmes marins, dont la pêche dépend, changent et sont susceptibles de changer encore davantage et de manière importante avec l'évolution du climat. Le niveau d'acidité des océans est tel, qu'il n'a jamais été atteint depuis des millions d'années.

Les animaux à squelette calcaire ainsi que les espèces sensibles aux hauts niveaux d'acidité et présentant une faible faculté d'adaptation[206] en subiront les conséquences, qui devraient se faire sentir dans quelques décennies seulement.

La migration des espèces marines est déjà une réalité.

Il est donc essentiel de renforcer les stocks afin de faire face à ce changement. En ce qui concerne la gestion de la pêche, il est essentiel pour le maintien d'une pêche durable d'aider les écosystèmes à faire face aux changements importants qu'ils doivent affronter.

La limitation de la pression sur les espèces fragilisées et la gestion de la pêche basée sur l'écosystème, selon le principe du «rendement maximal durable» (RMD)[207], constituent les actions les plus adaptées pour aider les écosystèmes marins à s'adapter à l'évolution du climat.

---

[206] Comme les calmars par exemple.

[207] Le rendement maximal durable est une approche qui détermine une quantité maximale d'individus (appelée prise maximale équilibrée) que l'on peut prélever d'un stock au fil des années sans mettre en danger sa capacité à se régénérer. Voir: Pêche et aquaculture en Europe n° 32.

- Limiter les incidences du productivisme

Les terres arables diminuent aussi sous l'influence du productivisme, qui pousse à la fertilisation des sols par engrais minéraux, accroissant ainsi leur vulnérabilité par une déstructuration biologique des sols, et par l'abus des POP (Polluants Organiques Persistants).

Les engrais chimiques, utilisés dans le cadre d'une agriculture intensive sont responsables d'une pollution massive des sols et de l'eau. Les nitrates et phosphates notamment, présents dans les engrais chimiques, atteignent les cours d'eau et nappes phréatiques par infiltration.

Les phosphates provoquent l'eutrophisation de l'eau, c'est-à-dire un excès de nutriment, qui se traduit par une croissance excessive des algues et une diminution de l'oxygène, et modifie massivement l'écosystème en place, en détruisant la biodiversité et en favorisant la croissance d'espèces nuisibles.

Les engrais azotés riches en nitrates très solubles dans l'eau sont la cause majeure de la pollution des réserves d'eau potable de la planète qui porte la principale responsabilité du problème de l'accès à l'eau potable.

La solution de lutte contre les pollutions générées par les engrais chimiques est le développement d'une agriculture biologique au détriment de l'agriculture intensive. Mais il semble impossible de se passer totalement des engrais chimiques pour pouvoir nourrir la population mondiale dans les prochaines années. Dans une perspective de développement durable, il s'agit donc de trouver le juste équilibre d'une agriculture raisonnée, par utilisation restrictive d'engrais chimiques, en appliquant notamment le bon dosage, et par un développement conséquent de l'agriculture biologique.

Depuis plusieurs années, la pêche est également confrontée à un épuisement progressif des ressources halieutiques, dû à leur surexploitation, considérablement facilitée par la surcapacité des flottilles de la pêche industrielle.

Alors que la pêche industrielle aggrave la diminution des ressources halieutiques, et impose des modalités d'appropriation privée de l'espace maritime, la pêche artisanale, qui contribue encore aujourd'hui, de manière essentielle, à la sécurité alimentaire et à la vie sociale et économique des régions où elle est pratiquée, représente un modèle de gestion responsable et durable des zones côtières, des rivières, des océans et de leurs ressources, et réclame, bien évidemment, d'autres schémas de protection des ressources et de reconnaissance des droits de pêcheurs. La surexploitation des ressources halieutiques est surtout le fait des pays occidentaux, qui, pour pallier la raréfaction des ressources dans leurs zones de pêche, ont conduit une politique d'importation très soutenue de produits de la mer en provenance des Pays en Développement[208], en même temps qu'ils s'octroient, par le biais d'accords bilatéraux, des droits de pêche dans les Zones Économiques Exclusives (ZEE) des États côtiers du Sud.

L'aquaculture est très certainement l'une des réponses susceptibles d'être apportées à la surpêche et aux besoins croissants de poisson pour l'alimentation humaine.

Elle constitue le système de production alimentaire à plus forte croissance potentielle au monde. Ses promesses en volumes et produits de qualité sont considérables. Le développement durable de cette industrie implique de minimiser les impacts négatifs de l'aquaculture sur l'environnement et la société. Au nombre desquels on peut noter : la modification des niveaux en nutriments des voies navigables locales et leur eutrophisation à travers les déchets produits par la pisciculture, la modification du patrimoine génétique des espèces par reproduction entre espèces échappées des centres piscicoles, et les populations sauvages, la reconversion par la pisciculture de zones environnementales sensibles, comme les mangroves, et l'utilisation exagérée de poissons sauvages dans la fabrication de farine de poisson pour les poissons d'élevage.

- Limiter l'accroissement de la demande alimentaire

Les besoins en consommation de certains produits agricoles de base dépassent désormais la production à l'échelle mondiale depuis une dizaine d'années. Cette situation fait suite à l'explosion démographique mondiale et à l'accroissement des classes moyennes des grands pays émergents (Chine, Inde, Brésil ...), dans lesquels l'occidentalisation des modes de consommation a conduit à un régime alimentaire plus riche. La hausse de la consommation de viande, par exemple, a provoqué un détournement des zones cultivées au profit de l'élevage, plus lucratif, au détriment des cultures d'aliments de base traditionnels[209]. La

[208] Comme la demande de consommation ne cesse de croître, et il est également à craindre que les produits de la pêche soient de plus en plus redirigés vers le Nord, au détriment des populations pauvres du Sud.

[209] Il faut, en effet, trois kilos de grains pour faire un kilo de volaille, et le double pour un kilo de bœuf.

demande alimentaire augmente ainsi plus vite que la population et cette tendance va se maintenir.

- Limiter l'augmentation des prix des produits alimentaires et des intrants nécessaires à leur production

L'accroissement de la demande face à une offre en déclin relatif est à la base de l'augmentation des prix des produits alimentaires.

Sur les marchés à terme, les aliments de base, les céréales[210], les matières premières, comme le pétrole, sont devenus de véritables valeurs refuges et ont donc été l'objet de spéculations qui ont accentué la pression sur les prix. La flambée et la volatilité des prix alimentaires continuent d'affecter les populations les plus démunies, et font plonger dans la pauvreté un très grand nombre supplémentaire d'êtres humains.

Le pétrole est un facteur de production important dans l'agriculture, en particulier dans les pays industrialisés, où elle est motorisée et fortement consommatrice d'intrants. La hausse du prix du baril se répercute alors non seulement sur le prix du transport, mais aussi sur celui des engrais, de l'irrigation par pompage et de la transformation agroalimentaire, et se répercute ainsi sur le prix des produits agricoles. Seule, une agriculture et un système de transformation et de commercialisation agroalimentaire moins énergivores, pourraient enrayer cette tendance.

Ce sont surtout les pays du sud conduits à importer massivement des produits alimentaires pour nourrir leurs populations qui souffrent de cette hausse, qui affecte bien évidemment plus particulièrement les plus pauvres, et les enfants, et qui se traduit souvent par des émeutes de la faim.

- Limiter la concurrence croissante et permissive de l'utilisation industrielle des céréales

L'utilisation industrielle des céréales progresse considérablement sous l'effet de la croissance du secteur des biocarburants dans les pays développés, et qui, en étant devenu l'une des principales sources de la demande ces dernières années, a entraîné une diminution de l'offre de nourriture disponible pour la consommation humaine à l'échelle du globe impliquant un renchérissement très significatif des matières

[210] La hausse annoncée de l'utilisation des céréales pour des agrocarburants accroît l'intérêt du marché des produits agricoles pour les spéculateurs financiers. C'est donc plus l'anticipation de cette hausse de la demande qu'une hausse réelle qui contribue à expliquer la flambée des prix.

premières agricoles et notamment des céréales. Ce renchérissement touche toutes les populations du globe, mais affecte plus particulièrement les pays les moins développés et les pays en voie de développement, car la part de l'alimentation dans les budgets des ménages y est plus importante.

La production d'agrocarburants est, par ailleurs, souvent devenue plus rentable, grâce à des subventions gouvernementales, justifiées par la volonté d'accroître sa part en raison de la hausse des prix du pétrole et de leur impact supposé moindre sur l'émission de gaz à effet de serre. Cette production est violemment attaquée par des associations de défense de l'environnement ou des organismes internationaux.

Malgré tous ces problèmes, il est dramatique de constater que le gaspillage alimentaire n'a jamais été aussi important dans le monde[211]. Un consommateur de l'Europe ou de l'Amérique du Nord gaspille ainsi en moyenne environ dix fois plus qu'un consommateur d'Afrique subsaharienne et d'Asie du Sud et du Sud-est. Le gaspillage alimentaire des pays riches représente autant de nourriture que l'ensemble de la production alimentaire d'Afrique Subsaharienne.

Un constat extrêmement important est que la plupart des besoins à satisfaire pour sauvegarder notre écosystème sont aujourd'hui, et seront de plus en plus demain, des besoins collectifs, qu'il sera impossible à satisfaire par le seul jeu des initiatives privées et des mécanismes du marché au sein d'un système capitaliste ultra libéral.

La mise en place d'une mutualisation des réponses à ses besoins nouveaux est donc devenue absolument indispensable à l'échelle mondiale.

[211] Chaque année, le tiers des aliments produits sur la planète pour la consommation humaine, soit environ 1,3 milliard de tonnes, est perdu ou gaspillé, selon un rapport de la FAO. Un chiffre effrayant puisque le volume total de nourriture perdu tous les ans est équivalent à plus de la moitié de la production céréalière mondiale. Les fruits et légumes ainsi que les tubercules et les racines ont le taux de gaspillage le plus élevé. Dans les pays riches, ce sont les comportements des grandes surfaces et des consommateurs qui sont en cause. Il est aujourd'hui plus rentable de réduire le gaspillage de nourriture que d'accroître la production agricole pour nourrir une population mondiale croissance, selon la FAO.

F - Les crises humanitaires

Les crises humanitaires sont les conséquences directes, en termes de réfugiés et de déplacements des populations, de toutes les catastrophes possibles précédentes (naturelles, industrielles ou technologiques, écologiques, sanitaires, alimentaires), mais également des incidences du dérèglement climatique et de tous les types de conflits observables (guerres, confrontations ethniques ou sociales).

L'efficacité d'éventuelles actions préventives dépend bien évidemment des possibilités d'agir sur leurs origines et donc sur les catastrophes ou les conflits qui les ont causées[212], alors que leur traitement curatif ne peut se faire qu'à travers des solutions politiques, d'accord ou de prestations d'organismes internationaux spécialisés (par exemple : ONU, MSF, FAO, UNICEF,...).

Un nombre sans précédent d'urgences extrêmes[213] souligne la multiplication des crises humanitaires au niveau mondial[214], dont beaucoup se classent désormais au rang des urgences de « niveau 3 » pour les Nations Unies (cas par exemple de la crise humanitaire en Irak, en Syrie, au Soudan du Sud et en République Centrafricaine), ou concernent plus particulièrement certaines grandes régions du monde comme l'Union européenne face à l'énorme flux migratoire récent de réfugiés qu'elle connaît actuellement.

Alors que selon le Haut-Commissaire aux Réfugiés de l'ONU, Antonio Guterres, le nombre de personnes réfugiées, déplacées ou en demande d'asile dans le monde, a dépassé, en 2014, les 50 millions : niveau jamais atteint depuis la Seconde Guerre mondiale.

---

212 Un système de niveaux d'alertes humanitaires a été créé par l'ONU en 2010, qui devrait permettre de mieux répartir l'aide, en donnant la priorité à certaines urgences et en facilitant la communication entre les différentes organisations humanitaires.

213 L'UNICEF définit ainsi une situation d'urgence : «Une situation qui menace la vie et le bien-être d'un grand nombre de personnes et qui nécessite la prise de mesures extraordinaires pour assurer leur survie, leurs soins et leur protection. Les urgences peuvent être créées par des catastrophes naturelles ou technologiques, des épidémies ou des conflits. »
www.unicef.org/.../Session%201%20Introduction%20a%20l'Action%20...

214 http://geopolis.francetvinfo.fr/le-nombre-de-crises-humanitaires-atteint-un-niveau-record-41053

CHAPITRE 2

UN SOCIO-SYSTEME VICTIME DE LA DYNAMIQUE QUANTITATIVE ET SPATIALE DES ÊTRES HUMAINS, D'UN MODE DE FONCTIONNEMENT INSATISFAISANT, ET D'UNE ORGANISATION INSTITUTIONNELLE INTERNATIONALE ET POLITIQUE PEU PROPICE A LA DEFENSE D'UNE COMMUNAUTÉ DE DESTIN

Trois principales catégories d'évènements affectent aujourd'hui notre sociosystème, en étant également à l'origine des dégradations de notre écosystème.

La première se compose de deux véritables problématiques relatives aux dynamiques quantitative et spatiale des êtres humains :

- l'explosion de la population mondiale, notamment dans les pays en voie de développement, et les pays émergents, qui pèse de plus en plus sur la capacité à satisfaire correctement les besoins humains, notamment physiologiques, et encore davantage sur l'environnement, et
- la croissance exponentielle de l'urbanisation, du nombre et de la taille des villes.

La deuxième, également à la base, directement ou indirectement, de pratiquement tous les principaux dysfonctionnements du sociosystème, concerne la nature même de la « globalisation économique et financière », qui caractérise désormais la mondialisation actuelle, et notamment ses principes généraux de fonctionnement.

Enfin, la troisième concerne l'organisation institutionnelle internationale de notre sociosystème, qui s'avère être très peu favorable à la défense d'une communauté de destin pourtant indispensable.

I - Une dynamique quantitative et spatiale des êtres humains difficilement maîtrisable

A - L'explosion démographique et ses principales conséquences

L'explosion démographique

Selon les estimations actualisées de l'ONU[215], fondées sur des projections « médianes » du taux de fécondité ou taux de fertilité[216], la population mondiale aurait franchi le cap de 7 milliards de personnes fin octobre 2011, et devrait augmenter, toujours selon des projections médianes, d'un milliard de personnes en 2023, puis en 2041, pour atteindre le seuil des dix milliards en 2081. En 2050, le monde serait donc susceptible de compter une population d'environ 9.3 milliards de personnes, soit une augmentation prévisible de 2,3 milliards de personnes au cours des quarante prochaines années.

[215] « Révision des projections de la population mondiale 2010 », nouveau document, élaboré par le Département des affaires économiques et sociales de l'ONU en mai 2011.

[216] Bien que la progression de l'espérance de vie et son corollaire, la diminution des taux de mortalité, expliquent l'essentiel du rythme de progression actuel de la population, la variable la plus importante pour les prévisions est le taux de fertilité des femmes, c'est-à-dire le nombre d'enfants qu'elles ont en moyenne.

Population en milliards	Année d'attribution	Durée pour atteindre 1 milliard supplémentaire
1	1804	Plusieurs millénaires
2	1927	123 ans
3	1960	33 ans
4	1974	14 ans
5	1987	13 ans
6	1999	12 ans
7	2011	12 ans
8	2023	12 ans
9	2041	18 ans
10	2081	40 ans

Remarque : Alors qu'un taux de fécondité de 2,1 correspond à un renouvellement à l'identique des générations et donc à la stabilité de la population, le taux de fécondité moyen au niveau mondial, qui était de 5 en1950, est aujourd'hui retombé à 2,5, avec cependant de grandes disparités notamment entre pays développés ou émergents (42% de la population mondiale vit actuellement dans des pays à faible taux de fertilité, parmi lesquels la quasi-totalité des pays européens, l'Amérique du Nord, le Brésil la Russie et la Chine, entre autres) et pays encore sous-développés : les pays à fort taux de fertilité se trouvent principalement en Afrique (39% de la population), mais également en Asie (9%), en Océanie (6%) et en Amérique latine (4%).

Les prévisions démographiques dépendent donc très étroitement de l'évolution à venir du taux de fertilité moyen au niveau mondial, facteur très difficile à prévoir, mais déterminant et dont une faible variation pourrait entraîner des mouvements considérables. C'est ainsi que, toujours d'après l'ONU, un taux de fertilité moyen inférieur à 2 conduirait à une population mondiale de 6,2 milliards en 2100, et un taux de fertilité supérieur à 3 de 15,8 milliards, au lieu des 10 milliards issus de l'hypothèse médiane.

Après n'avoir atteint son premier milliard qu'au début du XIXe siècle, la population mondiale a donc littéralement explosé au cours du XXe siècle. Elle connaît cependant depuis ces dernières années un réel ralentissement, essentiellement sous l'influence de la baisse du taux de fécondité dans les pays développés, qui connaissent un vieillissement certain de leurs populations[217], alors qu'environ 97% de la croissance

[217] Pour lesquels la population totale devrait atteindre son pic aux alentours de 2030, puis décliner progressivement ensuite.

démographique a lieu aujourd'hui, et aura lieu à l'avenir, dans les pays les plus pauvres du monde, dont près de la moitié sont situés en Afrique (où le nombre d'habitants pourrait tripler au cours de ce siècle, en passant à 3,6 milliards en 2100, dont 730 millions pour le seul Nigéria!, après avoir atteint 2 milliards d'habitants en 2050)

L'explosion démographique africaine, présente et à venir, est la plus rapide qui ait été observée dans l'histoire. Elle intervient par ailleurs dans un continent qui cumule les handicaps en termes de pauvreté, de pénurie d'eau douce, de faiblesse des rendements agricoles, mais aussi de déficits de gouvernance démocratique dans de nombreux pays.

Au niveau mondial, la période de transition démographique semble cependant se situer au début du XXIe siècle, à partir duquel la population mondiale continue, et continuera, de croître, mais à taux constant, taux qui devrait aller ensuite en décroissant, pour enfin devenir nul ou négatif[218].

La répartition de la population mondiale par continent, qui selon l'ONU, montrait (en 2007) que l'Asie regroupait 60,5% des êtres humains vivants à cette époque, l'Afrique 14%, l'Europe 11,3%, l'Amérique latine et les Caraïbes 8,6%, l'Amérique du Nord 5,1% et l'Océanie 0,5 %, sera donc totalement bouleversée à la fin du XXIe siècle, essentiellement au profit de l'Afrique.

Il est également à noter que l'on assiste, par ailleurs, à une concentration croissante des populations dans les villes[219], sur les littoraux[220] et aux abords des fleuves et lacs dans le monde entier.

Les actions possibles sur les causes de l'explosion démographique

Parmi toutes les causes possibles de l'explosion démographique, certaines semblent difficilement pouvoir être modifiées : que ce soit parce qu'elles émanent de considérations religieuses en termes

---

[218] « Le scénario d'une population mondiale culminant à 9 milliards d'individus vers 2050, puis déclinante, n'est plus du tout assuré. Le spectre de la surpopulation refait surface. Les récentes projections des Nations unies montrent que, si les pays en développement ne parviennent pas à réduire leur taux de fécondité, la planète pourrait alors avoir à supporter 1 ou 2 milliards d'habitants supplémentaires ». Laurence Caramel : « Fin octobre, le monde comptera 7 milliards d'humains ». Le Monde du 20/10/2011.

[219] Voir supra « L'accélération sans précédent de la concentration urbaine ».

[220] Avec toutes les conséquences dramatiques que cela implique en termes d'inondations consécutives à l'augmentation du niveau des mers, à des phénomènes climatiques extrêmes ou à d'autres catastrophes naturelles.

d'objectifs (« croissez et multipliez ») ou en termes d'interdits (contraception, avortement, etc.), ou, parce qu'elles sont positives comme les progrès de l'alimentation et surtout celui des sciences médicales, qui ont effectivement déjà permis de diminuer notamment la mortalité infantile (et donc d'accroître le taux de natalité) et de rallonger parallèlement l'espérance de vie moyenne.

D'autres pourraient être plus facilement rectifiées, ou supprimées, comme les politiques natalistes incitatives de certains États, et le manque d'éducation et d'information sur le contrôle des naissances.

D'autres, enfin pourraient être préconisées, comme des campagnes mondiales d'information sur le sujet, une généralisation mondiale du contrôle des naissances et de l'accès aux moyens de contraception, la mise en place d'une organisation internationale de la démographie mondiale (indépendante et neutre), une amélioration du niveau d'éducation des femmes (plus leur niveau sera élevé, en effet, plus elles auront accès à la contraception, et moins elles auront d'enfants) et des conditions de vie des populations rurales et pauvres (qui recherchent souvent à travers les enfants des bras et/ou des contributions-supplémentaires au revenu familial).

Il s'agit en fait de se donner les moyens de maîtriser la croissance démographique, à une échelle mondiale.

Les actions susceptibles de minimiser les principales conséquences de l'explosion démographique

Les principales conséquences de l'explosion démographiques se font principalement sentir dans les domaines économique, écologique, social, sanitaire et de l'éducation.

- Dans le domaine économique

L'accroissement démographique implique davantage de besoins à satisfaire (notamment physiologiques et plus particulièrement alimentaires) avec des ressources naturelles déjà limitées notamment en agriculture et en eau, et qui subiront à l'avenir une accentuation des problèmes de sécheresse et d'inondations, liés au réchauffement climatique. Il est donc impératif d'augmenter la productivité agricole, tout en préservant les ressources naturelles, et de pratiquement doubler la quantité d'eau potable disponible pour pouvoir assurer la sécurité alimentaire de la population mondiale vers 2050[221], si les méthodes actuelles ne changent pas et si l'on ne s'oriente pas vers des écosystèmes sains et bien gérés[222].

Le PNUE préconise, dans cette optique, une meilleure adaptation des cultures aux nouvelles conditions climatiques, l'amélioration des techniques d'irrigation, la préservation des zones humides et la création de petits bassins de rétention dans les pays chauds pour aider les petits producteurs agricoles, qui sont majoritaires dans les pays en développement, à surmonter les périodes d'absence de précipitations. Planter des arbres permettrait non seulement de lutter contre les gaz à effets de serre, mais aussi de favoriser l'alimentation des nappes d'eau souterraines et de lutter contre l'assèchement des sols. Enfin, le développement de synergies entre agriculture, élevage, pêche et horticulture devrait permettre de ne plus compromettre les ressources en eau. C'est à partir d'une meilleure coordination entre gouvernements, agriculteurs, populations locales et experts que l'on pourra prétendre établir un équilibre entre les besoins de l'économie et ceux de l'environnement tout en améliorant le sort des populations pauvres.

Selon l'Organisation des Nations unies pour l'alimentation et l'agriculture (FAO), la croissance démographique nécessitera une augmentation de la production agricole de 50 % d'ici à 2030 et de 70 % d'ici à 2050. Pour la majorité des experts, la Terre aurait bien le potentiel pour répondre à ces objectifs et pour nourrir les 9 milliards d'habitants qu'elle devrait compter en 2050[223], mais au prix de transformations inéluctables.

---

[221]Le 28 juillet 2010, l'Assemblée générale des Nations unies a ainsi reconnu l'accès à l'eau potable comme « droit de l'homme », consensus mondial, pourtant sans incidences notables pour les 2,9 milliards de personnes qui ne disposent pas d'un robinet d'eau chez elles ou à proximité.

[222] Actuellement, 1,6 milliard de personnes vivent dans des zones déjà en proie à une pénurie d'eau et on pourrait rapidement arriver à deux milliards si rien ne change, souligne le rapport rédigé par l'agence onusienne pour l'Environnement PNUE en collaboration avec l'Institut international de gestion de l'Eau (IWMI) et publié en octobre 2011. «Si l'on maintient les mêmes pratiques agricoles» et «les régimes alimentaires actuels», si «l'urbanisation croissante» se poursuit, «la quantité d'eau nécessaire à l'agriculture (...) qui est de 7.130 kilomètres cubes aujourd'hui, augmentera de 70 à 90% pour nourrir neuf milliards de personnes d'ici à 2050», Document publié à l'ouverture de la Semaine mondiale de l'Eau à Stockholm d'octobre 2011.

[223] « Face aux périls écologiques, les urgences d'une planète surpeuplée », le Monde du 20.10.11

Six recommandations ont par exemple été formulées récemment[224], à cet effet :

- accentuer les efforts de recherche,
- mettre l'accent sur les partenariats internationaux et le partage d'informations,
- réinvestir dans l'agriculture,
- limiter la volatilité des prix des denrées alimentaires,
- faire évoluer les modes de consommation, et enfin,
- repenser la gouvernance mondiale en matière de sécurité alimentaire.

Selon une autre étude[225], tout aussi récente, il s'agirait d'adopter également un plan en six points, pour pouvoir nourrir une telle population, sans menacer notre planète de destruction:

- Améliorer les rendements agricoles, en choisissant mieux les variétés de cultures, résistantes et adaptées à l'écosystème local, en formant les paysans, en adoptant une meilleure gestion et en investissant dans des équipements plus performants : la production alimentaire actuelle pourrait alors être augmentée de 60 %.
- Optimiser les apports aux cultures (eau, nutriments, produits chimiques), actuellement mal distribués, en fonction des différents écosystèmes de la planète.
- Privilégier la consommation humaine directe, en donnant la priorité aux cultures destinées à nourrir les hommes plutôt qu'à celles qui sont destinées à nourrir le bétail ou à produire des agro carburants[226].
- Enrayer l'expansion des terres agricoles aux dépens des forêts, en particulier tropicales.
- Réduire le gaspillage, selon la FAO, en effet, entre 30 et 60 % de la nourriture produite par l'agriculture finit jetée, décomposée ou mangée par les parasites, quand elle n'est pas perdue lors du transport ou du stockage. L'élimination des pertes au cours des différentes étapes de la ferme à l'assiette permettrait d'augmenter d'en moyenne 50 % la

---

224 Dans l'ouvrage « 9 milliards d'hommes à nourrir, le défi pour demain» (432 p.), paru aux éditions François Bourin en septembre 2011, et cosignés par les présidents de l'INRA et du Cirad : Marion Guillou et Gérard Matheron

225 Publiée le mercredi 12 octobre 2011, dans la revue scientifique « Nature ».

226 Selon la FAO, les pâturages couvrent actuellement 26 % des terres de la planète (sans compter les pôles) tandis que les cultures n'occupent que 12 %. Par ailleurs, un tiers des terres arables est consacré à l'alimentation du bétail et 60 % des céréales produites dans le monde sont consommées par les animaux. Consacrer la majorité des terres arables à la production de nourriture directe pour l'être humain (céréales, fruits et légumes, légumineux) augmenterait la quantité de calories produites par personne de 50 %, assurent les chercheurs. Ce qui impliquerait de réduire considérablement notre consommation de viande.

nourriture disponible à la consommation, sans accroître la surface des cultures.

- Constituer des réserves alimentaires d'urgence, mais aussi sur le long terme, afin de stopper la volatilité des prix des denrées alimentaires, et favoriser et améliorer également toutes les techniques de conservation, pour permettre de contrecarrer également ponctuellement les mauvaises récoltes.

- Dans le domaine écologique

L'explosion démographique, face à l'aggravation du réchauffement climatique et à la détérioration de l'environnement, entraîne une augmentation automatique de l'empreinte écologique[227] au niveau mondial, et, corrélativement, l'avancée inexorable du « jour du dépassement »[228].

- Au niveau de l'accroissement de l'empreinte écologique :

Cet indicateur a été inventé au début des années 1990 par Mathis Wackernagel et William Rees, respectivement directeur du groupe de réflexion Redefining Progress et directeur de l'École de planification communautaire et régionale de l'université de Colombie-Britannique[229]. Il était destiné à fournir un outil pertinent de planification pour mesurer le poids réel sur la terre de l'entreprise humaine, en mesurant la charge qu'impose à la nature une population donnée. L'empreinte écologique représente la surface du sol nécessaire pour soutenir les niveaux actuels de consommation des ressources et de production de déchets d'un individu ou d'une population. À l'échelle mondiale, elle permet de contrôler si l'économie humaine, qui puise dans les ressources naturelles, respecte ou non la capacité de régénération de la planète. L'empreinte écologique mondiale s'exprime en hectares globaux (hag) ou « hectares de bio productivité moyenne », dont dépend la population

---

[227] L'empreinte écologique d'une population est la surface de la planète, dont cette population dépend, compte tenu de son mode de vie, pour satisfaire ses besoins.

[228] Date à laquelle, dans une année, la consommation des ressources terrestres excède les possibilités.

[229] L'empreinte écologique du WWF date de la deuxième moitié des années 1990 et a été élaborée grâce aux travaux de Redefining Progress et de WWF (World Wide Fund For Nature). Ces travaux ont pour origine un concept mis au point et appliqué dans un ouvrage commun par deux chercheurs de Vancouver, Mathis Wackernagel et William Rees : « *Our Ecological Footprint : Reducing Human Impact on the Earth* », New Society Publishers, The New Catalyst Bioregional Series. Gabriola Island BC, 1995. Voir également : Mathis Wackernagel et William Rees, *Notre empreinte écologique*, Éditions Écosociété, 207 p., 1999.

mondiale pour satisfaire ses besoins (en produits du sol - surfaces pour l'agriculture, la sylviculture - et en zones de pêche, en terrains bâtis ou aménagés - routes et infrastructures - , en forêts capables de recycler les émissions de CO2 - empreinte énergie, qui est devenue la plus importante depuis les années 1960, et qui ne cesse de progresser de façon inquiétante-, et plus généralement, en surfaces d'absorption des déchets).

L'empreinte écologique prend donc en compte la capacité de support des activités humaines par la planète sous deux aspects: sa capacité à fournir et régénérer des ressources, et sa capacité à assimiler les rejets humains.

Elle s'accroît mécaniquement avec l'explosion démographique, les caractéristiques des modes de vie et l'élévation du niveau de vie moyen de la population mondiale.

Selon le WWF, l'empreinte écologique, qui a doublé entre 1960 et 2008, pour atteindre18,2 milliards d'hectares globaux soit 2,7 hag par personne, excédait déjà à cette époque de 50 % la bio capacité de la planète[230], ce qui signifie qu'en 2008 l'humanité avait déjà utilisé l'équivalent d'une planète et demie pour vivre, et avait donc largement commencé à entamer son « capital naturel ».

D'après le Fonds mondial pour la nature (WWF), si aucune mesure n'est prise pour enrayer la tendance, la pression sur les écosystèmes va se poursuivre et empirer, pour atteindre deux planètes nécessaires à la survie de l'humanité en 2030 et 2,9 planètes en 2050 : chiffres bien évidemment insoutenables à long terme.

Ce sont les pays aux revenus les plus élevés qui exercent la pression la plus grande sur l'empreinte écologique[231]. En ayant largement

---

[230] La terre possède 11,3 milliards d'hectares de surfaces biologiquement productives. Le nombre d'hectares globaux de surfaces biologiquement productives disponibles par personne va donc diminuer au fur et à mesure que la population augmente. Quand l'empreinte par personne est supérieure à 1,8 hectare, on parle de déficit écologique, car au-delà, les activités humaines consomment alors largement plus que la capacité de régénération de la planète.

[231] L'empreinte carbone record est détenue par le Qatar (11,5 hag nécessaires par habitant), suivi du Koweït, des Émirats arabes unis, du Danemark et des États-Unis, qui se situent entre 8 et 10 hag par habitant. La France se classe à la 23e position, avec 5 hag, soit le double de la moyenne mondiale (2,7). Le Bangladesh, l'Érythrée, Haïti, l'Afghanistan et le Timor oriental possèdent quant à eux l'empreinte la plus faible, avec environ 0,4 hag par habitant.

Entre ces deux extrêmes, les BRIICS (Brésil, Russie, Inde, Indonésie, Chine et Afrique du Sud) sont les pays dont l'empreinte écologique progresse le plus vite, avec celle des pays européens. Ramenée par habitant, l'empreinte de la Russie représente ainsi maintenant 61 % de celle des États-Unis, le Brésil 41 %, l'Afrique du Sud 36 % et la Chine 30 %. Au Brésil, en Inde et en Indonésie, la nourriture compte pour la moitié de l'empreinte nationale. Source « Rapport Planète vivante 2012 » WWF.

dépassé leur bio capacité, ils dépendent, en effet, désormais des ressources des pays pauvres pour pouvoir satisfaire leurs besoins, que ce soit via leurs importations (produits alimentaires, biocarburants ou de matières premières) ou par des acquisitions foncières internationales. Ils aggravent alors davantage la pression sur les ressources naturelles des pays les plus pauvres, notamment en eau douce, dont plus d'un cinquième de la consommation planétaire (9 087 milliards de mètres cubes par an) est englouti par des produits destinés à l'exportation, agricoles ou industriels. En important de la sorte des biens intensifs en eau, les pays développés augmentent les pressions sur des zones déjà fragiles, et souvent dépourvues de politiques de conservation de cette ressource rare[232].

- Au niveau de l'avancée inexorable du jour du dépassement dans l'année :

Cet outil d'analyse a été mis au point dans la foulée du Sommet de la terre de Rio, en 1992, par les universitaires William Rees et Mathis Wackernagel. Pour le calculer, Global Footprint Network (ONG canadienne) compare le rythme auquel, chaque année, la nature produit des ressources (aliments, combustibles, etc.) et assimile les déchets, et le rythme auquel l'humanité consomme ces ressources et produit des déchets. Le jour du dépassement est celui où l'on excède les possibilités terrestres.

Son mode de calcul répond à la formule :

(Somme de la capacité de production biologique de la Terre / Empreinte écologique) x 365

Le jour du dépassement a suivi l'évolution suivante, au cours des dernières années :

Année	Date du dépassement
1986	31 décembre
1987	19 décembre
1990	7 décembre
1995	21 novembre
2000	1er novembre
2005	20 octobre
2007	6 octobre
2008	23 septembre

232 Aujourd'hui, 2,7 milliards de personnes se trouvent dans des zones touchées par une sécheresse pendant au moins un mois de l'année. WWF op cit.

2009	25 septembre[233]
2010	21 août
2011	27 septembre[234]
2012	22 août
2013	20 août
2014	19 août
2015	13 août

Au rythme actuel, le jour du dépassement global a de grandes chances de tomber vers le 1er juillet en 2050, ce qui voudra alors dire que 6 mois auront suffi pour consommer la production annuelle de la planète, et qu'il en faudra alors deux pour pouvoir subvenir aux besoins annuels de la population mondiale !

Le monde vit à découvert. Au-delà des pertes de biodiversité et du couvert végétal, les terres agricoles subissent de plein fouet les étalements urbains, la transformation de leur utilisation, notamment au profit des promoteurs de biocarburants et des spéculateurs fonciers[235].

Le WWF a préconisé cinq pistes d'actions afin d'infléchir la tendance :

- préserver le capital naturel (notamment les forêts, océans et eaux douces)
- produire mieux (améliorer l'efficacité des systèmes de production afin de restreindre la consommation d'eau, de terre et d'énergie)
- consommer plus raisonnablement (en faisant évoluer les régimes alimentaires au sein des populations les plus aisées et en réduisant le gaspillage alimentaire)
- réorienter les flux financiers (dans un sens favorable à la conservation)
- instaurer une gouvernance équitable des ressources (en mettant en place des cadres juridiques et politiques procurant un accès équitable aux ressources alimentaires, hydriques et énergétiques)

Plus généralement, l'impact (I) négatif de notre espèce sur nos propres mécanismes régulateurs de la biosphère peut être plus ou moins rendu par l'équation[236] :

$$(I) = (P) \times (A) \times (T)$$

[233] La légère remontée a été attribuable à la crise économique mondiale de l'année 2009.

[234] La remontée fait suite à un changement de calcul concernant la productivité réelle des forêts et des pâturages.

[235] Selon des chiffres publiés, fin septembre 2011, par l'ONG britannique Oxfam, 227 millions d'hectares, soit la superficie de l'Europe de l'Ouest, ont été vendus ou loués dans les pays en développement depuis 2001, principalement à des groupes internationaux. La majorité de ces terres ne devraient cependant pas être exploitées, puisque le plus souvent acquises dans le cadre d'une spéculation foncière.

[236] « La bombe humaine », Paul Ehrlich, http://www.goodplanet.info/Contenu/Points-de-vues/La-bombe humaine/%28theme%29/1400, Goodplanete.info du 09/04/2009.

Dans cette équation, la taille de la population (P) est multipliée par la consommation moyenne de ressources par individu (A), elle-même multipliée par une unité de mesure de la technologie (T) qui actionne et entretient la consommation. Le produit de (P), (A) et (T) est l'impact (I), qui fournit une estimation du niveau de dégradation, par les hommes, des services écosystémiques dont ils dépendent.

La taille de la population (P) c'est-à-dire l'évolution démographique croît inéluctablement en l'absence de politique nataliste des États, qui considèrent que plus la population sera importante, plus le risque de perte de liberté et/ou de déclin économique s'amoindrira, sans parler des politiques natalistes, préconisées généralement par les religions et les médias.

La consommation (A) continue à être perçue également comme un bienfait par de nombreux économistes, hommes d'affaires importants et hommes politiques, pour qui l'augmentation de la consommation serait la panacée à tous les maux économiques, et le moyen essentiel de continuer à assurer l'emploi : « La croissance perpétuelle est la raison d'être de la cellule cancéreuse, mais les économistes de bas étage n'ont pas d'autre idée ».

Enfin, les problèmes environnementaux, tel qu'ils sont reconnus aujourd'hui, ne peuvent plus être résolus par des changements mineurs en matière de technologie et de recyclage (T), comme continuent de le penser pourtant de nombreux media et hommes politiques : aucune avancée technologique, en effet, ne peut permettre que la population ou l'abondance matérielle puisse continuent à augmenter dans un monde non extensible.

- Dans le domaine social

L'évolution démographique n'étant pas la même au nord et au sud, ses incidences sociales seront donc très différentes.

Pour les pays industrialisés du nord (Europe, Russie, Amérique du Nord) la forte croissance démographique des années suivant la Deuxième Guerre mondiale (« le baby-boom ») s'est progressivement ralentie avec le développement du travail féminin et la limitation volontaire des naissances. Leur population a donc eu tendance à vieillir au cours de ces dernières décennies, et ces pays commencent à connaître les difficultés du « papy-boom », notamment en matière de financement des retraites et des systèmes d'assurances sociales.

Les pays du Sud connaissent à l'inverse une très importante croissance démographique non maîtrisée pour leur très grande majorité, notamment en Afrique subsaharienne et au Moyen-Orient, pour lesquels une natalité élevée et une mortalité en recul font qu'ils comptent désormais une forte majorité de jeunes de moins de 18 ans, la persistance de nombreux problèmes concernant en particulier l'analphabétisme, le chômage, l'insuffisance de la formation et des opportunités d'emplois à venir, sources de désir d'émigration. Problématiques qui se retrouvent pour d'autres pays du sud bien qu'ayant une croissance démographique mieux maîtrisée, du seul fait de leur gigantisme et/ou de leur développement économique encore insuffisant (Chine et Inde, par exemple).

À l'heure actuelle, 80 % des ressources naturelles de la planète sont consommées par 20 % de la population mondiale. La fracture économique entre le Nord et le Sud et les écarts grandissants entre leurs populations respectives en matière d'inégalité d'accès aux ressources, de pauvreté, de malnutrition, et d'exclusion sont des facteurs de tensions et de conflits qu'il faut évidemment essayer de supprimer.

L'accroissement observable des inégalités sociales entre pays développés et pays en voie de développement reste notamment dû à leur inégale capacité à disposer ou à mobiliser des ressources financières pour résoudre tous les problèmes liés à l'explosion démographique.

- Dans le domaine sanitaire

Les soins, le renforcement des systèmes de santé et le développement de la prévention des maladies, pour l'ensemble de la population mondiale prévisible, sont devenus un véritable défi posé à l'échelle de la planète. Les progrès accomplis en termes d'espérance de vie moyenne, passée de 52,5 ans en 1950 à 69,2 ans en 2009, sont menacés par les taux élevés de mortalité infantile et le poids des maladies transmissibles[237] et non transmissibles[238] dans les pays en développement, pour lesquelles la réponse internationale demeure déjà très en deçà des besoins.

Les grandes maladies touchent de façon prépondérante les populations les moins favorisées que ce soit sur un plan national ou mondial :

- le diabète et l'obésité, surtout dans les pays développés,

[237] Comme l'infection par le VIH/sida, la tuberculose et le paludisme (responsables à eux trois d'environ 5 millions de décès par an dans le monde), selon les Nations unies.

[238] Les maladies non transmissibles ont, de leur côté tué 36 millions de personnes en 2008, toujours selon les Nations unies.

- les maladies cardiovasculaires qui, selon l'Organisation mondiale de la santé (OMS), représentent 30 % de l'ensemble des causes de décès dans le monde, mais dont 80 % surviennent dans des pays à revenu faible ou intermédiaire,

- le cancer, responsable d'environ 13 % des causes de disparition dans le monde et dont les cas sont encore amenés à croître dans l'avenir,

- le sida, qui a révélé le fossé grandissant en matière de santé entre les pays riches et les pays pauvres, pour lesquels la disponibilité de médicaments antirétroviraux manque encore cruellement.

Au-delà des efforts ponctuels et des structures permanentes qui ont été mises en place, comme le Fonds mondial contre le sida, la tuberculose et le paludisme, il s'agit de développer d'urgence la prévention et le renforcement des systèmes de santé, notamment par un meilleur accès aux soins et à des conditions d'hygiène décentes, à la fois pour freiner la propagation des maladies infectieuses et pour casser la dynamique croissante des maladies chroniques.

- Dans le domaine de l'éducation

Provoquée par la crise économique, la baisse des aides et des investissements dans l'école risque d'être lourde de conséquences. Selon l'UNESCO, il ne sera pas possible de généraliser la scolarisation des enfants dans le primaire, pourtant l'un des principaux Objectifs du millénaire pour le développement (OMD). Plus du quart de la population mondiale a aujourd'hui moins de 15 ans, et bien que cette proportion ne devrait pas sensiblement varier à l'avenir, le problème ne fera qu'empirer pour les pays les plus pauvres qui composeront en 2050 la plus grande partie de l'humanité et où la proportion d'enfants non scolarisés sera la plus importante. Selon l'UNESCO, l'aide internationale bilatérale, composée de dons de la part de nombreux États, déjà insuffisante, est compromise par les perspectives de révision à la baisse des budgets qui lui seront affectés dans l'avenir, pour beaucoup d'entre eux. Alors que l'aide multilatérale, qui passe essentiellement par des prêts de la Banque mondiale et du Fonds monétaire international, et non plus des dons, nécessitera leur remboursement, en venant aggraver les problèmes éducatifs des États les plus pauvres. Enfin, toujours selon l'UNESCO, il faut noter que les deux tiers environ des enfants non scolarisés vivent dans des pays en conflit, et qu'une simple réduction des budgets militaires dans les pays en développement, qui dépensent déjà plus pour leur armée que pour l'enseignement primaire, permettrait de scolariser bien davantage d'enfants.

B - L'urbanisation galopante et ses conséquences

L'accélération sans précédent de la concentration urbaine

La moitié de la population vit aujourd'hui en zone urbaine, et chaque année, le nombre de citadins augmente environ de 60 millions. En 2050, ils seront 6,3 milliards, soit 70 % de la population. Ces chiffres font tourner la tête. Il y a deux siècles, seules deux villes, Londres et Pékin, dépassaient le million d'habitants. En 1950, elles étaient 75 ; en 2008, 431. La planète compte désormais 21 villes de plus de 10 millions d'habitants.

L'urbanisation n'est plus un phénomène lié aux pays riches : alors que, dans les années 1950, Tokyo, New York, Londres et Paris occupaient les premières places dans le classement des villes, seule la capitale japonaise conserve désormais son titre de première agglomération mondiale, avec ses 36 millions d'habitants. Les grandes villes occidentales ont été supplantées par les mégacités[239] indiennes et brésiliennes. Dans les trente prochaines années, le processus d'urbanisation proviendra surtout des pays en voie de développement, mais à une vitesse plus rapide que celle que connut l'Europe.

La physionomie de la planète est en pleine mutation, le Sud s'urbanise tandis que le Nord stagne. Dans les pays en développement, la population urbaine devrait doubler d'ici à 2050, alors que celle des pays développés, sous l'effet notamment de la baisse de la natalité, devrait diminuer. En un siècle, la population de New Delhi, en Inde, est passée de 238 000 habitants à 22 millions.

Les défis urbains de l'avenir sont socialement et économiquement des défis des pays en voie de développement ou des pays émergents[240].

---

[239] Villes de plus de 10 000 000 d'habitants selon l'ONU.

[240] Villes du futur, futur des villes : quel avenir pour les villes du monde ? (Enjeux) : Contribution de Julien Damon ; « Où mène l'urbanisation du monde ? ». Rapport d'information n° 594 (2010-2011) de M. Jean-Pierre SUEUR, fait au Sénat, au nom de la Délégation à la prospective. http://www.senat.fr/rap/r10-594-1/r10-594-1.html

L'urbanisation est due en premier lieu à l'accroissement naturel, car la transition démographique y est plus précoce et parce que la population y est plus jeune que dans le monde rural. Ensuite, l'exode rural fait connaître à la ville un essor considérable, car la pression démographique accentue le manque de terres et pousse les paysans vers les villes où ils espèrent trouver du travail. Enfin, l'extension des villes provoque l'absorption des espaces ruraux alentour. Ceci entraîne l'extension d'un mode de vie urbain à la totalité de régions autrefois rurales.

En regroupant les hommes sur des espaces restreints, l'urbanisation pose, par ailleurs, de redoutables problèmes. 80 % des hommes vivent sur 5 % de la surface de la Terre. Les centres-ville aux hauts immeubles sont de plus en plus entourés d'immenses banlieues pavillonnaires. L'extension des villes devient démesurée en hauteur et en espace. Les réseaux de communication sont très vite saturés, car les infrastructures ne peuvent pas suivre la croissance urbaine dans les pays les plus pauvres. La pression sur l'environnement (alimentation en eau) est très importante aussi bien au Nord (Californie, Arizona) qu'au Sud (Égypte). La pollution (par les ordures ménagères, par les émissions de gaz…) est devenue un défi majeur de toutes les grandes métropoles.

De plus, la ville, où l'éclatement des solidarités sociales va de pair avec l'individualisme, concentre chômage, misère aussi grande que dans le monde rural, et délinquance, et connaît la création de ghettos. Cependant la ville est aussi le lieu de l'innovation et du développement culturel et social, et représente un mieux par rapport au monde rural, souvent très en retard dans les économies encore peu développées.

Sur le plan écologique, tout reste à faire : les villes qui dévorent jour après jour de nouveaux espaces sont responsables de 80 % des émissions mondiales de CO_2 et de 75 % de la consommation mondiale d'énergie. Les transports représentent un tiers des émissions de gaz à effet de serre[241].

---

[241] « City Planning Will Determine Pace of Global Warming, UN-Habitat Chief Tells Second Committee as She Links Urban Poverty with Climate Change ». Communiqué de presse des Nations unies, 30 octobre 2007,
Site Internet www.un.org/News/Press/docs/2007/gaef3190.doc.htm ; DODMAN David. « Blaming Cities for Climate Change? An Analysis of Urban Greenhouse Gas Emissions Inventories ». Environment and Urbanization, vol. 21, n° 1, avril 2009, site Internet : www.eukn.org/eukn/themes/Urban_Policy/Urban_environment/Environmental_sustainability/Blamingcities-for-climate-change-_2815.html.

Outre les activités économiques et industrielles, les transports, la mauvaise isolation thermique des immeubles commerciaux ou d'habitation en sont les principales causes.

Les villes retiennent, par ailleurs, davantage la chaleur que les campagnes. Selon une étude récente du service de la météorologie britannique publiée par la revue Geophysical Research Letters[242], les villes connaîtront une augmentation plus importante de leur température moyenne que les campagnes, essentiellement en raison d'une part d'un « effet îlot thermique urbain » généré à la fois par la concentration de la population, par la pollution et par la chaleur, et d'autre part, par une moindre absorption de la chaleur du jour du fait de l'absence de végétation et de la présence de matériaux qui restituent cette chaleur la nuit.

Le principal défi économique des villes du futur sera donc celui du financement des infrastructures adéquates (notamment des réseaux, transports de personnes, de marchandises, de fluides, d'énergie, d'informations, de déchets, etc.) dont les coûts de construction et de maintenance vont évidemment exploser au fur et à mesure de l'étalement des nappes urbaines.

L'augmentation considérable du nombre et de la taille des villes

De très nombreux villages se sont renforcés pour se transformer en petites villes, tandis que beaucoup d'autres ont eu tendance à disparaître dans le monde entier, suite à un inexorable exode rural. Par ailleurs, les limites entre ville et non-ville s'abolissent : la ville tend à absorber l'espace périurbain au profit d'un étalement sans fin du bâti dans le cadre de vastes « nappes urbaines ».

Le nombre de très grandes villes (mégapoles : agglomération de plus de 10 millions d'habitants selon l'ONU, ou mégalopoles : espace urbanisé polynucléaire formé de plusieurs agglomérations dont les banlieues s'étendent tellement qu'elles finissent par se rejoindre, et cela sur de longues distances) s'est considérablement multiplié (on comptait 5 mégapoles en 1975, 19 en 2000, et on en prévoit 23 à partir de 2015), alors que le nombre de villes de plus de 5 millions d'habitants a

---

[242] Geophysical Research Letters, mai 2010

quintuplé depuis 1950[243] : le plus grand pouvoir attractif de ces très grandes villes renforçant encore davantage leur croissance.

Le monde comptait, en 2007, 19 villes de plus de 10 millions d'habitants : il est prévu qu'elles seront 27 en 2025, comme le montre le tableau suivant[244].

Importance des villes	**2007**	**Prévisions 2025**
Villes de plus de 20 millions d'habitants	Tokyo (37,5)	Tokyo (36,4) Bombay (26,4) Delhi (22,5) Dhaka (22) Sao Paulo (21,4) Mexico (21) New York-Newark (20,6) Calcutta (20,6)
Villes entre 15 et 20 millions d'habitants	New York-Newark (19) Mexico (19) Bombay (19) Sao Paulo (18,8) Delhi (15,9) Shanghai (15)	Shanghai (19,4) Karachi (19,1) Kinshasa (16,8) Lagos (15,8) Le Caire (15,6)
Villes entre 10 et 15 millions d'habitants	Calcutta (14,8) Dhaka (13,5) Buenos Aires (12,8) Los Angeles (12,5) Karachi (12,1) Le Caire (11,9) Rio de Janeiro (11,7) Osaka-Kobe (11,3) Beijing (11,1) Manille (11,1) Moscou (10 ?5) Istanbul (10,1)	Manille (14,8) Beijing (14,5) Buenos Aires (13,8) Los Angeles (13,7) Rio de Janeiro (13,4) Jakarta (12,4) Istanbul (12,1) Guangzhou (11,8) Osaka (11,4) Moscou (10,5) Lahore (10,5) Shenzhen (10,2) Madras (10,1) Paris (10)
Total	**19 villes**	**27 villes**

243 Alors que, en 1950, on ne comptait que quatre villes de plus de 5 millions d'habitants (New York, Tokyo, Londres et Paris), depuis 2010, il y a maintenant dans le monde 30 villes de plus de 5 millions d'habitants, dont 13 ont déjà une population supérieure à celle de New York en 1950 (12 millions).

244 ONU, Table I.6. Population of Urban Agglomerations with 10 million inhabitants or more, 2007 and 2025.

Les enjeux majeurs du développement des mégalopoles dans le monde concernent le développement massif des réseaux d'infrastructures et des services, la nécessité de mener des politiques exigeantes de préservation de l'environnement pour notamment faire face aux pénuries d'eau, aux besoins en énergie et aux risques de pollution de l'air, la nécessité de mettre en place des planifications urbaines efficaces pour lutter contre l'éparpillement urbain, contre le gaspillage des terres agricoles et des ressources naturelles, et contre la spéculation foncière[245].

La dégradation corrélative de l'habitat, de l'environnement et de la sécurité dans les grandes villes et les mégapoles notamment dans les pays en voie de développement

Environ 15 % de la population mondiale totale vit actuellement dans des bidonvilles (le quart de la population de l'Amérique du Sud et de l'Afrique du Nord et plus du huitième de la population de l'Asie du sud et du Moyen-Orient vit dans des bidonvilles). Dans dix ans, selon les projections des Nations unies, ils représenteront 40 % des citadins. Selon le Programme des Nations Unies pour l'Environnement, 60% de la population africaine vivant dans les zones urbaines habite actuellement dans un bidonville. Mais pour certains pays africains, ce chiffre atteint des proportions inquiétantes : c'est le cas de la République centrafricaine, de la Sierra Leone, du Soudan et du Tchad où plus de 90% de la population urbaine vit dans des bidonvilles.

90 % des bidonvilles se trouvent au Sud, où la Chine et l'Inde concentrant toutes deux 40 % des taudis du monde.

On estime que, bien que la pauvreté touche effectivement le monde rural, ce serait dans les villes que les populations les plus défavorisées vivent dans les conditions les plus pénibles.

Plus la ville est grande, plus s'aggravent les inégalités sociales, selon un rapport réalisé en 2009 sur les 19 mégacités de plus de 10 millions d'habitants, l'ONU soulignait que ces géantes urbaines aggravaient effectivement les inégalités sociales et la pauvreté, qui viennent s'ajouter aux très nombreux et graves problèmes liés à l'approvisionnement en eau, à l'insuffisance des transports, à la pénurie de logements, à l'insécurité, à l'entassement, et à la pollution.

---

245 Villes du futur, futur des villes : quel avenir pour les villes du monde ? (Enjeux), op cit.

L'urbanisation comme facteur aggravant les conséquences des catastrophes naturelles, climatiques, industrielles, écologiques, et sanitaires

Selon plusieurs rapports du département de l'habitat de l'ONU, il existe, en effet, une étroite corrélation entre la progression de l'urbanisation et le nombre de victimes de catastrophes.

Outre la pollution de l'air et l'intensification des îlots de chaleur urbains, l'urbanisation accroît, en effet, la vulnérabilité humaine face à l'ensemble des catastrophes possibles et face à l'extension de la pauvreté.

- L'urbanisation comme facteur aggravant les conséquences des catastrophes naturelles et climatiques

L'urbanisation augmente l'intensité des impacts du changement climatique sur les populations concernées en termes d'inondations, de glissements de terrain, de montée des eaux dans les zones côtières, de fluctuations extrêmes de températures, de tempêtes et autres évènements météorologiques extrêmes.

Elle amplifie considérablement la gravité des tremblements de terre, des cyclones tropicaux, des inondations et de la sécheresse.

Le plus grand nombre relatif de victimes de tels désastres se trouve invariablement parmi les populations pauvres, car celles-ci sont le plus souvent contraintes de vivre dans des habitations fragiles construites sur des sols dangereux ou sur des terrains non constructibles (près des rivières, dans des plaines inondables ou sur des pentes instables) .

Les villes peuvent être aussi les endroits les plus dangereux au monde pour ceux qui vivent dans un environnement où les autorités sont peu présentes et où les ressources manquent, tout comme la volonté d'assurer les services sociaux de base, la sécurité alimentaire, la police, l'alimentation en eau courante, l'évacuation des eaux usées et le respect des normes de construction.

Cette fracture des risques en milieu urbain est un défi majeur pour l'humanité du XXIe siècle : il faut en effet éviter que le mouvement qui entraîne les populations des campagnes vers les villes, que l'on observe à l'échelle mondiale, engendre une augmentation de la morbidité et de la mortalité en recréant les dangers du XIXe siècle pour la santé publique, aggravés par les risques liés aux changements climatiques et la menace de pandémies.

De toutes les catastrophes naturelles prévisibles, celles qui sont liées aux changements climatiques sont les plus menaçantes. Le Groupe d'experts intergouvernemental sur l'évolution du climat (GIEC) a décrit ces menaces probables : vagues de chaleur augmentant les effets des ilots de chaleurs urbains, augmentation des précipitations générant des inondations violentes ou prolongées avec le risque de glissements de terrains sur les pentes entourant les villes et où généralement se construisent les quartiers les plus défavorisés, augmentation également des périodes de sécheresse conduisant à des pénuries alimentaires et à des émeutes de la faim, augmentation du nombre et de l'intensité des cyclones tropicaux terriblement destructeurs pour les habitats précaires, montée du niveau de la mer menaçant de disparition d'immenses zones urbanisées dans les deltas ou sur les côtes.

Selon un rapport de l'OCDE publié en 2007, d'ici à 2070, la population exposée aux inondations côtières pourrait être multipliée par plus de trois, passant de 40 millions à 150 millions de personnes, en raison de l'effet combiné de l'augmentation démographique et de l'urbanisation, du changement climatique (montée du niveau de la mer et intensification des tempêtes) et de l'affaissement des sols. L'impact financier de ces inondations pourrait alors atteindre 24 000 milliards d'euros, soit 9 % du PIB mondial. En 2070, plus de la moitié des personnes dites « à risque » seraient concentrées dans dix grandes villes : Calcutta, avec 14 millions de personnes exposées, suivie de près par Bombay, Dhaka, Guangzhou, Hô Chi Minh Ville, Shanghai, Bangkok, Rangoon, Miami et Haiphong.

- L'urbanisation comme facteur aggravant les conséquences des catastrophes industrielles et écologiques

Les mégapoles sont, plus que toute autre concentration humaine, soumises également aux risques de catastrophes industrielles. Tel a été le cas pour de grands accidents industriels au cours du XXe siècle, par exemple : Minamata au Japon (1953), Seveso en Italie (1976), Three Mile Island aux USA (1979), Bhopal en Inde (1984), Tchernobyl en Ukraine (1986), Fukushima au Japon (2011). Malgré les précautions prises par l'industrie, les conditions d'extraction de plus en plus difficiles des énergies fossiles pour alimenter les moyens de transport individuels et le recours au nucléaire conduisent à des probabilités de plus en plus fortes d'accidents industriels majeurs.

Par ailleurs, les villes devraient connaître une augmentation plus importante de leur température moyenne que celle des campagnes, essentiellement en raison d'une part d'un « effet îlot thermique urbain » généré à la fois, comme vues précédemment, par la concentration de la population, par la pollution et par la chaleur, et d'autre part, par une moindre absorption de la chaleur du jour en raison de l'absence de végétation et de la présence de matériaux susceptibles de restituer cette chaleur durant la nuit.

L'impact environnemental des villes sera donc considérable dans l'optique du changement climatique. Selon la Banque Mondiale, le secteur des transports dans les villes représenterait, en effet, au moins un tiers des émissions urbaines de gaz à effet de serre , un autre tiers proviendrait des immeubles commerciaux ou résidentiels mal isolés thermiquement, et enfin le dernier tiers proviendrait des autres consommations d'énergie, des activités économiques et des déchets.

- L'urbanisation comme facteur aggravant les conséquences des catastrophes sanitaires

Les risques sanitaires constituent une autre menace très importante, en particulier pour les villes insalubres, que ce soit dans les pays développés ou en voie de développement.

De nouvelles pandémies pourraient se manifester et prendre un essor incontrôlé dans les concentrations urbaines notamment en raison du franchissement de la barrière qui sépare les espèces animales de l'homme. Ce fut le cas pour le virus du VIH qui est apparu en République Démocratique du Congo ; ce fut également le cas pour les virus H5N1 de la « grippe aviaire », qui a d'abord atteint les oiseaux sauvages puis l'homme. La dengue, qui est une fièvre hémorragique parfois fatale, est un autre exemple des menaces sanitaires, qui pèsent sur les grandes villes des pays du Sud.

Ces menaces sont renforcées par les conditions de vie souvent précaires des populations déshéritées des grands centres urbains. L'absence de gestion des déchets et de traitement de l'eau destinée à l'alimentation humaine, la malnutrition et les pénuries alimentaires favorisent le développement des infections diarrhéiques comme le choléra, des problèmes respiratoires et du paludisme. Ces maladies, qui sont à l'origine du décès de la moitié des enfants dans les régions du Sud, se surajoutent aux effets de l'insécurité alimentaire comme le diabète ou l'obésité.

Les réponses possibles par l'adoption d'un nouvel urbanisme[246] adapté

Un nouvel urbanisme adapté, actuellement en cours de conception, devrait avoir pour principaux objectifs de permettre simultanément : la réduction de l'exposition au risque face aux catastrophes naturelles, la conception de villes écocompatibles, la lutte contre la croissance de l'habitat informel et des taudis, son inscription dans un développement équilibré du territoire, et enfin le développement du capital civique et d'un mode de gouvernance adéquat.

- Réduction de l'exposition des villes aux risques des catastrophes naturelles

Pour rendre les établissements humains plus vivables, et pour répondre plus efficacement aux défis environnementaux, il est urgent de prendre à la racine les causes du changement climatique et de gérer soigneusement la croissance des villes en réduisant la part de la population la plus exposée aux aléas du climat. Les villes se trouvent désormais en première ligne de la réduction des risques de catastrophes. Ce sont elles, en effet, qui ont supporté l'essentiel des pertes économiques et humaines liées aux catastrophes au cours de ces dernières années. L'UNISDR (United Nations International Strategy for Disaster Reduction), organisation de l'ONU, a lancé, en avril 2012, une initiative pour aider les villes à mieux intégrer la réduction des risques de catastrophes dans leur stratégie de planification urbaine. Cette initiative, baptisée « Outil d'Auto-évaluation pour le Gouvernement local » fait partie de la campagne « Rendre les villes résilientes », pour aider les villes à établir des lignes de base, identifier les fossés de planification et d'investissements pour la réduction des risques et l'adaptation au changement climatique, tel que proposé par le Cadre d'action de Hyogo, adopté en 2005

La campagne destinée à rendre les villes résilientes propose une liste de 10 points essentiels, susceptible de servir de guide.

---

[246] Voir en particulier : « Réinventer l'urbanisme : pour une nouvelle gouvernance des établissements humains. » : Une déclaration d'intention en complément à la Déclaration de Vancouver, signée au Congrès mondial des urbanistes et du Forum urbain mondial, du mois de juin 2006 à Vancouver, sur le site :
http://www.globalplannersnetwork.org/pdf/reinventingfrench07.pdf

- Mise en place d'une organisation et d'une coordination pour comprendre et réduire le risque de catastrophe naturelle, basée sur la participation de groupes de citoyens et de la société civile.

- Affecter un budget à la réduction des risques de catastrophes naturelles et prévoir des subventions d'investissement adéquates.

- Maintenir à jour les données sur les aléas et les vulnérabilités, évaluer les risques et rendre ces informations accessibles au grand public pour qu'il puisse en débattre.

- Investir dans les infrastructures essentielles pour réduire le risque (comme les réseaux d'égouts évitant les inondations) et s'adapter au réchauffement climatique.

- Évaluer la sécurité de toutes les écoles et de tous les établissements sanitaires et l'améliorer le cas échéant.

- Faire appliquer et respecter les réglementations existantes de protection des risques naturels, en matière de construction et d'aménagement du territoire.

- Vérifier la présence de programmes d'enseignement et de formation sur les risques relatifs aux catastrophes naturelles, dans les écoles et les communautés locales.

- Protéger les écosystèmes et les zones tampons naturelles afin d'atténuer les inondations et autres aléas, et mettre en pratique de bonnes pratiques de gestion des risques.

- Installer des structures de systèmes d'alerte rapide et de gestion des urgences, et organiser des exercices de sensibilisation périodiques.

- Après une catastrophe naturelle, s'assurer de la prise en compte de la reconstruction et de la distribution de moyens de subsistance.[247].

- Création de villes écocompatibles

La croissance urbaine engendre de nombreux bouleversements de l'environnement, aussi bien à l'échelle locale qu'à l'échelle globale. Un nouvel urbanisme milite pour le développement de modes de transport écocompatibles, de modes de construction durables, et pour la préservation des atouts naturels. Il s'agit d'imaginer et de créer des formes urbaines plus économes en énergie et plus performantes, d'encourager les évolutions juridiques et les formes d'organisation politique susceptibles de les accompagner.

---

[247] Priorités initialement identifiées dans le cadre d'action de Hyogo pour 2005-2015, pour des nations et des collectivités résilientes face aux catastrophes naturelles/ www.unisdr;org:hfa

Ce nouvel urbanisme s'inscrit généralement dans une volonté plus large de développement durable et donc de démocratie participative, avec comme objectif principal de diminuer l'empreinte écologique de la ville, à partir de règles visant une meilleure intégration de la ville à l'environnement et de l'environnement à la ville.

L'urbanisme écologique doit ainsi veiller au respect de la nature relictuelle[248], mais aussi aux conditions de restauration de la biodiversité (végétale en particulier) à un niveau proche de son potentiel naturel. Il doit également chercher à limiter la dépendance des habitants aux énergies fossiles ou affectant l'environnement, ainsi que les pertes d'énergie, les déplacements polluants[249] et les coûts de viabilisation (réseaux d'énergie, d'eau ...).

Le nouvel urbanisme doit également promouvoir une architecture écologique, par l'emploi de matériaux renouvelables, récupérables et de récupération (tels que la terre, la chaux, la paille, le bois, les matériaux originaires de bâtiments délabrés...), qui permette également une économie d'énergie au niveau de l'éclairage et de la climatisation, et un traitement adéquat des déchets.

Selon la Banque mondiale, en effet, la gestion des déchets est un « problème relativement silencieux qui s'amplifie chaque jour », en effet, les habitants des villes génèreraient 2,2 milliards de tonnes de déchets par an à l'horizon 2025, contre 1,3 milliard aujourd'hui, et le coût de la gestion des déchets solides passerait quant à lui de 205 milliards de dollars à 375 milliards par an[250]. Là aussi, la solution passe notamment par le recyclage et une gestion du problème impliquant la participation active de tous les citoyens concernés.

Pour le WWF, des solutions existent pour obtenir des habitats durables[251], face au constat que les logements contribuent fortement au réchauffement climatique, un quart des émissions de CO2 provient, en effet, du secteur du bâtiment, et 80% de ces gaz sont émis lors de l'utilisation du chauffage. La construction, proprement dite, représente,

---

248 Relative à un milieu d'habitat restreint et protégé, dans lequel les espèces animales se développent dans une moindre concurrence vitale, constituant de petits morceaux de nature qu'il convient de préserver.

249 En décourageant les transports motorisés polluants et en facilitant le « transport vert » ou « doux », mais aussi en privilégiant les transports en commun les moins polluants.

250 La Chine, devenue en 2004 le premier producteur de déchets devant les États-Unis, génère 70% des ordures de la région de l'Asie orientale et du Pacifique. Les pays qui connaissent le plus fort taux de croissance de ces déchets se situent en Asie de l'Est, dont la Chine, en Europe de l'Est et dans certaines zones du Moyen-Orient.

251 http://www.wwf.fr/s-informer/nos-missions/modes-de-vie-durables/pour-des-habitats-durables

quant à elle, près de 20 % des émissions de GES du cycle de vie du bâtiment. Sont en cause l'énergie nécessaire à leur production (énergie grise), leur transport et l'énorme quantité de déchets produits.

Le WWF préconise d'intégrer des critères environnementaux dans la construction et la rénovation énergétique, permettant aux habitants de vivre dans des logements plus confortables, plus sains et plus économiques. Mais aussi de relever le défi de la performance environnementale, en rendant les bâtiments passifs (c'est-à-dire n'ayant plus besoin de système de chauffage central en bénéficiant des apports gratuits du soleil, de la chaleur dégagée par les habitants et par les appareils électriques !), voire même à énergie positive, grâce à l'utilisation d'énergies renouvelables pour le chauffage et l'électricité. Enfin, pour le WWF, les critères écologiques devront être pris en compte dans le choix des matériaux : peu d'énergie grise, recyclés et recyclables, non toxiques et si possible locaux. Les composants organiques provenant de cultures (tel que le chanvre) ou de forêts gérées durablement devront être privilégiés, car ils possèdent l'énorme avantage d'être des puits de carbone.

Une conception du bâtiment intelligente peut ainsi permettre de favoriser des modes de vie plus durables.

Le WWF, par exemple énonce un certain nombre de solutions pour « Remettre l'urbanisme au service de l'environnement et de la qualité de vie »[252]

1. Freiner le développement de zones d'activités monofonctionnelles en périphérie des villes et favoriser l'implantation des services essentiels à proximité des zones denses de logements ;

2. Favoriser les transports doux (transports en communs, vélos, etc.) et l'implantation des activités essentielles et des logements dans des zones déjà bien desservies par des transports en commun ;

3. Favoriser des formes urbaines plus agréables à vivre et moins consommatrices d'espace ;

4. Favoriser l'implantation de nouvelles constructions sur des zones de friches urbaines et la reconstruction de quartiers peu denses, tout en préservant et en développant les espaces verts ;

5. Favoriser la rétention et le traitement sur place des eaux pluviales (espaces en pleine terre, systèmes de drainage naturel et de récupération des eaux pluviales, toitures végétalisées) ;

---

252 http://www.wwf.fr/s-informer/nos-missions/modes-de-vie-durables/un-urbanisme-favorisant-des-modes-de-vie-durables

6. Respecter les connexions écologiques des habitats entre eux (trame verte et bleue), favoriser une gestion de la nature en ville propice à la restauration d'une certaine biodiversité.

Des formes urbaines plus denses, c'est aussi l'assurance d'une desserte en transports en commun rapide et régulière et la présence de commerces et services de proximité rentables économiquement.

- Lutter contre l'habitat informel et les taudis

L'Objectif du Développement du Millénaire qui appelle à améliorer avant 2020 les conditions de vie de 100 millions de personnes, qui vivent actuellement en bidonville, sera probablement atteint. Mais si l'on en croit les tendances actuelles, la proportion de personnes habitant en bidonvilles dans le monde, passera de une sur six en 2001 à une sur trois en 2031. L'amélioration des conditions de vie dans les bidonvilles est donc nécessaire et urgente, mais risque d'être insuffisante pour résoudre à elle seule le problème de l'habitat informel et en taudis. Il est donc indispensable de mettre en œuvre de vraies politiques de planification et de développement urbain adéquats et de promouvoir des politiques foncières qui garantissent le droit de propriété. Il s'agit d'assurer à ces territoires urbanisés le raccordement aux services de transports et à la voirie ainsi qu'aux réseaux d'adduction d'eau, d'électricité, etc. Cette démarche permettrait de créer des villes plus sûres et plus accessibles.

- Inscrire le nouvel urbanisme dans le développement durable et équilibré du territoire

Il s'agit là d'inscrire l'urbanisation en cohérence avec les besoins de l'agriculture, des entreprises et des espaces naturels et récréatifs, qui existent sur un territoire, à l'image des Schémas de Cohérence Territoriale (ScoT), qui, en France, visent à préserver l'équilibre entre l'urbanisation et le maintien des espaces naturels et agricoles, ces derniers ayant, en effet, été trop largement consommés jusque-là par l'urbanisation.

L'urbanisme doit donc respecter un équilibre entre, d'une part, le renouvellement urbain, le développement urbain maîtrisé, le développement de l'espace rural, et, d'autre part, la préservation des espaces affectés aux activités agricoles et forestières et la protection des espaces naturels et des paysages.

Dans le cadre d'un territoire donné, l'urbanisme doit également tenir compte de la gestion des ressources (combustibles et carburants fossiles, matières premières, faune et flore, eaux superficielles et souterraines), de la protection et de la restauration des milieux (paysages, rivières écosystèmes…), de la réduction des pollutions (pollution atmosphérique, des nappes phréatiques, des cours d'eau, des sols), de la limitation des nuisances (nuisances olfactives, sonores, visuelles) et enfin de la maîtrise des flux (transport de l'énergie et des déchets, mobilité des personnes et des biens, réseaux de transport, d'adduction d'eau ou d'assainissement, gestion des eaux pluviales).

- Adopter un mode de gouvernance adéquat

Pour consolider la cohésion sociale et la citoyenneté, toute politique d'urbanisation doit être associée à une stratégie de gouvernance adéquate, privilégiant des approches partenariales et des processus participatifs, de façon à renforcer le sentiment d'appartenance collective et à créer un espace d'échange et de confiance, dans lequel tous les membres de la société civile pourront définir et mettre en œuvre des politiques de développement partagées, autour des biens communs, et grâce à une mutualisation des intérêts individuels. L'idée centrale est de replacer l'humain au cœur du projet urbain.

II - Un mode de fonctionnement hyperlibéral et mondialisé, insatisfaisant et difficilement transformable à court terme

Notre sociosystème se caractérise, également et surtout, par un mode de fonctionnement insatisfaisant, grandement imposé par l'évolution de la mondialisation, qui, d'une simple internationalisation à l'origine, s'est, en effet, très rapidement transformé en une globalisation économique et financière, fondée sur un système « hyper libéral[253] », aujourd'hui généralisé à l'ensemble de la planète, difficilement transformable à court terme, dans lequel les tentatives de responsabilisation sociale et écologique (RSE) des acteurs socio-économiques n'ont pas été suffisamment efficaces

A- La récente transformation de la mondialisation en « globalisation économique et financière » ultra libérale

La « mondialisation », est issue du développement de liens d'interdépendance et d'échanges matériels et immatériels entre les États nations, les individus, les activités humaines et les structures et systèmes politiques à l'échelle du monde, notamment dans le domaine économique et financier, mais aussi dans le domaine culturel. Elle a correspondu au départ à ce que l'on a qualifié « d'internationalisation » c'est-à-dire à « l'utilisation d'un ensemble de techniques et de procédés réduisant l'espace-temps, des échanges de ressources, de biens et des services entre tous les territoires de la planète[254] ».

---

[253] Le terme « d'ultralibéralisme » a été préféré à celui de « néo-libéralisme », de façon à éviter d'avoir à prôner la disparition pure et simple du libéralisme, et à permettre de proposer des mesures correctives susceptibles de le réaménager favorablement.

[254] Selon le Recteur Gérard-François Dumont, Professeur à l'université de Paris Sorbonne, in « Globalisation, Internationalisation, Mondialisation : des concepts à clarifier », Géostratégiques, février 2001, n°2.

La mondialisation proprement dite aurait ainsi commencé avec les grandes expéditions maritimes des XVe et XVIe siècles et la création des empires coloniaux.

Elle s'est, cependant, considérablement renforcée au cours de la deuxième moitié du XXe siècle, à la suite, notamment :

- des énormes progrès enregistrés dans le domaine des communications (terrestres, maritimes et aériennes),
- de la révolution des NTICs[255], permettant la constitution d'un réseau de télécommunications immédiates sur tout le globe (fax, téléphone portable, Internet),
- de l'essor considérable du commerce mondial, qui a, en effet, progressé plus vite que la production de richesses après 1945, et qui a ensuite été considérablement dopé par la généralisation du libre-échange, issue de la mise en place du GATT (Général Agreement on Tariffs and Trade, ou Accord Général sur les Tarifs et le Commerce) en 1947, puis de la création de l'OMC (Organisation mondiale du commerce) en 1995.

La généralisation de ce système hyper libéral découle plus particulièrement:

- de l'effondrement des économies dites socialistes, et de leur transformation en économies capitalistes (URSS, Chine, Allemagne de l'Est, etc.), en conséquence notamment de la fin de la guerre froide et du déclin de l'idéologie communiste,

- de l'unification techno-économique fondée sur une vision exclusivement occidentale d'une planète en croissance rapide, grâce notamment aux soutiens, que lui ont apportés, directement ou indirectement, les grandes Institutions internationales (telles que le FMI, la Banque Mondiale ou l'OMC)[256], et enfin,

---

[255]« Nouvelles Technologies de l'Information et de la Communication ».

[256] Selon les termes Edgar Morin : « La Voie - Pour l'avenir de l'humanité », Janvier 2011, éditions Fayard.

Le Fonds Monétaire International (FMI) et la Banque Mondiale (BM, initialement Banque Internationale pour la Reconstruction et le Développement : BIRD) ont été créés à la conférence des Nations Unies de Bretton Woods en juillet 1944, dans le but d'organiser le système monétaire international de l'après-guerre. Ces institutions ont systématiquement conditionné leurs soutiens économiques et financiers à la mise en œuvre de politiques fondamentalement libérales. Le GATT qui se transformera en OMC (Organisation Mondiale du Commerce) lors de l'Uruguay-Round (1986-1994) par un accord multilatéral renforcera lui aussi un mode de fonctionnement axé sur le libéralisme.

- de la création d'un marché planétaire des capitaux (corrélative à la déréglementation, qui a permis aux banques d'utiliser la mobilité des capitaux au-delà des frontières pour maximiser leurs profits, ainsi qu'à la création de systèmes de communication reliant à de très grandes vitesses les places financières 24 heures sur 24), permettant un système de transactions à haute fréquence entièrement automatisé grâce à la fibre optique notamment[257]. Cette mondialisation financière a engendré l'explosion des fonds spéculatifs, notamment sur les marchés dérivés, à l'origine de l'actuelle crise économique et financière mondiale, faisant que la logique financière et spéculative a effectivement fini par dominer la mondialisation sans plus aucune autre considération[258].

La mondialisation actuelle apparaît être fondamentalement issue de choix politiques et de stratégies économiques effectués par les autorités des États-nations capitalistes les plus puissants, qui ont dérégulé et ouvert leurs économies, et qui ont également pris la tête d'organisations régionales de libre-échange, en réduisant ainsi, dès le départ, leur marge d'autonomie. Elle s'est alors rapidement généralisée, sous sa forme actuelle, au monde entier, et a engendré l'émergence d'une « superpuissance » : les États-Unis d'Amérique, ainsi que l'instauration d'un « nouvel ordre mondial » dominé par la Triade[259] et plusieurs grands pays émergents regroupés sous le terme de BRIICS[260], qui se

[257] Ces nouveaux systèmes innovants ont permis la génération automatisée de décisions de transaction et/ou l'exécution automatisée des ordres nécessaires pour traduire ces décisions, et ont été complétés par la perspective d'ordinateurs programmés pour « comprendre » non seulement l'information numérique des prix, volumes et délais de marché, mais aussi l'information non numérique, « sémantique », véhiculée dans des flux de données lisibles par l'homme, comme des actualités écrites, des données audio (appels téléphoniques, par exemple), des émissions de radio, des podcasts (le podcasting permet aux utilisateurs l'écoute ou le téléchargement automatique d'émissions audio ou vidéo pour les baladeurs numériques en vue d'une écoute immédiate ou ultérieure) et des séquences vidéo.

[258] Au cours des deux dernières décennies, le marché des dérivés s'est considérablement amplifié. La valeur notionnelle des dérivés (montant des sous-jacents des produits dérivés) sur le marché mondial est devenue absolument exorbitante, elle a récemment été estimée à 1,4 trillion de dollars, soit à environ 23 fois le PIB mondial ! Selon Graham Summers, de Phoenix in Capital Research.

[259] Le terme Triade a été popularisé par l''économiste japonais Kenichi Ohmae dans son livre (1985) : « Triade Power: The Coming Shape of Global Competition ». Il désigne l'ensemble des trois pôles qui dominent l'économie mondiale et la conduite de la politique internationale: l'Amérique du Nord (États-Unis et Canada), l'Europe occidentale (Union européenne + Norvège + Suisse) et l'Asie-Pacifique (Japon et Corée du Sud). Avec environ 20% seulement de la population, ces pôles contrôlent 81% du PIB mondial, 86 % de la capitalisation boursière, 72 % de l'industrie, 85% de la recherche, et 80% des IDE (investissements directs à l'étranger).

[260] Acronyme anglais, qui désigne le groupe de pays formé par le Brésil, la Russie, l'Inde, l'Indonésie, la Chine et l'Afrique du Sud, dans lequel l'Indonésie a récemment été ajoutée aux cinq pays qui constituaient des « BRICS » au départ.

sont imposés sur la scène internationale, en exerçant une influence certaine sur le contenu et les formes de la mondialisation, ainsi que sur toutes les autres nations du monde[261].

Le mode de fonctionnement de notre sociosystème, basé sur un modèle économique incapable de répondre à la globalité et à la complexité de la crise mondiale actuelle, a fini par engendrer, directement ou indirectement, de très graves conséquences[262].

La globalisation économique et financière, en ayant imposé, comme seul moyen de régulation et d'orientation des décisions économiques[263], l'évaluation monétaire des biens produits et le recours aux mécanismes du marché (loi de l'offre et de la demande) en termes exclusifs de prix et de quantité, se caractérise désormais, en effet, par un modèle économique fondé :

- sur la prise en considération exclusive de deux seuls facteurs (Capital, Travail), négligeant ainsi notamment toutes les ressources naturelles utilisées et les dégâts causés à l'environnement,
- sur la réduction simplificatrice des comportements économiques au modèle de « l'homo œconomicus », fondé sur la quête permanente du profit maximum à court terme comme unique motivation de l'activité humaine[264], privilégiant ainsi l'individualisme, la cupidité et l'égoïsme sur l'altruisme et la solidarité,
- sur le dogme infondé de la « main invisible », mais aussi,

---

[261] Par exemple, la répartition en pourcentage des 500 premières entreprises mondiales en fonction du chiffre d'affaires en 2007 (source : Fortune Global 500) indiquait que 78,4% étaient originaires de la Triade (États-Unis 32,4%, Union européenne 32,6%, Japon 13,4%), 7,8% étaient originaires des BRICS (Chine 4,8%, Inde 1,2%, Brésil 1,00%, Russie 0,8%) et 13,8% étaient originaires du reste du monde. La Triade détient également les trois principales monnaies mondiales (Dollar US, Euro et Yen), les trois plus grandes bourses du monde (NYSE Euronext, London Stock-Exchanges et Tokyo Stock-Exchanges) ainsi que les plus grandes banques du monde. La Triade représentait également 70% des dépenses en 2006 du budget militaire mondial.

[262] Bien évidemment, les innombrables conflits ethniques et/ou religieux, les guerres et les trafics illégaux en tous genres sont venus accentuer, encore davantage, les effets négatifs de ces incidences.

[263] Sur tous ces points : Voir notamment : Alain Massiéra « De la croissance économique au développement durable », op cit, Tomas Sedlacek (avec la contribution de Vaclav Havel) : « L'économie du bien et du mal, La quête du sens économique », op cit. Albert Jacquard : « J'accuse l'économie triomphante », éd. Calmann-Lévy, Paris, 1995 (160 pages).

[264] Système, dans lequel la recherche de la maximisation du profit vise, par ailleurs, désormais davantage à rémunérer des actionnaires, le plus souvent anonymes, plutôt que l'entrepreneur, le progrès ou l'innovation.

- sur le mythe de la nécessité d'une croissance continue du Produit Intérieur Brut (PIB)[265],

- sur la primauté des intérêts privés au détriment de l'intérêt général, et donc du secteur privé sur le secteur public, qui s'oppose à la concrétisation, pourtant nécessaire :

- d'une véritable conscience de communauté de destin, et donc,

- d'une réelle coopération internationale à l'échelle mondiale, pourtant indispensable pour pouvoir notamment promouvoir le développement durable et faciliter sa mise en œuvre.

B - Les principales conséquences du mode de fonctionnement actuel de notre sociosystème et les réactions qu'elles ont engendrées

Les principales conséquences du mode de fonctionnement actuel de notre sociosystème

Elles concernent plus particulièrement : la généralisation du productivisme, qui a lui-même conduit à une tendance à l'abrègement volontaire de la durée de vie des biens produits et à l'hyperconsommation, une domination croissante des intérêts des pays développés et des multinationales dans l'économie mondiale, l'accroissement des inégalités économiques et sociales, mais aussi la facilitation et la multiplication d'activités irrespectueuses des droits humains, d'activités criminelles ou illégales et une importante délinquance financière et fiscale.

- La généralisation du productivisme

Conséquence directe du modèle économique dominant, le productivisme est « un système d'organisation de la vie économique dans lequel la production est donnée comme objectif premier », qui prône le sacrifice de toute autre considération pour maximiser la productivité.

Il s'est généralisé, notamment depuis la révolution industrielle et grâce au progrès technique, dans toutes les activités économiques,

---

[265] A l'origine, bien évidemment, d'un endettement croissant tant sur un plan financier (public et privé) qu'écologique.

notamment dans l'industrie, l'agriculture et la pêche, et a été appliqué non seulement dans les pays occidentaux acquis au capitalisme, mais également dans les pays communistes[266], permettant d'ériger la croissance économique en termes d'augmentation du PIB au rang de dogme universel[267].

Le productivisme associe ainsi abusivement la quantité de biens produite à la construction positive de la société, en liant le progrès humain à la quantité de production, et ce, quels que soient le procédé utilisé et ses conséquences dommageables pour l'homme et son environnement (obsolescence programmée, élevages en batterie, utilisation abusive de produits chimiques dans l'agriculture et l'industrie alimentaire, ignorance des mesures de protection, travail des enfants, etc.).

Son impact a surtout été critiqué dans le secteur agricole, qui repose effectivement de plus en plus sur l'usage d'engrais chimique, de traitements herbicides, de fongicides, d'insecticides, de régulateurs de croissance, de pesticides et sur des processus d'élevages en batterie.

- L'abrègement volontaire de la durée de vie des biens

Conséquence directe du productivisme, l'abrègement volontaire de la durée de vie des biens fait, en effet, désormais partie intégrante des techniques permettant d'amortir une production sans cesse croissante grâce à un taux accru de remplacement. Plusieurs techniques peuvent être utilisées à cette fin :

- Le défaut fonctionnel : technique visant à avancer la fin de vie d'un appareil, que l'on retrouve essentiellement dans «les produits électriques ou électroniques comme les téléviseurs, les téléphones mobiles, les machines à laver ou les ordinateurs» et qui se traduit par faire en sorte que si une seule et unique pièce de l'appareil tombe en panne, et qu'elle est impossible à remplacer, l'ensemble de l'appareil cesse de fonctionner et est donc condamné. À rapprocher de la

---

[266] Le productivisme relève de l'obsession quantitativiste : il s'agit de produire pour produire et de produire toujours plus notamment grâce à la standardisation des produits. Le productivisme s'appuie à la fois sur le progrès constant de la technologie et sur une « organisation scientifique du travail », dont le stakhanovisme constituait la version stalinienne en réponse au taylorisme. En fait le productivisme s'appuie sur l'exploitation maximale de la force de travail, sur le travaillisme (travailler plus, plus vite, sans augmentation de salaire) tant dans le privé que dans le public.
http://www.legrandsoir.info/Capitalisme-productiviste-le-travail-et-la-consommation-l-emancipation-et-le-socialisme.html

[267] Robert Branche, "Sortir du double dogme de la croissance à tout prix et de la compétition », Les Échos, 18 novembre 2011

technique consistant à vendre au bout d'un certain temps les pièces détachées plus chères que l'appareil.

- L'incompatibilité : technique spécifique au domaine informatique et plus particulièrement aux accessoires (comme les logiciels, les câbles optiques, les disques durs, les DVD) pour rendre inutile un produit par le fait qu'il n'est plus compatible soit avec des versions ultérieures soit avec d'autres marques du même produit, obligeant le consommateur de racheter un appareil plus performant ou compatible pour pouvoir continuer à utiliser l'accessoire en question.

- La notification, ou usure artificielle : qui consiste à concevoir un produit de sorte qu'il puisse signaler à l'utilisateur qu'il est nécessaire de réparer ou de remplacer, en tout ou en partie, l'appareil : elle se manifeste par l'introduction dans un appareil de puces électroniques qui le rendraient obsolète au bout d'un certain temps ou d'une certaine quantité d'utilisations, sans pour autant avoir atteint un seuil critique.

- L'obsolescence indirecte : technique qui consiste à rendre les produits obsolètes ou inutilisables alors qu'ils sont toujours fonctionnels (problèmes de chargeurs de téléphone portable, qui change pour une même marque d'un modèle à l'autre, arrêt de la production de pièces détachées empêchant toute possibilité de réparation, etc.)

- La péremption : technique notamment répandue dans le domaine alimentaire où, certains industriels raccourcissent la durée de vie des produits en indiquant des dates plus courtes alors qu'ils sont encore consommables. Il ne faut cependant pas confondre la date limite de consommation, pour les produits rapidement périssables avec la date limite d'utilisation optimale, qui est une simple indication.

- L'obsolescence fonctionnelle : qui consiste à justifier le remplacement d'un appareil par une « innovation technologique » ou plus généralement par un simple changement technologique, qui n'impacte pas franchement l'utilisation du produit.

- L'obsolescence esthétique : fondée sur la psychologie du consommateur, en le poussant à trouver un objet vieux ou démodé, sur la seule envie de posséder des choses neuves.

- L'obsolescence écologique : qui résulte d'une consommation éthique visant à diminuer à la fois les coûts et la pollution (prime à la casse ; changement des ampoules, etc.)

- La pratique des petits prix : trop souvent synonyme de bas de gamme et donc de mauvaise qualité, faisant que les produits concernés de dégradent plus rapidement et doivent donc être remplacé plus vite que prévu.

  - L'hyperconsommation,

Autre conséquence directe du productivisme, l'hyperconsommation se traduit par une consommation maintenue et renforcée par une publicité incitative poussant à acheter des biens de consommation et des services dans des quantités toujours plus importantes, entraînant un accroissement de la pollution et des gaspillages dans tous les domaines.

Elle caractérise ce que l'on qualifie de « Société de consommation », c'est-à-dire une société qui instaure le triomphe d'un marketing intensif, dans laquelle il s'agit de promouvoir en permanence du désir et de la dépendance, en particulier par une publicité agressive, au détriment de la satisfaction des besoins réels des consommateurs. Elle est notamment illustrée par « l'American Way of Life », qui consacre également l'effacement de l''entrepreneur au profit du manager, qui, soumis à un capitalisme financier ultra-spéculatif à court terme, finit par ne plus investir dans la durée.

- La domination croissante des intérêts des pays développés et des multinationales dans l'économie mondiale[268]

Cette domination croissante des intérêts des pays développés et des multinationales dans l'économie mondiale, se double également de leur influence grandissante dans le choix des grandes orientations économiques et géostratégiques (par des activités de lobbying notamment), largement axées sur le contrôle des ressources naturelles, et participe non seulement à l'occidentalisation du monde, mais

[268] Une étude du Federal Institute of Technology de Zurich (Suisse) publiée en 2011, dans la revue scientifique PloS One, a analysé les relations entre 43 060 multinationales, afin d'identifier « un groupe relativement réduit d'entreprises, principalement des banques, qui détiennent un pouvoir disproportionné sur l'économie mondiale ». Elle a permis d'identifier, dans un premier temps, un noyau de 1 318 entreprises qui représentaient 20% du chiffre d'affaires mondial, mais qui, à travers leurs prises de participations, contrôlaient la majorité des entreprises de l'économie réelle, et dans un deuxième temps de repérer 147 entreprises qui contrôlaient mutuellement l'intégralité de leur capital et représentaient 40% de la richesse totale du réseau. Par ailleurs, plus des 2/3 du commerce mondial sont réalisés aujourd'hui par environ 60 000 entreprises transnationales (employant environ 75 millions de salariés), lesquelles bénéficient très largement des nombreux espaces de non-droits juridiques, réglementaires ou sociaux pour optimiser leur production et leur gestion financière globalisée. 15 micro-États accueillent 57 % de la flotte mondiale grâce à leurs pavillons de complaisance, 70 paradis fiscaux servent de relais aux flux de capitaux et 3 000 zones franches productives mobilisent 43 millions de salariés.

également à la dégradation de l'environnement avec une logique de prédation. L'essor du libéralisme a, par ailleurs, considérablement réduit les capacités d'intervention de la plupart des États du monde dans les domaines économiques et sociaux, faisant que les actions des organisations internationales (FMI, BM, OMC, etc.), mais aussi celles des grands blocs régionaux (UE, ASEAN, ALENA, etc..), sont devenues prépondérantes et le plus souvent soumises aux directives des États les plus puissants.

- L'accroissement des inégalités économiques et sociales[269]

L'extrême pauvreté touche aujourd'hui environ le tiers de l'humanité soit deux milliards d'êtres humains, dont 1 milliard ne peuvent satisfaire leurs besoins élémentaires de consommation, pas de travail régulier, pas d'eau potable, pas de soins médicaux, pas de logement adéquat, pas d'école (PNUD), alors même que les inégalités ont atteint des niveaux jamais connus depuis le temps des pharaons :

- 844 millions de personnes vivent sans l'accès à l'eau, et 1,5 milliard sans l'accès à l'électricité,
- les 20% les plus riches de la population se partagent 86% du PIB global,
- la fortune des trois individus les plus riches du monde dépasse la richesse cumulée des habitants des 48 pays les plus pauvres (PNUD),
- 20% des plus pauvres obtiennent moins de 1% du revenu mondial,
- 8 % de personnes les plus riches du monde gagnent la moitié du revenu mondial total, tandis que les 92 % restants se retrouvent avec l'autre moitié
- Un milliard de personnes souffrent encore quotidiennement de la faim.

---

[269] Selon une récente étude de l'ONG Oxfam, il y aurait 67 personnes dans le monde qui posséderaient la moitié des richesses du globe (ce chiffre était de 85 en 2013). Jamais, la distribution des richesses produites par les humains n'avait été aussi inégalitaire. La responsabilité du système capitaliste et du libéralisme dans l'accroissement des inégalités économiques et sociales a ainsi été démontrée par plusieurs auteurs, dont Thomas Piketty : « Le capital au XXIe siècle », éditions du seuil, 2013 (976 pages). Selon une récente étude réalisée par l'Université de Harvard, les plus riches parmi les riches s'enrichiraient, encore plus et plus vite que les autres, Nicolas Goetzmann:
http://www.atlantico.fr/decryptage/comment-vrais-riches-sont-devenus-totalement-invisibles-dans-monde-actuel-et-que-coute-en-matiere-lutte-contre-inegalites-1789904.html

La mondialisation a considérablement renforcé les inégalités, d'abord sur un plan spatial, puisque l'accentuation de la rugosité de l'espace s'observe à toutes les échelles: planétaire, régionale, nationale, locale, mais aussi sur le plan social : l'écart entre ceux qui peuvent saisir les opportunités offertes par la mondialisation et ceux qui ne trouvent pas leur place, entre riches et pauvres, se creuse à toutes les échelles. Un cinquième de l'humanité seulement consomme (et produit) les quatre cinquièmes des richesses mondiales.

Les effets de centralité se sont renforcés au détriment des territoires ou des populations qui n'avaient pas « d'avantage comparatif » dans la mondialisation, si ce n'est à travers une éventuelle redistribution des activités industrielles grâce au transfert de nombreuses activités de production (textile, électronique grand public...) vers des pays à main-d'œuvre bon marché.

Les richesses du monde sont actuellement divisées en deux : près de la moitié entre les mains des 1 % les plus riches, tandis que 99 % de la population mondiale se partagent l'autre moitié[270], 17 % de la population mondiale vit encore dans l'extrême pauvreté (avec moins de 1,25 dollar par jour), alors qu'avec la richesse produite aujourd'hui, chaque personne pourrait disposer en moyenne d'un revenu de 19 dollars par jour !

- La facilitation et la multiplication de nombreuses et diverses activités irrespectueuses des droits humains, criminelles ou illégales et une très importante délinquance financière et fiscale à l'échelle internationale

[270] « En finir avec les inégalités extrêmes », Confiscation politique et inégalités économiques, Document d'information d'OXFAM, n° 178 du 20 Janvier 2014.

Les réactions engendrées

Toutes ces conséquences négatives ont notamment débouché sur l'apparition d'une réaction politique globale visant une transformation radicale du système : « l'altermondialisation », mais aussi sur de nombreuses tentatives de simple correction : en termes de « responsabilisation sociale et écologique (RSE) des acteurs socio-économiques ».

- L'altermondialisation

L'altermondialisation fait référence à tous les mouvements qualifiés d'altermondialistes, qui, non seulement dénoncent les conséquences négatives de la mondialisation économique actuelle, mais soutiennent aussi qu'il est possible d'imaginer, de développer ou de maintenir, dans un contexte global menant à l'homogénéisation économique, politique et culturelle, des modes de penser et d'agir différents des normes imposées ou ne profitant pas uniquement à une minorité fortunée[271]. L'altermondialisation met en avant des valeurs comme la démocratie, la « justice économique », la protection de l'environnement et les droits humains, pour concevoir et œuvrer à une mondialisation maîtrisée et solidaire, à travers un esprit réformiste ou une volonté de rupture.

Plusieurs thèmes y sont récurrents [272]:

- la contestation de l'organisation interne, du statut et des politiques des principales institutions mondiales (OMC, FMI, Banque Mondiale, OCDE, G8, etc..),

- la démocratie (en particulier la démocratie participative, dans laquelle les citoyens sont associés aux décisions prises par les représentants, de leur élaboration jusqu'à leur application),

- la défense des droits économiques, sociaux et culturels (DESC), des droits de « base » (accès à l'eau, droit au logement, etc.) et des droits des peuples à l'autonomie (souveraineté alimentaire, respects des droits des peuples et tribus indigènes, etc.).

- la protection de l'environnement, en particulier la lutte contre la surexploitation des ressources, difficilement ou coûteusement

---

[271] « Développer autrement, construire un autre monde ou sortir de la modernité », Manon Boulianne in entretien avec Arturo Escobar, Anthropologie et Sociétés, vol. 29, n° 3, 2005, p. 139-150 : http://id.erudit.org/iderudit/012611ar

[272] A ce sujet voir plus particulièrement: Attac : http://www.france.attac.org/Attacpedia/altermondialisme

renouvelables, la mobilisation sur la dette écologique et la justice climatique, et enfin,

- la recherche d'alternatives, globales et systémiques, à l'ordre international de la finance et du commerce[273].

Tous ces thèmes se retrouvent non seulement dans le manifeste de Porto Alegre[274], mais également dans les textes des Nations unies de déclarations de droit et d'autonomie, encore non opérants, et dont la mise en application effective et immédiate est réclamée en permanence par les altermondialistes réformateurs[275].

- Les tentatives de responsabilisation sociale et écologique (RSE) des acteurs socio-économiques.

À la différence de ce qui s'est passé dans notre écosystème, toutes les graves perturbations qui ont affecté notre sociosystème, qu'elles soient d'origine démographique et/ou urbaine, ou qu'elles proviennent directement ou indirectement de son mode de fonctionnement d'inspiration ultralibérale[276], n'ont pas débouché jusqu'à présent sur de véritables tentatives de correction, parce que l'on a tout simplement estimé qu'elles étaient soit inutiles, soit trop difficiles[277] ou carrément impossibles à réaliser.

Il apparaît, en effet, que les dynamiques quantitative et spatiale des êtres humains sont difficilement maîtrisables, et que le mode de fonctionnement actuel de notre sociosystème est aussi et surtout extrêmement difficile, voire impossible, à court terme, de pouvoir être transformé radicalement, tant sa force d'inertie au changement et sa

---

273 L'idée de base des altermondialistes consiste, par exemple, à considérer que le processus de mondialisation économique, s'il n'est pas encadré politiquement, conduit à une augmentation des inégalités dans le monde : d'une part entre la population mondiale la plus riche et la plus pauvre, d'autre part entre les pays du Nord, principalement l'Amérique du Nord et l'Europe, et une majorité des pays du Sud dont l'Afrique subsaharienne et les PMA.

274 Voir annexe 1 : « Le manifeste de Porto Alegre », écrit au Forum Social Mondial de 2005.

275 Voir annexe 2 : « la Charte internationale des droits de l'homme ».

276 La civilisation industrielle mondiale pourrait s'effondrer au cours des prochaines décennies, non seulement en raison de l'exploitation non durable des ressources, mais aussi en raison de l'accroissement démographique et de l'amplification des inégalités économiques, pour ne retenir que ces trois éléments dans la responsabilité conjointe des deux sous-systèmes. Étude financée par la NASA, sous la direction du mathématicien Safa Motesharri, et développée à partir d'un modèle appelé «HANDY», pour « Human and And Natural DYnamical », publiée en mars 2014 dans la revue « Elsevier Journal Ecological Economics».

277 Le philosophe américain Michael Huemer, par exemple, affirme dans son essai "éloge de la passivité" que les sociétés modernes sont devenues trop complexes pour être gouvernables avec discernement : « In Praise of Passivity », Studia Humana, University of Colorado, Volume 1: 2 (2012), pp.12—28.

cristallisation dans la mondialisation actuelle sont devenues importantes.

Seules de nombreuses tentatives de modification des comportements des acteurs socio-économiques ont eu lieu ces dernières années, pour promouvoir ou accroître leur responsabilisation sociale et écologique (RSE), mais elles n'ont malheureusement pas connu le succès espéré, du fait notamment :

- de la faiblesse du nombre, de l'attractivité et/ou du pouvoir incitatif des mesures qui ont été mises en place,
- du choix des acteurs ciblés (essentiellement les entreprises et beaucoup moins les acteurs individuels, comme les consommateurs, les citoyens ou les salariés),
- de la difficulté de recourir aux moyens traditionnels d'incitation ou de coercition, et/ou à l'impossibilité de les adapter (outils comptables, juridiques, fiscaux, etc.), et enfin
- de la faible attractivité de nombreux outils spécifiques proposés (comme les indices boursiers de performances et les fonds spécifiques, les nouvelles modalités de notation sociale et environnementale utilisables par des agences de rating spécifiques, les écolabels, les nouvelles normes ISO, ou, enfin le rapport de développement durable).

III - Un monde institutionnel et politique, composé d'une mosaïque hétérogène d'États-nations et de sous-ensembles régionaux indépendants en concurrence les uns avec les autres, sans véritable gouvernance mondiale

A - Un monde institutionnel et politique, composé d'une mosaïque hétérogène d'États-nations et de sous-ensembles régionaux indépendants en concurrence les uns avec les autres

Fruit d'une longue évolution internationale, cette situation est évidemment particulièrement nuisible à l'émergence d'une conscience de communauté de destin pour permettre une indispensable coopération internationale.

Les sociétés humaines se sont, depuis toujours, organisées au sein de communautés politiques spécifiques (villages, tribus, bandes, ethnies, cités grecques, royaumes, républiques hellénistiques et romaines, etc.), de façon à pouvoir défendre collectivement les intérêts communs de leurs membres. Ces communautés n'ont eu de cesse de s'élargir et de s'affiner au cours des siècles, pour aboutir aujourd'hui aux « États-nations », dont le nombre est désormais particulièrement important. En effet, alors qu'en 1914, le nombre total d'États, généralement reconnus comme indépendants, s'élevait à 53[278], il est passé à 77 à la fin de l'année

[278] Non compris les dominions britanniques (Australie, Canada, Nouvelle-Zélande, Terre-Neuve, Union sud-africaine) et quelques pays au statut mal défini, ou placés de fait sous protectorat britannique.

1932, à 88 en 1955, puis à 156 en 1975, pour atteindre aujourd'hui 195[279].

Le monde institutionnel et politique se caractérise ainsi par un monde multipolaire constitué d'une mosaïque d'États-nations, très différents les uns des autres, et/ou de leurs éventuels regroupements régionaux [280], qui constituent autant de centres de décision politique plus ou moins autonomes et souverains, de forces très différentes et le plus souvent en compétition permanente[281], incapables de promouvoir, à leur seule échelle, des solutions efficaces globales, susceptibles d'être unanimement acceptées et collectivement mises en œuvre pour pouvoir affronter efficacement la nouveauté et l'ampleur des problèmes.

B - Un monde institutionnel et politique sans véritable gouvernance mondiale

Le développement accéléré des technologies de l'information et des moyens de communication, en abolissant notamment toutes les distances entre les hommes, a pourtant créé une réelle Communauté de

---

[279] Certains pays n'ont pas encore été reconnus mondialement, mais l'ont été au moins par deux autres pays (Kosovo, République arabe sahraouie démocratique, Taïwan, Abkhazie, Ossétie du Sud, Ordre de Malte), d'autres n'ont jamais été reconnus par un autre pays qu'eux-mêmes (République turque de Chypre du nord, Cachemire libre, Somaliland, Pount, République moldave de Transnistrie, Haut-Karabakh). D'autres, enfin, ne constituent que des dépendances, possessions et territoires (territoires autonomes, collectivités et territoires d'outre-mer non souverains) à souveraineté spéciale, ou des territoires contestés ou occupés, sur lesquels la communauté internationale ne reconnaît la souveraineté d'aucun État indépendant.

[280] Par exemple : Pour l'Afrique : Le nouveau partenariat pour le développement de l'Afrique (NEPAD), La Communauté de développement d'Afrique australe (SADC), Le Marché commun de l'Afrique orientale et australe (COMESA), L'Union du Maghreb arabe, La Communauté économique des États de l'Afrique de l'Ouest (CEDEAO), L'Union économique et monétaire ouest-africaine (UEMOA), La Communauté économique et monétaire de l'Afrique centrale (CEMAC).
Pour l'Amérique : L'Accord de libre-échange nord-américain (ALENA), L'Organisation des États américains (OEA), Le Marché commun du Sud (Mercosur).
Pour l'Asie : La Ligue arabe, L'Association des nations de l'Asie du Sud-Est (ASEAN).
Pour l'Europe : L'Union européenne (UE), L'Association européenne de libre-échange (AELE).

[281] Compétition qui se manifeste également au sein des regroupements régionaux avec la manifestation des égoïsmes nationaux.

vie mondiale (le « village planétaire[282] »). Mais celle-ci ne dispose, cependant et malheureusement, toujours pas des trois composantes institutionnelles essentielles à sa survie et son développement[283], pour pouvoir régler efficacement l'ensemble des problèmes nés de toutes les menaces, qui transcendent les frontières et qui pèsent aujourd'hui sur la planète et sur l'avenir même de l'humanité[284], à savoir :

- des règles communes (qui, suivant le cas, seraient agréées ou imposées à la population),
- une autorité (alors supra nationale), qui ferait respecter ces règles et entendrait œuvrer au bien de la communauté,
- une représentation de la population (qui dans le meilleur des cas édicterait elle-même les règles et mandaterait l'Autorité : ce serait alors la Démocratie).

La création de l'Organisation des Nations Unies (l'ONU) en 1945, par les 51 États fondateurs, qui ont signé la Charte des Nations Unies, bien qu'ayant déjà marqué un premier progrès fondamental pour l'humanité, n'a, en effet, instauré qu'une simple « concertation » entre les États membres « en vue de sauvegarder la paix et la sécurité internationale, et d'instituer entre les nations une coopération économique, sociale et culturelle ».

L'ONU, dans sa constitution actuelle n'est donc pas en mesure, aujourd'hui, de résoudre tous les problèmes cruciaux, qui se posent, plus que jamais, à l'échelle de l'humanité tout entière, non seulement du fait d'une insuffisance d'autorité supranationale, qui aurait été susceptible d'imposer ses décisions à chaque État-nation souverain de la planète, mais aussi en l'absence de la reconnaissance d'un statut de citoyenneté mondiale pour tous les êtres humains.

La gouvernance mondiale, longtemps dominée par des rapports de domination interétatique réclame donc de nouveaux modes de régulation publics et privés à la hauteur des défis : que ce soit en matière de biens publics mondiaux pour l'environnement, en matière

---

282 Selon l'expression de Marshall McLuhan, tirée de son ouvrage « The Medium is the Message » paru en 1967, pour qualifier les effets de la mondialisation, des médias et des technologies de l'information et de la communication.

283 Selon Olivier d'Argenlieu : l'histoire de l'humanité nous a, en effet, appris que, pour être viable, toute communauté humaine requiert la présence de ces trois composantes institutionnelles qui sont essentielles pour sa survie et son développement.
Voir notamment : « Vers la confédération mondiale des Nations Unies », La marche irrésistible des Citoyens du Monde, libres propos, http://www.recim.org/far/argenlieu.htm

284 Menace sur la paix et les droits humains fondamentaux, prolifération nucléaire incontrôlée, dégradation irréversible du climat et de l'environnement, déséquilibres économiques et sociaux croissants entre les peuples en l'absence de régulation.

d'arbitrage pour les normes environnementales, sociales et de santé publique, ou en matière de contestation de la suprématie des pays industriels, des multinationales et des grandes institutions internationales dans la détermination des principes et procédures de l'ordre mondial, pour défendre notamment les intérêts des pays en développement, et de tous les êtres humains.

Il est devenu indispensable de réviser notre modèle de gouvernance mondiale, dans la mesure où le pouvoir de changer les choses n'est malheureusement plus entre les mains des politiques, mais entre les mains des détenteurs du pouvoir économique.

La gouvernance mondiale doit enfin s'appuyer sur les gouvernances sous régionales, nationales et locales qui, toutes doivent être fondées sur la citoyenneté, impliquant, outre le respect des droits et libertés de la personne et de la démocratie, une participation active de tous les citoyens aux différents processus de prise de décision.

À la concurrence, qui constitue toujours le principe de base de la mondialisation, devrait donc désormais logiquement s'opposer une approche en termes de coopération et de solidarité, comme soutenue en particulier, mais pas seulement, par les altermondialistes et de nombreuses Organisations Non Gouvernementales Internationales (ONGIs).

DEUXIÈME PARTIE

CONDITIONS PRÉALABLES NÉCESSAIRES ET ACTIONS SOUHAITABLES POUR LA MISE EN ŒUVRE EFFECTIVE DU DÉVELOPPEMENT DURABLE

Il est devenu impératif d'imaginer un nouveau paradigme, privilégiant à la fois le bien-être humain et la préservation de notre écosystème, qui puisse offrir de nouvelles solutions pertinentes à la résorption de la crise mondiale actuelle, en facilitant l'accession à une prospérité économique assise sur une spirale vertueuse de la dynamique de notre anthroposystème.

Compte tenu de l'évaluation faite sur l'efficacité et la cohérence des principales réponses qui ont pu déjà être apportées ou proposées jusque-là, l'objectif de cette deuxième partie est de suggérer de nouvelles perspectives, qui sembleraient pertinentes, pour faciliter et accélérer l'improbable, mais encore possible, « métamorphose » vers un « méta système »[285], susceptible d'assurer alors un réel espoir pour l'avenir de l'humanité tout entière[286], tout en préservant l'écosystème de notre planète.

Il apparaît ainsi indispensable de procéder, dans un premier temps, à une actualisation préalable de la définition du développement durable pour garantir son opérationnalité, mais aussi de formaliser en conséquence un nouveau paradigme à vocation universelle, pour pouvoir être en mesure, dans un deuxième temps, de proposer des modalités d'action mieux adaptées et plus efficaces pour sa mise en œuvre effective.

---

[285] Selon les préconisations et les termes empruntés à Edgar Morin, op cit.

[286] À travers la promotion d'actions, véritablement opérationnelles (préventives, réparatrices ou adaptatives), susceptibles de déboucher sur une dynamique (économique, écologique et sociale) responsable, solidaire, et respectueuse des cultures et des croyances, dans le cadre d'un humanisme planétaire, qui seraient à initier à tous les niveaux décisionnels possibles ou souhaitables (mondial - unions nationales régionales – États nations - collectivités régionales et locales - organisations productives, administratives et sociales, associatives - ménages et individus).

CHAPITRE 1

ACTUALISATION NÉCESSAIRE DE LA DÉFINITION DU DÉVELOPPEMENT DURABLE ET FORMALISATION D'UN NOUVEAU PARADIGME APPROPRIE A VOCATION UNIVERSELLE

I - Remarques préalables sur le concept de « développement durable »

Un grand nombre de remarques et de critiques ont été formulées au cours de ces dernières années sur le concept même de « développement durable », elles ont été de nature politique ou idéologique, de nature sémantique, ou ont porté sur son manque d'universalité et sur son nombre limité de dimensions.

- Les critiques de nature politique ou idéologique :

Le développement durable serait ainsi pour certains : un « outil du Nord contre le Sud », un « outil au service du protectionnisme et/ou du capitalisme », un « outil menaçant les libertés individuelles », ou un « outil susceptible d'entraîner une dérive totalitaire », etc...[287].

---

[287] Sur tous ces points voir plus particulièrement : Sylvie Brunel « A qui profite le développement durable » (Larousse 2008) ; Claude Allègre « Ma vérité sur la planète » (Plon 2007) ; Luc Ferry « Le Nouvel Ordre écologique, L'arbre, l'animal et l'homme » (Grasset, 1992) ; Pascal Bruckner « Le fanatisme de l'apocalypse (Grasset 2011).

- Les critiques de nature sémantique :

Le développement durable serait une mauvaise traduction de la notion de « Sustainable Development », utilisée dans le rapport Brundtland, faisant que beaucoup préfèreraient l'utilisation de sa traduction littérale « développement soutenable »[288].

- Les critiques portées sur l'insuffisance de son universalité :

Elles soulignent qu'en faisant directement référence à la notion même de « développement », le développement durable n'apparaîtrait pas suffisamment universel[289], et nécessiterait, de toutes les façons, une définition précise de son mode, pour lui permettre de se démarquer suffisamment de la croissance économique continue et infinie, ce qui en ferait au mieux un oxymore[290] ou au pire un concept "schizophrénique"[291].

---

[288] Le verbe anglais « to sustain » se traduit, en effet, en français par « soutenir », « supporter », ou encore « maintenir », faisant que « sustainable development » préciserait, implicitement dans sa définition, que les « limitations » de notre environnement limitent nos besoins, alors que faire du « développement durable » serait trop souvent compris comme « faire de la croissance durable ». « Controverse sur la croissance et la décroissance », rapport de stage "génépi Work Expérience" : « Le développement soutenable », Hélène GENUIT, Economiste du développement, Université Montesquieu Bordeaux IV Sous la direction de Gilbert GOUVERNEUR, Les Amis de la Terre, Comité du Rhône, dans le cadre du " génépi work expérience" http://www.amisdelaterre.org/Le-developpement-soutenable.html.

[289] Il n'aurait donc pas de vérité universelle pour la planète en tant que « produit du sociocentrisme occidental », et « moteur d'occidentalisation forcené », Edgar Morin : « La Voie - Pour l'avenir de l'humanité », Janvier 2011, éditions Fayard.

[290] Figure de rhétorique où deux mots désignent des réalités contradictoires. Voir notamment : Latouche S. : « A bas le développement durable ! Vive la décroissance conviviale ! », Silence, n° 280, février 2002. « Développement durable : un concept alibi, Main invisible et mainmise sur la nature », Revue Tiers Monde, tome XXXV, n° 137, janvier-mars 1994, p. 77-94. « Le développement est-il la solution… ou le problème ? », L'Ecologiste, n° 6, hiver 2001. « Les mirages de l'occidentalisation du monde : En finir, une fois pour toutes, avec le développement », Le Monde diplomatique, mai 2001.

[291] Jean-Christophe Mathias, "Politique de Cassandre - Manifeste républicain pour une écologie radicale", Sang de la Terre ("La pensée écologique"), 2009.

Ces dernières considérations conduiraient alors logiquement certains à prôner tout simplement la décroissance[292] comme unique solution possible.

- Les critiques portant sur le nombre limité de ses dimensions :

Le développement durable resterait toujours exclusivement limité à ses trois seules dimensions initiales (l'efficacité économique, l'inclusion sociale et l'équilibre environnemental), ce qui ne l'empêcherait de correspondre à la complexité de la société contemporaine, en négligeant notamment :

- les évolutions toujours plus rapides et les applications toujours plus nombreuses des sciences et des techniques[293], qui, bien que participant au progrès, peuvent, cependant, être parfois susceptibles de déboucher, par manque d'orientation, de contrôle et de vigilance, sur des conséquences extrêmement négatives[294],

[292] Voir notamment : Le rapport Meadows op cit. ; Ariès Paul, « La simplicité volontaire contre le mythe de l'opulence », La Découverte, 2010 ; Cheynet Vincent, « Le Choc de la décroissance », le Seuil, Paris, 2008 ; Cheynet V., Clementin B., Bernard M. (dir.), « Objectif décroissance », Parangon, Lyon, 2003 ; Coudray Jean-Luc, « L'Avenir est notre poubelle », Sulliver, 2010 ; Bayon Denis, Flipo Fabrice et Schneider François, « La décroissance : dix questions pour comprendre et débattre », La Découverte, 2010 ; Duverger Timothée, « La décroissance, une idée pour demain », Sang de la terre, Paris, 2011 ; Gadrey Jean, « Adieu à la croissance », Les petits matins, 2010 ; Georgescu-Roegen Nicholas (traduction française par J. Grinevald et I. Rens), « La Décroissance », Sang de la terre, rééd. 2004 ; Kempf Hervé, « Comment les riches détruisent la planète » ; Latouche Serge et Harpagès Didier, « Le temps de la décroissance », Thierry Magnier, 2010 ; Latouche Serge, « Survivre au développement », Mille et une nuit, Paris, 2004 ; Lavignotte Stéphane, « La décroissance est-elle souhaitable ? », éditions textuel, 2010 ; Ridoux Nicolas, « La décroissance pour tous », Parangon, Lyon, 2006.

[293] Voir notamment : « La troisième révolution industrielle », comment le pouvoir latéral va transformer l'énergie, l'économie et le monde, Jeremy Rifkin, LLL Les liens qui libèrent, 2011 (413 p.).

[294] Les avantages, que l'humanité en a pu récemment en tirer, sont sans précédent dans l'histoire de l'espèce humaine, mais dans certains cas les impacts ont été nuisibles ou leurs répercussions à long terme suscitent de graves préoccupations. Voir notamment le rapport sur « Le rôle de la science et de la technologie dans la société et la gouvernance : Vers un nouveau contrat entre la science et la société », Rencontre nord-américaine en prévision de la Conférence mondiale sur la science, Alberta (Canada) novembre 1998.

- la culture, qui, selon plusieurs chercheurs et institutions, devrait impérativement être introduite dans ce modèle de développement[295], dans l'ensemble de ses composantes, de sa diversité, et de ses domaines (artistiques, religieux, philosophiques, etc.),
- la morale, la justice et la lutte contre toutes les activités criminelles,
- l'efficacité de la gouvernance publique et la participation citoyenne à chaque niveau décisionnel possible,
- et enfin, les conflits de tous ordres qui agitent la planète[296], entraînant notamment, au-delà de leurs conséquences écologiques et humaines désastreuses, l'apparition, par les applications militaires de l'atome, d'une aggravation considérable du péril nucléaire, qui menace déjà l'humanité dans ses seules applications civiles.

L'urgente nécessité n'est donc certainement plus de chercher à trouver le terme exact qui qualifierait le mieux l'objectif ultime des actions à entreprendre, mais d'essayer de proposer des solutions opérationnelles, susceptibles de répondre le plus efficacement possible à l'ensemble des problématiques du « système terre » et d'en minimiser les principaux dysfonctionnements[297], notamment par une nouvelle dynamique porteuse d'espoir, et fondée sur l'efficacité de ces réponses, plutôt que sur la perpétuation illusoire et dangereuse de la poursuite d'une croissance infinie du Produit Intérieur Brut (PIB).

---

[295] Le chercheur australien Jon Hawkes avait déjà proposé, en 2001, d'inclure ce quatrième pilier à la soutenabilité, dans son ouvrage « The Fourth Pillar of Sustainability. Culture's Essential Role in Public Planning ». « La culture, en fait, façonne ce que l'on considère être le développement et détermine la façon d'agir des personnes dans le monde. La créativité, la connaissance, la diversité, la beauté sont des atouts indispensables pour le dialogue en vue de la paix et du progrès, car ils sont en relation intime avec le développement humain et la liberté ». La Convention sur la protection et la promotion de la diversité des expressions culturelles de l'UNESCO (2005) mentionne également la relation entre la culture et le développement durable. L'Agenda 21 de la culture propose de renforcer les politiques culturelles locales et d'intégrer la culture comme élément fondamental de notre modèle de développement.

[296] Notamment les « Conflits ethno-politico-religieux pouvant se développer en guerres de civilisation », Edgar Morin, op cit.

[297] La profondeur et la gravité de la crise systémique mondiale exigent la nécessité et l'urgence d'imaginer une autre « voie », pour limiter la dégradation et éviter la désintégration du « système terre », devenu désormais incapable de traiter l'ensemble de ses problèmes vitaux. Voir Edgar Morin, op cit.

II - L'actualisation préalable nécessaire du développement durable

Toutes les critiques qui ont été adressées au développement durable montrent l'importance et la nécessité d'actualiser son contenu, bien qu'elles n'aient évidemment pas toutes présenté la même pertinence ni la même utilité.

Par exemple, toutes celles qui ont été de nature purement sémantique, politique ou idéologique concernent en réalité davantage une éventuelle reformulation du concept[298] plutôt qu'une actualisation à finalité opérationnelle. Or la priorité actuelle est de proposer le plus rapidement possible des solutions, susceptibles de lever les obstacles à l'enclenchement d'une dynamique vertueuse de notre anthroposystème[299], plutôt que d'essayer de trouver le terme exact qui qualifierait le mieux l'objectif ultime des actions à entreprendre[300].

En revanche toutes celles, qui portent sur la limitation du concept à ses trois dimensions initiales, peuvent légitimement être considérées comme constructives et pertinentes, pour permettre notamment au concept de développement durable de répondre à la complexification de notre société contemporaine. Leur prise en considération en autant de dimensions supplémentaires que nécessaire, associée à une modernisation du contenu de toutes les dimensions, est donc en mesure de fonder une actualisation efficace, de permettre d'élaborer un paradigme général du développement durable, et de faciliter une détermination opérationnelle des modalités souhaitables de sa mise en œuvre pour chacune de ses dimensions.

Ces nouvelles dimensions sont au nombre de trois et peuvent être considérées comme transversales, car elles constituent les

---

[298] Dont le contenu n'a, bien évidemment, rien à voir avec la croissance économique mesurée par l'augmentation du Produit Intérieur Brut (PIB). Sur tous ces points voir plus particulièrement : Alain Massiéra « De la croissance économique au développement durable » op cit. D'autant que certains (comme la Commission européenne) voudraient, en plus, que le PIB puisse désormais également quantifier l'activité économique issue du trafic de drogue et de la prostitution : à quand le trafic d'organes ou autres activités criminelles?

[299] Voir Edgar Morin, op cit. « La profondeur et la gravité de la crise systémique mondiale exigent la nécessité et l'urgence d'imaginer une autre voie ». Albert Einstein : « Une nouvelle manière de penser est nécessaire si l'humanité veut survivre ».

[300] Que ce soit par le choix d'un nouveau qualificatif destiné à se substituer à durable (soutenable – responsable – désirable – souhaitable – viable – optimal - etc.), ou d'un concept différent destiné à se substituer à développement (dynamique – voie - économie verte, sociale et solidaire – croissance verte - économie circulaire, etc.).

soubassements indispensables, qui conditionnent, pour une très grande part, la possibilité même, et/ou le succès de la mise en œuvre du développement durable. Elles concernent plus particulièrement :

- o les progrès scientifiques, c'est-à-dire les applications positives des sciences et des technologies, pour le développement durable, quand bien même l'espoir de leur efficacité ne serait pas toujours réaliste[301], mais aussi,
- o la culture, qui devrait impérativement toujours être respectée et aider à la mise en œuvre du développement durable, et surtout,
- o la sécurité, le respect des droits humains et la sûreté juridique, sans lesquels le développement durable ne pourrait effectivement être sérieusement envisagé, notamment à une échelle internationale.

Ces trois dimensions peuvent alors effectivement s'ajouter logiquement aux trois dimensions initiales: l'intégrité écologique, l'équité entre les nations, les individus et les générations, et l'efficacité économique, pour actualiser et opérationnaliser le développement durable, parallèlement bien évidemment au respect nécessaire des cinq grands principes de base qui ont été définis à Rio, en matière de précaution, de prévention, de responsabilité, de participation et de solidarité dans le temps et dans l'espace. Les six dimensions du développement durable à prendre désormais en considération, et leurs objectifs globaux peuvent se décliner dans le tableau suivant :

[301] Par exemple il est regrettable de constater que la perspective d'un saut technologique majeur, qui proviendrait de la découverte de nouvelles sources d'énergie et de modes de production très peu pollueurs et très peu consommateurs de ressources naturelles, nécessaire pour engendrer un découplage économique (poursuivre indéfiniment une croissance du PIB sans dégrader davantage l'écosystème) ne semble pas aujourd'hui pouvoir être raisonnablement prédictible sur un plan scientifique.

	Objectifs globaux
La dimension « environnementale » initiale	Intégrité écologique
La dimension « sociale » initiale	Équité inter et intragénérationnelle, au plan national et au plan international
La dimension « économique » initiale	Efficacité économique et promotion d'une économie responsable
La dimension « scientifique » transversale	Progrès scientifique utile pour le développement durable
La dimension « culturelle » transversale	Respect des cultures
La dimension « sécurité, respect des droits humains et sûreté juridique » transversale	Assurer la paix dans le monde[302] et le respect des droits humains, lutter contre toutes les activités criminelles ou illégales, et la délinquance financière et fiscale

Principes de base à respecter :

Principe de précaution

Principe de prévention

Principe de responsabilité

Principe de participation

Principe de solidarité

[302] « La paix est indissociable et indispensable au développement durable : prévenir les conflits, privilégier la non-violence, dialoguer, régler les conflits par une issue pacifique est prioritaire pour une démarche de développement durable ».
http://www.vedura.fr/developpement-durable/cadre/paix

III - La définition d'un paradigme alternatif pour le développement durable

Les conséquences désastreuses du paradigme ultralibéral à vocation universelle, aujourd'hui dominant à l'échelle mondiale, pour l'homme et son environnement ne font désormais plus guère de doutes. Elles sont d'ailleurs à la fois de plus en plus reconnues et de moins en moins contestées[303]. En d'autres termes, l'hyper libéralisme n'a pu, ne peut et ne pourra jamais conduire à une situation optimale en matière de développement durable. Ce mode de fonctionnement actuel de notre sociosystème est, en effet, incapable d'enclencher, et/ou de faciliter, de lui-même, un développement durable, alors même qu'il est devenu extrêmement difficile, voire impossible, de vouloir ou de pouvoir, le transformer radicalement et à court terme, tant sa force d'inertie au changement est devenue importante et définitivement consacrée par les caractéristiques de la mondialisation actuelle. La conception d'un paradigme alternatif, à vocation opérationnelle, est donc devenue impérative[304], pour définir un but à atteindre de façon volontariste, en déclinant les principes essentiels qui devraient caractériser un

---

[303] Conviction partagée dans le milieu politique, notamment par tous les écologistes, les altermondialistes et la plupart des partis autres que libéraux, mais aussi par énormément de philosophes, de sociologues, de scientifiques, d'économistes, et depuis peu également par de plus en plus de chrétiens, comme le souligne, par exemple, le Manifeste des chrétiens indignés : «Le paradigme libéral non seulement ne marche pas, mais il est indigne de l'homme » (http://www.chretiensindignonsnous.org/), ou comme l'a affirmé le Pape François, dans sa première 'exhortation apostolique' : « La précarité quotidienne avec ses funestes conséquences, les différentes formes de disparité sociale, le fétichisme de l'argent et la dictature d'une économie sans visage, l'exaspération de la consommation et le consumérisme effréné,... nous placent face à une globalisation de l'indifférence et une dépréciation moqueuse de la morale, qui exclut toute critique de la domination du marché.
http://plunkett.hautetfort.com/archive/2013/11/26/pape-francois-sa-premiere-exhortation-apostolique-5231325.html
Voir également : Richard Sennett : « Ensemble, pour une éthique de la coopération » Albin Michel, janvier 2014, 384 p.

[304] Lors de la « Journée internationale du bonheur », du mercredi 20/03/2013, le Secrétaire général des Nations Unies Ban Ki-Moon a ainsi rappelé que la poursuite du bonheur était à la base des entreprises humaines. « Tous les peuples du monde aspirent à mener des vies heureuses et épanouissantes, à l'abri de la peur et du besoin, et en harmonie avec la nature », et a souligné implicitement, en conséquence, la nécessité d'un nouveau paradigme en termes de développement durable.

développement durable pour l'ensemble de ses dimensions, afin de faciliter sa compréhension, son acceptation, mais aussi et surtout sa plus large diffusion[305].

Le nouveau modèle de « développement », mais peut-être vaudrait-il mieux parler de « dynamique » ou de « fonctionnement », de notre anthroposystème, devrait ainsi :

- être fondamentalement basé sur le fait que la planète n'est pas inépuisable, ni dégradable à l'infini,
- intégrer systématiquement les dommages naturels et sociaux dans toutes les décisions et dans tous les projets,
- favoriser la qualité de la vie et une indispensable solidarité inter et intragénérationnelle,
- être fondé davantage sur la coopération plutôt que sur la compétition, en privilégiant l'altruisme et la solidarité plutôt que l'individualisme, la cupidité et l'égoïsme, constitutifs et justificatifs du dogme de la « main invisible », devenu aujourd'hui plus que jamais totalement surréaliste et mortifère.

Le paradigme du développement durable exige ainsi notamment d'inverser le degré d'importance à accorder aux trois domaines de base du concept, mais aussi leur priorité et donc leur influence respective des uns sur les autres, en substituant définitivement le schéma prioritaire classique : Economie => Social => Environnement, qui se traduit par la dépendance du social et de l'environnemental à l'efficacité économique.

---

305 Voir en particulier, sur son blog : William Monlouis-Felicite : « Le développement durable: Plus qu'un concept, un paradigme systémique porteur de valeurs, de sens », en tant qu'ensemble d'éléments en interaction dynamique, organisés en fonction d'un but, qui se situe, par sa nature et ses niveaux d'application comme un processus et un paradigme systémique, agissant et novateur : « Un système porteur de valeurs, de sens, d'actions, de vision sur le court, moyen et long terme dans lequel les mécanismes interactifs et l'approche sociétale amènent un changement et une prise de conscience nouvelle de l'Homme et de l'Organisation. »

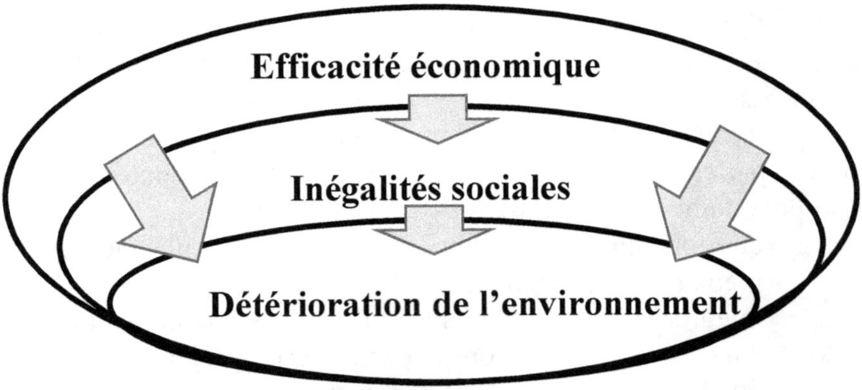

Par le suivant : Environnement => Social => Economie, qui se traduirait au contraire par la dépendance de l'efficacité économique à la préservation de l'environnement et à l'équité sociale :

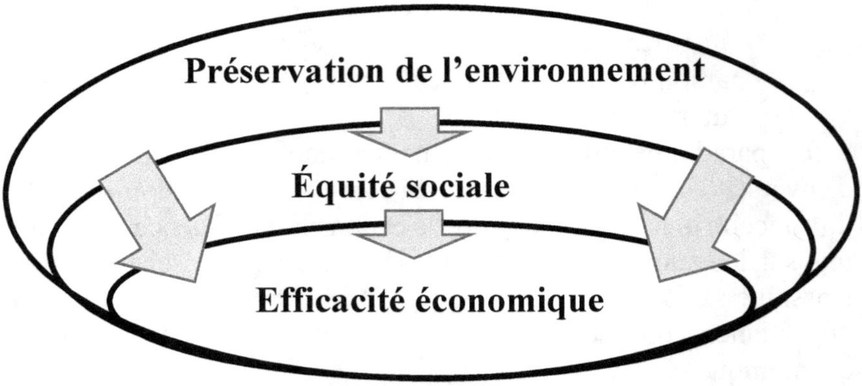

La formalisation d'un paradigme du développement durable n'est cependant pas une chose aisée. L'ambiguïté, inhérente au caractère polysémique et à la nature multidimensionnelle du concept de développement durable, ne facilite pas, en effet, l'obtention d'un cadre théorique universel qui permettrait une définition aboutie de son paradigme scientifique[306].

[306] Tel que décrit par Thomas S. Kuhn dans « La structure des révolutions scientifiques » (traduction de la version originale de 1962), Flammarion 1983, 284 p. Tout au plus ne peut-on effectivement évoquer aujourd'hui qu'un « paradigme scientifique en cours de construction », qui serait déjà « plus qu'une utopie, plus qu'un programme politique, plus qu'une éthique du développement, plus qu'un contrat social, en mettant en doute les raisons et les fins du développement, à travers la construction d'approches, de théories, de méthodes et d'applications concrètes tant à l'échelle individuelle que collective ». Christiane Gagnon : « Chapitre 12 : Le développement durable : un nouveau paradigme scientifique ? » in « Sciences du territoire, perspectives québécoises », sous la direction de Guy Massicotte, 2008, Presses de l'Université du Québec, 422p.

CHAPITRE 2

LES MODALITÉS D'ACTIONS OPÉRATIONNELLES POUR LA MISE EN ŒUVRE EFFECTIVE DU DÉVELOPPEMENT DURABLE

Les modalités d'action, qui seraient les mieux adaptées et les plus efficaces dans la mise en œuvre effective du développement durable, dépendent d'un indispensable réaménagement préalable du mode de fonctionnement de notre sociosystème et des objectifs à poursuivre dans chacune de ses six dimensions.

Pour les appliquer, les États-nations, ou leurs regroupements sous régionaux, disposent de plusieurs moyens de différentes natures, dont l'efficacité nécessite cependant la mise en place d'un mode de gouvernance optimal de façon à pouvoir assurer et garantir leur mise en œuvre à l'échelle de la planète toute entière.

I – La promotion d'un mode de fonctionnement de notre sociosystème favorable au développement durable

Bien qu'il soit extrêmement difficile, voire impossible, de vouloir, et même de pouvoir, bouleverser radicalement et à court terme le mode de fonctionnement actuel de notre sociosystème, tant sa force d'inertie au changement est devenue importante, il apparaît malgré tout impératif, aujourd'hui, de tenter de le maîtriser et de l'améliorer en vue de permettre l'éclosion progressive des conditions indispensables à la génération d'une dynamique vertueuse de notre anthroposystème, en termes de développement durable.

A - Adopter des solutions alternatives.

À cet effet, certaines méthodes alternatives devraient être favorisées : comme la mise en œuvre d'une économie circulaire (réduire, récupérer, recycler, réparer au lieu de produire), la promotion d'une économie de fonctionnalité (remplacer la notion de vente d'un bien par celle de la vente de son usage, de façon à obtenir la valeur d'usage la plus élevée possible pendant le plus longtemps possible, tout en consommant le moins de ressources matérielles et d'énergie possible), et toutes les formes de consommation collaborative ou d'économie du partage, à travers la mutualisation des ressources, de nouvelles formes d'échanges entre particuliers (partage, troc, échange, location), ainsi que de nouveaux styles de vie collaboratifs.

Les activités des coopératives de toutes natures devraient également être favorisées.

Pour orienter favorablement les comportements économiques et limiter ceux qui seraient défavorables à un développement durable (bien qu'ils puissent être générateurs de profits, par exemple : la spéculation purement financière[307], l'obsolescence programmée, ou la publicité agressive, manipulatrice et/ou mensongère[308]), le recours à la coercition et/ou à l'adoption de mesures suffisamment incitatives s'avère donc indispensable à l'avenir.

Comme une nouvelle définition de la richesse, qui serait conforme aux objectifs d'un développement durable au moyen d'une évaluation des biens et services en termes de valeur d'usage et d'une prise en compte des « biens communs de l'humanité », s'avère particulièrement compliquée[309] : le recours à des mesures coercitives ou incitatives apparaît donc, pour le moment, là aussi, comme la seule démarche opérationnelle et réaliste possible.

---

[307] Notamment la spéculation exclusivement fondée sur les marchés des produits dérivés sans contreparties matérielles et réelles, à travers le monde.

[308] De façon à créer les biens qui correspondent à de véritables besoins, et à ne plus continuer à créer des besoins pour pouvoir toujours produire plus de biens !

[309] Les nombreuses tentatives effectuées dans toutes ces directions n'ont pas donné, en effet, jusque-là, de résultats suffisamment précis et satisfaisants sur un plan opérationnel pour entraîner une adhésion importante des spécialistes. Voir notamment : Joseph E. STIGLITZ, Amartya SEN, Jean-Paul FITOUSSI : « Le rapport de la Commission sur la mesure des performances économiques et du progrès social », et le Forum pour d'autres indicateurs de richesse (FAIR), op cit.

Pour que la performance économique d'un pays ou d'une union régionale puisse désormais se juger par rapport à une prospérité favorable au bien-être, au progrès social et au respect de l'environnement, et sur sa capacité à innover dans toutes les dimensions du développement durable, il est devenu également urgent d'abandonner le recours au produit intérieur brut (PIB) pour mesurer l'efficacité de l'activité économique d'un pays en termes de développement durable, au profit d'un indicateur composite, restant à finaliser, de type « Bonheur National Brut ».

Enfin, le développement durable réclame de promouvoir comme système de régulation, chaque fois que cela s'avèrerait nécessaire, la coopération, voire le partenariat, entre les entreprises et les nations, plutôt que la concurrence dans les domaines des prix et de la qualité technologique, et de favoriser, dans le secteur productif, l'éclosion et le développement d'une économie sociale et solidaire de nature participative.

B - Accélérer une mutation du système capitaliste.

Le capitalisme a déjà connu, différentes mutations : passage du capitalisme marchand au capitalisme industriel, puis du capitalisme industriel au capitalisme financier. Il pourrait, selon certains, être susceptible d'en connaître très rapidement une nouvelle[310], que ce soit par son autodestruction et donc sa disparition pure et simple, ou par son autotransformation et donc par sa survie sous une forme différente.

Il est cependant possible d'accélérer une nouvelle mutation du capitalisme, que ce soit en l'aménageant de façon favorable, en favorisant un entrepreneuriat social ou en réaménageant les mécanismes et les institutions de régulation et de contrôle du mode de fonctionnement de notre sociosystème.

[310] Voir notamment : Wallerstein Immanuel : "Le capitalisme touche à sa fin" in LE MONDE du 16.12.2008 Propos recueillis par Antoine Reverchon : http://www.lemonde.fr/la-crise-financiere/article/2008/10/11/le-capitalisme-touche-a-sa-fin_1105714_1101386.html « Dans dix ans, on y verra peut-être plus clair ; dans trente ou quarante ans, un nouveau système aura émergé. Je crois qu'il est tout aussi possible de voir s'installer un système d'exploitation hélas encore plus violent que le capitalisme, que de voir au contraire se mettre en place un modèle plus égalitaire et redistributif ».

Par un aménagement du capitalisme

Une première réponse possible tiendrait dans un aménagement du capitalisme, tel que proposé par Ralf Fücks[311], pour lequel : « Le capitalisme apparaît aujourd'hui comme sans alternative, non seulement parce qu'il s'est avéré être une énorme - certes vorace - machine à produire de la prospérité, mais parce qu'il continue de l'être, comme on le voit avec l'exemple de la Chine[312] ......Mettre la croissance sur des rails soutenables est une mission pour toutes les nations industrielles et c'est sur ce défi que se joue la capacité du capitalisme à affronter l'avenir ».

Il constate, en effet, que les progrès de la démocratie, des transports et des technologies dans la globalisation, ont quand même eu pour effet de multiplier les contre-pouvoirs et de les rendre plus efficaces dans l'atténuation de ses effets dommageables, et que les valeurs humaines et écologiques ne seraient pas forcément et systématiquement en conflit avec la création privée de valeurs, grâce notamment à la diffusion des préoccupations d'un développement durable ou soutenable, et grâce à l'émergence récente d'un management écologique, d'une économie soumise de plus en plus aux droits de l'homme ou encore à la prise de conscience de la responsabilité sociale des entreprises.

Il propose donc d'amender le système à la fois :

- Par l'universalisation de la propriété (plutôt que sa suppression) en faisant participer les salariés au capital productif de leur société, que ce soit au moyen du développement systématique de la fortune détenue par les travailleurs (grâce à la participation des travailleurs aux bénéfices de l'entreprise et au salaire d'investissement, qui consiste en un accord entre les employeurs et les syndicats sur l'affectation d'une partie plus ou moins grande des augmentations salariales à des fonds d'investissement, contrôlés par les organisations de travailleurs[313]), ou, par le biais de la distribution d'un capital de départ pour chaque citoyen

---

[311] Ralf Fücks : « L'avenir du capitalisme : À propos de la compatibilité entre le capitalisme, la démocratie et l'écologie ». Etopia, 19 mars 2009.

[312] « Ce n'est pas par hasard que le passage au capitalisme, à l'économie de marché et à la propriété privée, s'y est traduit par une explosion de la richesse et pas seulement au sommet de la société. Le développement décisif auquel nous assistons en Chine est celui de l'émergence d'une nouvelle classe moyenne de 200 à 400 millions de personnes. Cela n'a pas de sens de se lamenter sur les conséquences ruineuses de ce boom de la production et de la consommation : la montée en puissance de la Chine montre le caractère insoutenable de notre modèle de richesse avec sa consommation exorbitante d'énergie et de ressources ».

[313] Si les employés étaient copropriétaires, les possibilités de codécision sur les investissements et les conditions de travail seraient alors également élargies.

arrivant à l'âge adulte (financé par l'impôt sur la fortune et sur les successions, avec une composante fortement redistributrice), lui permettant de prendre sa vie en main, de pouvoir financer une formation supérieure qualifiée, indépendamment de son origine sociale, de devenir propriétaire de son logement ou de fonder une entreprise.

Cette piste de transformation des salariés en copropriétaires de leur entreprise serait donc aussi une réponse à la globalisation, en renforçant l'ancrage local des entreprises et en améliorant la position des travailleurs dans la lutte pour la répartition des revenus collectifs.

- Mais également, par l'élaboration de mesures permettant d'accéder le plus rapidement possible à une « économie de marché verte » :

. Création d'un espace public critique qui puisse faire pression sur la politique et les entreprises.

. Création d'un cadre juridique écologique pour l'économie : mise en place d'instruments d'orientation (comme le commerce des droits d'émission) qui implante l'écologie dans l'économie des entreprises, autrement dit qui remplace le bénéfice par le pillage de la nature par le bénéfice par l'usage efficient des ressources.

. Passation d'accords globaux sur des standards minimaux pour la protection de la nature et des droits des travailleurs pour imposer des limites au dumping de la concurrence.

Par la promotion d'un « social business »

Une deuxième réponse possible serait de promouvoir le « social business »[314], qui répond à la conviction que l'homme n'a pas de motivation exclusivement unidimensionnelle (la maximisation du profit), mais a au contraire des motivations fondamentalement multidimensionnelles, notamment sociales, qui ne peuvent avoir pour but que la maximisation du « bien social » à travers un entrepreneuriat social susceptible de prendre deux formes :

- entreprises détenues par des actionnaires, qui n'exigent aucune plus-value financière (les bénéfices étant réinvestis en totalité dans l'entreprise), mais qui peuvent néanmoins récupérer leur mise de départ, au bout d'un certain temps,
- entreprises détenues directement par leurs bénéficiaires, qui profitent alors de la bonne santé de leur entreprise.

---

[314] Muhammad Yunus : "Vers un nouveau capitalisme", JC Lattès, mars 2008, 280 pages ; « Pour une économie plus humaine », JC Lattès, avril 2011, 305 pages

Dans les deux cas, un social business est concentré sur les bénéfices sociaux qu'il crée (moindre prix ou réponse à un besoin collectif) ce qui permet d'établir un modèle de gouvernance adapté à une population démunie et dépourvue d'infrastructures publiques. Les avantages d'un tel système, pour Muhammad Yunus, sont multiples : il permettrait de lutter contre la pauvreté en encourageant l'entrepreneuriat, et non pas l'assistanat, les philanthropes (contrairement aux ONG) pourraient récupérer leur investissement de départ, et le réinvestir dans un nouveau social-business contribuant ainsi à un cercle vertueux infini !, il motiverait enfin les employés, qui seraient rémunérés au même niveau que leurs homologues du système actuel, mais qui pourraient également se gratifier de leur impact positif contre la pauvreté dans le monde.

Le concept qu'il propose va très loin, puisqu'il souhaite à l'avenir la création d'une "bourse du social-business", de cabinets d'audits et d'agences de notation spécifiques.

Par un réaménagement des mécanismes et des institutions de régulation et de contrôle du mode de fonctionnement de notre sociosystème

L'idée, que l'hyperlibéralisme économique puisse mécaniquement et automatiquement conduire à un développement durable à partir de comportements dictés par la seule maximisation du profit, et/ou que le fonctionnement du marché puisse être utilisé tel quel pour servir de support à des actions correctives efficaces, devrait donc aujourd'hui être abandonnée au profit d'un interventionnisme minimum indispensable, de la part des autorités publiques (États-nations et leurs regroupements régionaux), respectant le principe de subsidiarité, afin de pouvoir orienter favorablement les comportements des agents économiques, qui s'expriment dans le cadre actuel du fonctionnement libre et décentralisé de l'économie de marché.

Les institutions internationales actuellement plus ou moins chargées de la régulation et du contrôle, comme la Banque mondiale (BM), le Fonds monétaire international (FMI), l'Organisation mondiale du commerce (OMC), le G8, le G20, l'Organisation mondiale de la santé (OMS), l'Organisation internationale du travail (OIT), et l'Organisation des Nations unies (ONU) ainsi que toutes ses composantes, devraient également pouvoir être réaménagées pour respecter les objectifs et les actions de la mise en œuvre du développement durable.

II - Objectifs et actions requises, pour chaque dimension du développement durable

A - Objectifs et actions requises pour la dimension économique du développement durable

La question est ici de savoir comment promouvoir des comportements économiques véritablement responsables, avec comme objectif une efficacité économique réelle, permettant notamment le plein emploi et une satisfaction optimale des besoins, en conformité avec la protection de l'environnement et la préservation du lien social.

Plusieurs moyens de différentes natures peuvent être utilisés à cette fin, qui ont tous pour objectifs de renforcer la responsabilisation sociale et écologique (RSE)[315] de tous les acteurs socio-économiques (entreprises, consommateurs, citoyens, travailleurs).

Renforcer la responsabilisation sociale et écologique des entreprises[316]

- Utiliser l'outil comptable :

Élaborer une nouvelle comptabilité, sociale et environnementale, pour traduire les coûts réels du capital humain[317] utilisé, et le coût environnemental[318], engendrés par toutes les activités de l'entreprise.

---

[315] La RSE, dont la signification du E a évolué ces dernières années, en passant de E pour entreprise, à E pour environnementale, et enfin à E pour écologique.

[316] Sur tous ces points, voir en particulier : Alain Massiera ; « De la croissance économique au développement durable » op cit.

[317] Qui, selon l'OCDE, correspond à « l'ensemble des connaissances, qualifications, compétences et caractéristiques individuelles qui facilitent la création du bien-être personnel, social et économique ».

[318] Coûts de l'exploitation des biens communs et de la destruction de l'environnement.

- Utiliser l'outil fiscal :

. Changer le critère d'imposition, en substituant définitivement à la dualité riches /pauvres, la dualité acteurs positifs du développement durable/acteurs négatifs du développement durable.

. Faire de l'incitation fiscale en pénalisant les actions nuisibles[319] et en récompensant les actions vertueuses.

- Utiliser les outils juridiques :

Lorsque l'incitation n'est pas suffisante ou satisfaisante, le recours à la loi, par sa nature coercitive, peut s'avérer être nécessaire, à un niveau national comme international, que ce soit :

. en droit du travail (pour le conformer aux droits de l'homme notamment),

. en droit commercial, que ce soit pour lutter contre les pratiques néfastes au développement durable (comme l'obsolescence programmée[320] et le prêt-à-jeter, par la prise en compte d'une durée minimale de garantie légale des biens de consommation durables et de la disponibilité des pièces de rechange tout au long de celle-ci, ou comme la publicité agressive, manipulatrice et/ou mensongère) ou pour favoriser des solutions positives (comme la création et la généralisation d'entreprises spécifiques à l'économie sociale et solidaire), ou enfin,

. en droit pénal (pour renforcer les sanctions destinées à empêcher et à dissuader l'adoption de comportements négatifs).

---

319 Par exemple : la spéculation purement financière, c'est-à-dire exclusivement fondée sur les marchés des produits dérivés sans contreparties matérielles et réelles. La mise en place d'une taxation dégressive sur les bénéfices financiers réalisés inversement à la durée de vie des investissements ayant permis leur réalisation préconisée par certains pourrait également permettre de lutter efficacement contre la spéculation purement financière (taxation maximale pour les profits réalisés en moins d'une journée, et taxation de plus en plus faible au fur et à mesure que la période de temps s'allonge). Autre exemple : les écotaxes, c'est-à-dire toutes les taxes « dont l'assiette est basée sur une nuisance environnementale » (selon Eurostat), qui visent à internaliser les coûts externes des dégradations de notre écosystème, pour permettre, tout à la fois, de freiner les comportements directement ou indirectement destructeurs de l'environnement, de récompenser les comportements vertueux, et/ou de financer la réparation des dégradations de l'environnement, à la condition évidemment de surtaxer parallèlement les importations de biens qui n'auraient pas déjà internalisé les externalités négatives dans leurs pays d'origine.

320 L'obsolescence programmée, c'est-à-dire l'organisation de la « mise en panne » délibérée de biens de grande consommation constitue une grave menace pour l'environnement en ce qu'elle accélère notamment la production de déchets. La loi permettrait de lutter contre cette pratique frauduleuse en l'assimilant à un délit de tromperie économique, et en prévoyant des sanctions réellement dissuasives, en relevant par exemple le montant des amendes.

- Promouvoir les outils de gestion spécifiques que sont l'éco-efficience, l'écoconception et l'écoprospective.

L'éco-efficience[321] correspond à la production de biens et de services utiles, à des prix concurrentiels, et contribuant à la qualité de vie sans impact écologique négatif.

En pratique l'éco-efficience se traduit principalement par:

- la réduction de l'intensité en matière des biens et services (dématérialisation des produits), la réduction de l'intensité énergétique des biens et services, la réduction des rejets dans le milieu naturel (eau, air, sol) et en particulier de produits toxiques, la réduction de l'usage du territoire et des espaces biologiquement productifs,
- la réduction de la mobilité par une organisation de la production, la localisation des unités et le choix des modes de transports les moins polluants pour les biens et les personnes,
- l'augmentation de la recyclabilité des matériaux,
- la maximisation de l'usage durable des ressources renouvelables,
- l'extension de la viabilité des produits,
- l'augmentation des services apportés par les produits,
- l'augmentation de la durée de vie du produit, de sa capacité à être démonté et réparé ou amélioré pour diminuer la quantité de matière utilisée à service rendu comparable.

L'éco-efficience trouve aujourd'hui à s'appliquer dès la conception des produits: on parle alors d'écoconception ainsi que dans toutes les démarches anticipatives de l'entreprise, on parle alors d'écoprospective.

L'écoconception consiste à prendre en compte des critères environnementaux dès la phase de conception du produit, ces critères vont généralement s'appliquer à l'ensemble des phases du cycle de vie du produit, dans le but d'améliorer la qualité de vie d'aujourd'hui et de demain.

L'écoprospective est une méthodologie novatrice de prédiction de l'avenir proche (2 à 40 ans), basée sur les sciences sociales, l'écologie scientifique et l'éthique, qui vise à anticiper les besoins selon des principes responsables et créer les produits service ou outils adéquats.

Il s'agit d'ajuster les produits ou services aux nouvelles valeurs éthiques de la société, de replacer les biens de consommation dans leur

---

321 L'éco-efficience est un concept développé par le WBCSD (association mondiale d'entreprises pour le développement durable) dès 1992 et repris depuis dans l'EEEl (European Eco-efficiency Initiative, programme de la Commission Européenne). Sur tous ces points, voir Alain Massiera : « De la croissance économique au développement durable », op cit.

vrai rôle, de créer de la valeur autre qu'économique, mais sociale et environnementale, de lutter contre les fléaux modernes, d'éviter l'apparition de crises pénalisantes pour la société.

L'écoprospective s'appuie sur quatre principes fondamentaux : ne pas se contenter de détecter et amplifier les tendances actuelles (ex: le jetable), définir un objectif futur souhaitable et à partir du présent mettre en place un cahier des charges, établir les objectifs à partir de postulats fondateurs, comme replacer l'homme au centre de toute préoccupation, comprendre et s'inspirer des lois fondamentales de la nature pour la création, rendre les produits et services satisfaisants à 3 types de critères: économiques, sociaux et environnementaux, mettre en place des grilles d'analyse et d'évaluation, notamment dans l'étude de faisabilité et d'intérêt de tous les projets envisagés.

- Promouvoir le management de projet, devenu aujourd'hui un mode opératoire universel, susceptible de s'appliquer à toutes les organisations, qu'elles soient privées, publiques ou associatives, dans le cadre de toutes leurs actions de développement, et qui apparaît comme un outil fondamental de la prise en considération du développement durable, en permettant d'évaluer la soutenabilité d'un projet ou d'une activité selon une analyse d'impact, en s'appuyant sur une grille reprenant les grandes dimensions du développement durable, déclinées en tableaux de critères à satisfaire, pour chacune d'elles.

- Instaurer des indices et des fonds boursiers spécifiques :

. Des indices boursiers de performance ont vu le jour afin d'aider les investisseurs privés et institutionnels à identifier les entreprises offrant les meilleures performances en termes de développement durable, dont les plus connus sont : le Dow Jones Sustainability Index (DJSI), le FTSE4Good, le Domini Social Index, le Calvert Social Index, le Ethibel Sustainability Index, l'Ethical Index Euro, l'ASPI d'Arese et le Citizen Index.

. Il existe également désormais des fonds spécifiques sur les marchés financiers, qui intègrent des critères sociaux et environnementaux, pour compléter ceux de la performance économique et financière tout en garantissant le respect des hommes et de l'environnement. Il s'agit des Fonds « Éthiques », qui excluent certaines activités contraires à la morale, nuisibles à l'environnement, comportant des pratiques sociales jugées inadéquates ou en soutien explicite à des minorités ou à des populations défavorisées, des Fonds de « Partage » et des produits financiers « solidaires ».

- Adopter des repères efficients :

. De nouvelles modalités de notation sociale et environnementale des entreprises et organisations ont été développées, et sont utilisées par des agences de rating spécifiques, pour évaluer et noter leur politique de responsabilité sociale et environnementale, comme Standard & Poor's, FitchRating, Moodys.com, et Vigeo ou CoreRating.

. Des « écolabels » sont récemment apparus à côté des labels classiques (marques apposées sur un produit pour en attester les propriétés authentifiées) qui représentaient une reconnaissance de la conformité de qualité, et parfois aussi de conditionnement. Ces écolabels ont pour objectif de garantir que les produits auxquels ils s'appliquent auront tout au long de leur cycle de vie (depuis l'extraction des matières premières jusqu'au devenir des produits lors de leur fin de vie) un impact environnemental plus favorable que les autres produits concurrents non labellisés. Leur trop grand nombre, la diversité de leur nature[322] et la multiplicité des domaines auxquels ils s'appliquent incitent cependant à les diminuer considérablement, à leur donner une signification plus simple, par exemple : « produit conforme pour un développement durable », et à leur donner une dimension et une légitimité internationale mondiale, qui devrait pouvoir être garantie par une autorité supra nationale compétente.

. De nouvelles normes ont été développées notamment par l'ISO (Organisation internationale de normalisation), premier producteur de Normes internationales d'application volontaire dans le monde[323], dont les plus connues en matière développement durable sont : ISO 9000 « Management de la qualité », ISO 14000 « Management environnemental », et ISO 26000 « Responsabilité sociétale ».

. La demande croissante d'informations crédibles et comparables sur la performance non plus seulement boursière, mais aussi environnementale et sociétale des entreprises a progressivement poussé les plus grandes d'entre elles à publier un rapport de développement durable, correspondant à une recommandation au niveau international,

---

[322] Écolabels officiels (contrôlés par des organismes indépendants), Écolabels autoproclamés (simples logos issus d'initiatives privées, non contrôlés), Écolabels spécifiques à une activité (Commerce équitable, alimentation écologique, de certification sociale, etc.)

[323] Parce que le nom "Organisation internationale de normalisation" aurait donné lieu à des abréviations différentes selon les langues ("IOS" en anglais et "OIN" en français), ses fondateurs ont opté pour un nom court, universel: "ISO". Ce nom est dérivé du grec isos, signifiant "égal". Quel que soit le pays, quelle que soit la langue, la forme abrégée du nom de l'organisation est par conséquent toujours ISO.

prise lors du sommet de Rio en 1992, puis de la Global Reporting Initiative (GRI)[324], et enfin du "Global Compact" ou « Pacte Mondial », issu d'une initiative internationale de l'ONU en 1999.

Renforcer la responsabilisation sociale et écologique des consommateurs

- Promouvoir une consommation positive, en renforçant la vigilance et la responsabilité des consommateurs sur les conséquences éventuellement négatives de leurs achats dans les domaines écologique, éthique, social, de bien-être et de santé, notamment grâce à une meilleure information et une meilleure éducation à la consommation, dans le cadre d'une plus grande transparence[325].
- Renforcer le pouvoir compensateur des consommateurs et la lutte contre l'hyperconsommation, à travers notamment leurs associations de défense, et faciliter leur prise de conscience de pouvoir infléchir le monde simplement par leurs choix.

---

324 Créé en 1997 par la CERES (Coalition for Environmentally Responsible Economies) en partenariat avec le Programme des Nations Unies pour l'Environnement (PNUE).

325 La consommation responsable ne pourra se développer qu'avec des consommateurs responsables qui refusent les produits aux marges insupportables, réalisés dans des conditions scandaleuses et ne rentrant pas dans des logiques de diminution des impacts destructeurs sur l'environnement et les liens sociaux.

Elle implique donc plus particulièrement :

- que les consommateurs puissent disposer de produits conçus dans des conditions sociales dignes : pas de travail des enfants, respects de la personne humaine, conditions de travail non dégradantes …
- d'appuyer le développement de produits ayant le moindre impact environnemental : circuit-court, produits de saison, moindres déchets, moindre consommation de ressource pour la fabrication, moindre impact carbone ...
- d'avoir le choix et la possibilité de signifier aux distributeurs leur refus de produits, ne répondant pas à cette double exigence,
- d'aider à développer une consommation respectueuse des inégalités d'accès aux ressources et orientée vers une juste répartition des bénéfices de l'exploitation des ressources (coopération nord-sud réelle, maintien d'une agriculture et d'une industrie de proximité, localisation des productions en équilibre entre acteurs de la filière depuis la production jusqu'à la consommation...),
- de lutter contre la spéculation sur les biens de consommation et notamment ceux de première nécessité, et enfin,
- de favoriser le recyclage et la réutilisation des matières premières, qui sont autant de ressources.

Renforcer la responsabilisation sociale et écologique des citoyens

Par la promotion de la participation des citoyens à la prise de décision politique, notamment en généralisant leur consultation systématique au niveau qui convient.

En d'autres termes il s'agirait d'introduire une forme de partage et d'exercice du pouvoir, dénommé démocratie participative ou encore délibérative, qui peut prendre plusieurs formes et dans laquelle les associations et les syndicats seraient amenés à jouer un rôle central en tant qu'interlocuteurs pour les autorités publiques.

Cette participation citoyenne active est d'ailleurs considérée par beaucoup comme le meilleur moyen de prendre les meilleures décisions dans les domaines sociaux et environnementaux[326].

[326] En matière d'environnement, la Commission Economique pour l'Europe des Nations Unies (CEE-NU) a ainsi adopté en 1998 la Convention d'Aarhus, entrée en vigueur le 30 octobre 2001, qui consacre le principe selon lequel le corps social doit être pleinement associé à l'élaboration de projets et de décisions publiques ayant une incidence sur l'environnement, avoir accès à toutes les informations relatives à l'environnement détenues par les autorités publiques, et disposer d'une possibilité de recours une fois la décision prise.

Renforcer la responsabilisation sociale et écologique du facteur travail

Par l'adoption d'une approche « intégrée » de la gouvernance, afin de dépasser la confrontation traditionnelle entre les droits des salariés et l'exigence de performances, en promouvant une participation active des salariés aux décisions stratégiques et opérationnelles prises dans leurs entreprises[327], ainsi qu'aux bénéfices réalisés[328].

B - Objectifs et actions requises pour la dimension environnementale du développement durable

Autre pilier fondamental du développement durable, la protection de l'environnement passe bien évidemment par la lutte contre toutes les dégradations constatées : le dérèglement climatique et toutes ses conséquences, l'épuisement accéléré des ressources naturelles, la dégradation de la couche d'ozone, l'augmentation du nombre et de l'intensité des catastrophes, et enfin, la pollution sous toutes ses formes.

Elle nécessite l'application stricte de trois grands principes fondamentaux du développement durable :

---

[327] Jusque-là les décisions prises dans les entreprises étaient, en effet, plutôt réservées aux actionnaires ou aux entrepreneurs propriétaires, considérés comme les seules parties prenantes à supporter un risque entrepreneurial, et qui ne les prenaient donc qu'en fonction de leurs seuls intérêts financiers, souvent en contradiction avec un objectif de développement durable, et pas toujours dans l'intérêt des travailleurs, qui œuvrent pourtant eux aussi dans la production en subissant également les risques encourus.

[328] La participation aux résultats de l'entreprise (intéressement, participation financière, épargne salariale) et la participation à la décision stratégique (notamment par la présence directe ou indirecte de salariés au conseil d'administration, qui exigent bien évidemment l'information et la consultation des salariés) constituent des pistes de solution à approfondir dans les faits et en droit dans l'objectif de développement durable. Comme le note très justement Richard Sennett : « Ce qui est nécessaire, pour que cela fonctionne, c'est une formule qui légitime les relations sociales. Ce que j'ai appelé le «triangle social», dont les trois côtés sont l'autorité acquise, le respect mutuel et la coopération. Le problème, c'est quand l'espace de légitimation est vide. A ce moment-là, l'inégalité est brute et la possibilité de coopération, détruite. C'est une observation pratique. On l'a vu dans les entreprises financières de Wall Street que j'ai étudiées au moment de la crise de 2008. Avec leur mentalité très agressive, très individualiste et très inégalitaire, beaucoup de ces entreprises se sont effondrées par manque de cohésion sociale », « Ensemble : pour une éthique de la coopération », Albin Michel, janvier 2014, 384 p.

- Le principe de précaution[329] :

Le principe de précaution (ou de prudence) est une règle de décision politique, selon laquelle l'absence de certitudes scientifiquement établies, sur les phénomènes sous-tendant un risque et ses conséquences, ne doit pas retarder l'adoption de mesures préventives et proportionnées.

Selon ce principe, des actions de prévention sont légitimes lorsqu'il parait justifié de limiter, encadrer ou empêcher certaines actions potentiellement dangereuses, sans attendre que leur danger éventuel soit scientifiquement établi de façon certaine.

- Le principe de prévention[330], qui énonce qu'en présence d'un risque connu, des actions de prévention, d'atténuation et de correction doivent être mises en place, en priorité à la source, en utilisant les meilleures techniques disponibles à un coût économique acceptable.

La prévention implique la mise en œuvre d'un certain nombre d'actions, comme: les études d'impact, les autorisations préalables, la correction à la source, les écoaudits, le management environnemental.

Le principe de prévention conduit donc à privilégier systématiquement les actions qui correspondent à un développement durable, et à éviter celles qui ne lui correspondraient pas.

- Le principe de responsabilité (ou encore principe du pollueur payeur)[331], qui veut que toutes les personnes (physiques ou morales) qui génèrent de la pollution, ou dont les actions dégradent autrement l'environnement, doivent non seulement indemniser les victimes et contribuer à la réparation des dégâts, mais également assumer leur part des coûts des mesures de prévention, de réduction et de contrôle des atteintes à la qualité de l'environnement et de la lutte contre celles-ci. Ce sont les États qui doivent élaborer une législation nationale concernant la responsabilité de la pollution et d'autres dommages à l'environnement et l'indemnisation de leurs victimes, et également coopérer diligemment et plus résolument pour développer davantage le droit international concernant la

[329] N'attendons pas l'irréparable pour agir.

[330] Il vaut mieux prévenir que guérir.

[331] Qui dégrade doit réparer.

responsabilité et l'indemnisation en cas d'effets néfastes de dommages causés à l'environnement dans des zones situées au-delà des limites de leur juridiction par des activités menées dans les limites de leurs juridictions ou sous leur contrôle. Mais dans ce domaine, la création d'une Cour internationale de l'environnement semble devoir être incontournable pour pouvoir appliquer le principe de responsabilité et le rendre efficace à l'échelle mondiale, car le fardeau des solutions préventives ou curatives aux dégradations de notre écosystème (dérèglement climatique, pollution, épuisement des ressources naturelles, catastrophes en tout genre, en particulier) ne peut être partagé équitablement que par le recours à une Cour internationale, parallèlement à l'indispensable introduction des crimes « environnementaux » dans le droit pénal. Pour l'avenir, l'idée d'un consensus mondial autour d'un « New Deal vert » semble s'imposer désormais[332], autour de quatre objectifs principaux :

Deux pour le court/moyen terme :

- Réduire les coûts énergétiques afin de libérer du pouvoir d'achat des ménages, de diminuer la dépendance extérieure et de restaurer la balance commerciale.
- Privilégier les industries de l'environnement pour créer des emplois.

Deux pour le plus long terme :

- Faire des progrès en direction des objectifs exigeants de réduction des émissions de GES nécessaires pour stabiliser l'atmosphère de la planète.
- Protéger les actifs écologiques précieux et améliorer la qualité de notre environnement de vie pour les générations futures.

[332] Tim JACKSON : « Prospérité sans croissance, la transition vers une économie durable », Ed. De Boeck, 2010, 250 p.

C - Objectifs et actions requises pour la dimension sociale du développement durable

Le développement durable a pour finalité de promouvoir la qualité de la vie, c'est-à-dire le bien-être de tous les hommes et femmes vivant sur la Terre, en s'appuyant sur l'équité sociale et la solidarité.

Le bien-être peut s'apprécier de façon individuelle ou sociale.

Le bien-être individuel, par essence «ressenti», peut se définir par l'ensemble des facteurs dont une personne a besoin pour jouir d'une bonne qualité de vie. Il va bien au-delà du simple confort matériel et financier et varie selon les individus. En revanche, le bien-être « social », en tant qu'objectif de société, englobe de son côté tout ce qui peut influer positivement sur la qualité de vie en général.

Si la notion de bien-être individuel, par nature subjective, est difficilement appréciable, le bien-être social de son côté peut être associé à des éléments objectifs, qui touchent toutes les thématiques sociales, et les besoins essentiels, dont notamment :

- l'accès à la santé, à la sécurité, à une alimentation saine et à l'éducation,
- l'accès à l'emploi[333], à un niveau de vie satisfaisant et au logement,

L'équité sociale consiste à offrir des conditions de vie justes et équitables pour tous les hommes et femmes, afin qu'ils puissent accéder à leurs besoins fondamentaux. Elle se traduit par l'aide au handicap, la lutte contre la pauvreté, l'exclusion, les discriminations, et les inégalités injustifiées ou excessives et le respect des diversités culturelles. Elle repose sur les principes fondamentaux des droits de l'homme et des libertés individuelles, et implique une solidarité intergénérationnelle (entre toutes les générations, et aussi vis-à-vis des générations futures) et intragénérationnelle sur un plan national et international (entre les pays développés et les pays en voie de développement notamment).

« L'inégalité persistante, au cœur de l'abondance, est un paradoxe de notre époque qui remet en question le bien-être économique et social des nations et des populations. De hauts niveaux d'inégalité entravent la croissance économique, retardent les efforts pour réduire la pauvreté,

---

[333] L'accession à un plein emploi doit également être un objectif majeur du développement durable, en étant son principal challenge pour augmenter les opportunités de nouvelles professions, à travers les actions à mener dans l'ensemble de ses dimensions.

augmentent les tensions politiques et sociales, et affaiblissent la cohésion sociale. L'inégalité est complexe et se présente de multiples façons ; par exemple à travers le partage inégal des revenus et l'accès aux services élémentaires, l'insécurité alimentaire et l'inégalité dans l'accès à la terre et aux ressources naturelles. Les inégalités perpétuent la pauvreté et l'exclusion. Pour lutter contre l'inégalité et l'exclusion, il doit y avoir un engagement pour que « personne ne soit laissé-pour-compte . Concrètement, ce qui va aider sera de chercher à atteindre une croissance inclusive, de faire des dépenses publiques pour les services sociaux pour tous et la couverture sociale une priorité, et d'élargir l'engagement citoyen. »[334]

[334] Selon Helen Clark, ex-Premier ministre de Nouvelle-Zélande, et administratrice du Programme des Nations Unies pour le développement.

D - Objectifs et actions requises pour la dimension scientifique du développement durable[335]

La science, en tant que système de connaissances, a toujours eu un double but : celui de satisfaire un besoin de l'esprit (issu de l'instinct de curiosité, de la passion de savoir), et celui de faciliter et/ou d'améliorer les conditions matérielles de l'existence. Mais la science, aujourd'hui, semble être écartelée entre deux conceptions différentes du monde : d'un côté, elle reste un des grands outils de l'idéologie dominante de l'économie mondiale, à savoir le système du libre-échange, la croissance continue et la poursuite de la richesse personnelle, et de l'autre, elle devient aussi de plus en plus sollicitée pour produire des connaissances et de la technologie, qui pourraient favoriser un développement respectueux de l'environnement axé sur l'humain et une gestion des ressources pour le long terme, en d'autres termes pour aider à l'avènement d'un développement durable. Une nouvelle vision de la science devrait donc désormais favoriser le développement de systèmes de production et de consommation, susceptibles eux aussi de générer des emplois, tout en étant compatibles avec le développement durable.

Comme les progrès de la science ne sont jamais, en eux-mêmes, une garantie de bienfaits pour la société, la science et la technologie devraient être traitées comme devant servir la société, non la diriger. L'introduction d'un code d'éthique pour les scientifiques serait certainement utile pour aider à ce que la science vise essentiellement le bien collectif, et que les progrès sociaux susceptibles d'être obtenus ne soient pas détournés à des fins exclusivement mercantiles en étant réquisitionnés par de puissants groupes économiques[336].

---

[335] Sur tous ces points, voir plus particulièrement : « Le rôle de la science et de la technologie dans la société et la gouvernance : Vers un nouveau contrat entre la science et la société », Kananaskis Village, Alberta (Canada) 1–3 novembre 1998, Rencontre nord-américaine en prévision de la Conférence mondiale sur la science.
http://www.unesco.org/science/wcs/meetings/eur_alberta_98_f.htm

[336] Cas de la biotechnologie médicale, dans ses implications éthiques et sociales. La recherche génétique, bien que présentant d'énormes avantages au niveau du diagnostic et du traitement des maladies, soulève aussi de graves questions sur la nature de la vie humaine et la protection des droits de la personne. Cas également de la réification des besoins humains essentiels, par transformation de biens de première nécessité, satisfaits jusque-là par l'entremise de structures de soutien sociales non monétaires comme la famille, en biens de consommation achetables et vendables.

C'est en grande partie grâce à la science que les gens sont de plus en plus conscients qu'ils partagent la planète avec d'autres créatures vivantes, que l'environnement qui soutient la vie évolue et que les activités humaines modifient actuellement cet environnement et menacent de l'altérer gravement.

La science qui, au cours des deux derniers siècles, « a principalement été utilisée comme un outil d'expansion économique et de pouvoir militaire pour les segments les plus fortunés de la race humaine, et qui a donc largement contribué aux dégradations de notre écosystème , doit désormais assumer une responsabilité générale, à savoir aider les sociétés à passer d'une recherche obsessive de la croissance à l'établissement d'un système économique dynamiquement stable et écologiquement durable. Une alliance entre la science technologique moderne et la sagesse holistique des sociétés indigènes et des philosophes de toutes les cultures pourrait être d'une grande importance dans cette transition ».

La science devient aussi un élément indispensable pour découvrir les voies les plus réalistes du développement durable. Pour satisfaire cette exigence, il est indispensable de promouvoir l'intelligence des questions scientifiques, d'améliorer les évaluations scientifiques à long terme, de renforcer et de mutualiser les capacités scientifiques de tous les pays et de faire en sorte que les sciences sachent s'adapter aux besoins naissants.

Les connaissances scientifiques doivent, en effet, être appliquées à la formulation des objectifs et mises en commun au service des buts du développement durable sous la forme d'évaluations scientifiques de la situation actuelle et des perspectives d'avenir du système planète Terre[337].

Pour ce faire, il semble nécessaire de[338] :

- Renforcer la base scientifique d'une gestion durable.
- Promouvoir l'intelligence des questions scientifiques.
- Améliorer l'évaluation scientifique à long terme

[337]« L'innovation technologique n'a de sens que si elle permet de rendre le même service avec une empreinte écologique globale plus faible. En la matière, les limites de la thermodynamique n'ont pas encore été atteintes et les potentialités de l'économie circulaire commencent à peine à être explorées. », Tim JACKSON : « Prospérité sans croissance, la transition vers une économie durable », op cit.

[338] Conclusions et recommandations de la Conférence internationale sur un programme d'action scientifique pour l'environnement et le développement (ASCEND 21)

- Renforcer les capacités scientifiques de tous les pays, une mutualisation internationale des recherches et des résultats scientifiques, et l'accès au savoir.
- Renforcer le pouvoir décisionnel des scientifiques (écologistes, environnementalistes et climatologues) en leur permettant de fixer les normes de préservation de l'environnement, en termes de limites à l'exploitation de ressources non renouvelables, ou de ressources renouvelables menacées par la surexploitation, mais aussi en termes d'émission de gaz à effet de serre. Normes, que les politiques et les économistes ne feront que faciliter l'application, en trouvant les moyens adéquats pour les faire respecter (obligation légale, fiscalité directe et indirecte, adoption de taux d'intérêt différenciés et bonifiés, etc.).

E - Objectifs et actions requises pour la dimension culturelle du développement durable[339]

Face à l'amplification des problèmes de notre anthroposystème, « il est urgent d'adopter de nouvelles approches à définir, et mesurer d'une façon qui tienne compte du tableau général du progrès humain en mettant l'accent sur l'harmonie entre les peuples et entre les humains et la nature, sur l'équité, la dignité, le bien-être et la durabilité. Ces nouvelles approches doivent pleinement prendre en compte le rôle de la culture en tant que système de valeurs et que cadre pour construire un développement réellement durable, la nécessité de mettre à profit l'expérience des générations passées et la reconnaissance de la culture comme faisant partie intégrante du patrimoine mondial et local et comme source de créativité et de renouvellement. »

L'importance de la culture pour le développement durable a été soulignée à plusieurs reprises ces dernières années, notamment par plusieurs résolutions de l'Assemblée générale des Nations Unies et par un certain nombre d'autres déclarations et instruments normatifs adoptés aux niveaux international, régional et national. Ces résolutions

---

[339] Sur tous ces points, voir plus particulièrement : La déclaration de Hangzhou ; « Mettre la culture au cœur des politiques de développement durable » Adoptée à Hangzhou, République populaire de Chine, le 17 mai 2013, http://www.unesco.org/new/en/culture/themes/culture-and-development/hangzhou-congress/ CLT-2013/WS/14

et déclarations confirment que la culture doit être considérée comme un facteur fondamental du développement durable, en tant que source de sens et d'énergie, de créativité et d'innovation, et de ressource pour répondre aux défis et trouver des solutions appropriées. Il y est également souligné que la pluralité des modèles culturels n'est pas un obstacle, si l'on admet que la culture est ouverte, évolutive et solidement encadrée par une approche fondée sur les droits et sur le respect de la diversité, dont le libre accès permet aux individus de « vivre et être ce qu'ils veulent », renforçant ainsi leurs possibilités et leurs capacités humaines, tout en promouvant la compréhension mutuelle et les échanges entre les peuples.

À cet effet, cinq principaux types d'actions ont été préconisés :

- La culture devrait être intégrée dans toutes les politiques et tous les programmes de développement. Le développement est façonné par la culture et le contexte local, qui en fin de compte déterminent aussi ses résultats. La prise en considération de la culture, devrait donc être incluse comme quatrième principe fondamental du développement durable, et systématiquement intégrée dans les définitions du bien-être, ainsi que dans la conception, la mesure et la pratique concrète des politiques et programmes de développement.

- La culture et la compréhension mutuelle devraient être mobilisées pour favoriser la paix et la réconciliation, à travers le dialogue interculturel, la reconnaissance et le respect de la diversité culturelle, pour forger des sociétés plus inclusives, stables et résilientes.

- Tous les droits culturels devraient être garantis et protégés, pour promouvoir un développement social inclusif, dans le respect de la diversité culturelle et linguistique, des minorités, de toutes les catégories d'âge et de sexe, et des peuples autochtones. Ces droits concernent : l'accès aux biens et services culturels, la libre participation à la vie culturelle et la liberté d'expression artistique pour forger des sociétés inclusives et équitables.

- La culture pourrait être utilisée pour réduire la pauvreté et assurer un développement économique inclusif, en tant que capital de connaissances et de possibilités d'emplois et de revenus, notamment par des activités centrées sur la protection du patrimoine culturel, sa préservation et sa promotion.

- La culture permettrait de promouvoir la préservation environnementale grâce aux connaissances et pratiques traditionnelles, qui ont fait leur preuve dans la réduction de l'empreinte écologique, ou qui ont promu des modes de production et de consommation écologiquement plus rationnels et des solutions urbanistiques et architecturales viables. Dans cette optique, la sauvegarde des connaissances et des compétences traditionnelles, en accordant une attention particulière à celles des peuples autochtones, en synergie avec les autres formes de connaissances scientifiques, apparaît fondamentale pour renforcer notamment la résilience face aux différentes catastrophes envisageables et pour lutter contre le changement climatique.

La dimension « culturelle » est donc bien au cœur des politiques de développement durable, comme le synthétise le tableau suivant :

	La dimension « culturelle » transversale[340]
La dimension « environnementale » initiale	S'appuyer sur la culture pour promouvoir la durabilité environnementale Renforcer la résilience face aux catastrophes et lutter contre le changement climatique par la culture
La dimension « sociale » initiale	Garantir à tous les droits culturels pour promouvoir le développement social inclusif Se servir de la culture pour réduire la pauvreté et assurer un développement économique inclusif
La dimension « économique » initiale	Intégrer la culture dans toutes les politiques et tous les programmes de développement
La dimension « scientifique » transversale	Se servir de la culture comme ressource pour réaliser un développement et une gestion durables des zones urbaines
La dimension « culturelle » transversale	Valoriser, sauvegarder et transmettre la culture aux générations futures
La dimension « sécurité, respect des droits humains et sûreté juridique » transversale	Mobiliser la culture et la compréhension mutuelle pour favoriser la paix et la réconciliation S'appuyer sur la culture pour favoriser des modèles de coopération innovants et durables

[340] Déclaration de Hangzhou op cit.

F - Objectifs et actions requises pour la dimension « sécurité, respect des droits humains et s$ureté juridique » du développement durable

L'éthique des relations internationales est aujourd'hui de plus en plus compromise

- non seulement par l'absence de respect des droits humains de la part de certains États,
- mais aussi par l'existence de nombreuses activités criminelles et illégales, qui génèrent de très importants capitaux en quête permanente de blanchiment,
- et, enfin, par l'existence de territoires, de règles et de comportements qui facilitent considérablement toutes les formes possibles de délinquance financière et fiscale[341].

Toutes choses, qui viennent contrarier à la fois l'objectif de développement durable et l'efficacité des mesures à mettre en œuvre pour l'atteindre, et qui imposent d'agir efficacement pour promouvoir le respect des droits humains dans le monde, pour lutter contre toutes les activités criminelles et illégales et la délinquance financière internationale qui en découle, mais aussi pour renforcer l'éthique fiscale et financière notamment dans les relations internationales.

Promouvoir le respect des droits humains dans le monde

Les droits humains ont été récemment codifiés par la Charte internationale des droits de l'homme[342], qui comprend non seulement la Déclaration universelle des droits de l'homme, mais également le Pacte international relatif aux droits économiques, sociaux et culturels, le Pacte international relatif aux droits civils et politiques et ses deux protocoles facultatifs.

---

341 Plate-forme paradis fiscaux et judiciaires : « Paradis fiscaux et judiciaires, cessons le scandale ! » du collectif : Attac France - CADTM France - CCFD – CRID- Droit pour la justice - Eau Vive - Fédération de l'Entraide Protestante - Oxfam France - Agir ici – Réseau Foi et Justice Afrique Europe - Secours catholique Caritas France – Sherpa - Survie - Transparence International France, d'avril 2007. http://survie.org/IMG/pdf/broch_plateformepfj.pdf

342 Voir : http://www.un.org/fr/rights/overview/charter-hr.shtml, et l'Annexe 2, qui leur est consacrée.

La déclaration universelle des droits de l'homme, définie comme « l'idéal commun à atteindre par tous les peuples », a été adoptée le 10 décembre 1948 par l'Assemblée générale des Nations Unies. Elle comprend 30 articles qui énumèrent les droits civils, culturels, économiques, politiques et sociaux de base dont tous les êtres humains devraient jouir dans tous les pays. Les dispositions de la Déclaration universelle sont considérées comme ayant valeur de règles du droit coutumier international du fait qu'elles sont aussi largement acceptées et qu'elles servent d'étalon pour mesurer la conduite des États.

Après l'adoption de la Déclaration universelle des droits de l'homme, la Commission des droits de l'homme, principal organisme intergouvernemental relatif aux droits de l'homme au sein des Nations Unies, s'est employée à convertir ces principes en traités internationaux protégeant des droits précis. Étant donné le caractère inédit de cette tâche, l'Assemblée générale a décidé de rédiger deux Pactes correspondant aux deux types de droits énoncés dans la Déclaration universelle : droits civils et politiques et droits économiques, sociaux et culturels.

Les États membres ont débattu des diverses dispositions pendant deux décennies, cherchant à entériner explicitement certains aspects de l'universalité des droits de l'homme qui n'étaient mentionnés qu'à titre implicite dans la Déclaration universelle, par exemple le droit des peuples à l'autodétermination, ainsi que la mention de certains groupes vulnérables, comme les peuples autochtones et les minorités.

Un consensus a été atteint en 1966 et l'Assemblée générale des Nations Unies a adopté la même année le Pacte international relatif aux droits économiques, sociaux et culturels et le Pacte international relatif aux droits civils et politiques[343].

Lorsque ces deux Pactes internationaux sont entrés en vigueur en 1976, un grand nombre de dispositions de la Déclaration universelle ont acquis force obligatoire pour les États qui les ont ratifiées.

[343] Certaines dispositions du Pacte relatif aux droits civils et politiques sont développées plus en détail dans deux Protocoles facultatifs, dont l'un permet aux particuliers de porter plainte et l'autre plaide en faveur de l'abolition de la peine de mort.

Agir contre toutes les activités criminelles et illégales et la délinquance financière internationale qui en découle

Les organisations criminelles (mafias en tous genres, guérillas révolutionnaires, extrémistes religieux fanatiques, etc.) fonctionnent désormais de plus en plus comme des entreprises capitalistes, recherchant à maximiser le profit engendré par une multitude de trafics et de fraudes : trafic de stupéfiants, d'armes, de fausse monnaie, d'êtres humains (enfants, immigrés clandestins, prostitution, etc.), d'organes humains, de produits interdits par des Conventions internationales ou d'espèces protégées, fraudes aux subventions étatiques ou régionales (notamment de l'UE), contrebande, contrefaçon, détournement de l'aide au développement ou humanitaire, etc.

- L'accroissement de l'importance du crime organisé dans le monde

Les activités des organisations criminelles ont été facilitées par la mondialisation, où elles ont pu prospérer grâce à la déréglementation et au relâchement des contrôles, tout en tirant largement profit des frontières, qui peuvent ralentir les enquêtes et protéger des poursuites.

Elles ont souvent pénétré certains États ou se sont carrément substituées à eux, et pas seulement dans les pays pauvres. Elles ont généré énormément de capitaux, qui, ne pouvant plus être absorbés par la seule économie criminelle, finissent par circuler sans entraves, après leur intégration à des activités légales, grâce au blanchiment, à la corruption d'acteurs de l'économie légale et au fonctionnement des marchés financiers. L'économie légale dépend aujourd'hui très étroitement de ces capitaux illégaux, devenus indiscernables dans les flux financiers internationaux, en particulier dans les paradis fiscaux.

Selon l'organisation internationale de police « Interpol », le crime organisé est non seulement devenu une menace très importante pour l'environnement[344], mais aussi et surtout : « un problème qui demande une réponse légale internationale forte, efficace et innovante, et ce afin

[344] Via des activités aussi variées que le commerce et l'industrie du pétrole et de l'armement et le trafic d'armes, l'orpaillage illégal, les cultures la transformation et le commerce de drogues, le commerce issu de la pêche illégale, qui contribue à la surpêche, le trafic d'espèces protégées et exotiques ou encore, depuis peu via le commerce illégal du bois, qui contribue à renforcer et accélérer la déforestation illégale, le trafic de déchets et notamment de déchets toxiques ou radioactifs,

de protéger les ressources naturelles, de lutter contre la corruption et la violence liée à ce type d'activité, qui peut également affecter la stabilité et la sécurité d'un pays ».

- La délinquance « environnementale »

Par ailleurs, le commerce de ressources environnementales (dont hydrocarbures fossiles, forêts, ressources touristiques, etc.) est devenu un moyen de blanchiment de l'argent sale, qui se pratique généralement avec une augmentation de la corruption, des fraudes, des vols, et de nombreux meurtres, au détriment notamment des peuples autochtones[345].

Un nouveau type d'activité illégale, bien qu'apparue très récemment, a pris des proportions extrêmement inquiétantes, il s'agit de la « bio piraterie », c'est-à-dire « l'appropriation illégale et la marchandisation, au profit d'un groupe ou d'une firme commerciale privée, de ressources biologiques naturelles considérées comme biens communs (appropriation du vivant, dont l'exploitation est limitée par le dépôt de brevets) et/ou de connaissances traditionnelles des peuples ruraux et autochtones ». L'introduction des crimes environnementaux en droit pénal semble donc bien être devenue indispensable désormais pour lutter efficacement contre toutes ces dérives.

- La délinquance « financière »

La délinquance financière, qu'elle soit nationale ou internationale, a considérablement évolué ces dernières années, en passant d'une petite à une grande échelle et d'une criminalité essentiellement d'ordre privé (abus de biens sociaux ou fraude fiscale) à davantage de criminalité organisée. Elle concerne aujourd'hui de nombreuses banques et plusieurs États qui la pratiquent ou qui en vivent. Les transactions désormais majoritairement électroniques et très rapides, permettent aux fonds litigieux de migrer énormément de fois avant de pouvoir être repérés et/ou avant l'ouverture d'une éventuelle enquête. La délinquance a pris une longueur d'avance sur les moyens de lutte, non seulement très faibles et toujours généralement nationaux pour

---

[345] Notons que pour mieux identifier, classer, hiérarchiser et punir les crimes et atteintes à l'environnement, Interpol a mis en place, outre un formulaire « Environmental Crime », un système de formulaires dits « écomessages » permettant de communiquer des données dans un format standard, via des liaisons sécurisées (à chaque étape de transmission) pour permettre, à partir des bases de données d'Interpol sur le « crime environnemental » organisé, d'éventuels rapprochements avec d'autres informations.

l'essentiel, sans compter que certains États, notamment les paradis fiscaux, refusent le plus souvent de signer des conventions, ou tardent à transmettre leurs informations. Par ailleurs, les sanctions actuelles ne sont généralement pas dissuasives (amendes et/ou peines d'emprisonnement, le plus souvent assorties de sursis), et ne constituent pas des réponses véritablement adaptées, car les organisations criminelles et les banques incriminées ont les moyens de payer[346].

Les principaux crimes et délits « financiers » concernent les abus de biens sociaux, les appels d'offres truqués, le blanchiment d'argent, la cavalerie, la corruption[347], les détournements de fonds, les faillites frauduleuses, la fraude fiscale (détournement « illégal » d'un système fiscal afin de ne pas contribuer aux charges publiques, qui diffère de l'évasion fiscale, qui utilise « légalement » des failles du système fiscal afin de réduire le montant de l'imposition[348]), les trafics d'influence, l'escroquerie, les caisses noires, les fausses factures, le travail clandestin, la fraude aux assurances, les manipulations informatiques, le trucage des bilans, les transferts de prix (le commerce mondial intragroupe représente plus de 60 % du commerce international, et les prix de transfert sont un moyen qui permet d'optimiser au sein d'un même groupe la pondération de la masse fiscale mondiale, via le transfert territorial de revenus d'un pays à un autre en considérant le taux effectif de chacun d'eux), et enfin l'intermédiation par de grandes Banques ou par les filiales des multinationales installées dans les paradis fiscaux, et par les News Corporation (sociétés d'optimisation fiscale).

---

346 Corinne Mascala : « Lutte contre la délinquance financière : la volonté et les moyens », L'Université en ligne, UT1 Capitole Mag.

347 La corruption coûte chaque année près de 120 milliards d'euros à l'économie de l'Union européenne, selon un rapport publié lundi 3 février 2014 par la Commission européenne.

348 Les sommes liées à la délinquance financière, dont les montants sont parmi les plus importants, résultent de la dissimulation et de la soustraction à l'impôt des bénéfices des entreprises multinationales et des fraudes à la TVA.

Renforcer l'éthique financière et fiscale, notamment dans les relations internationales

- Rétablir la transparence des opérations financières en supprimant l'anonymat

Toutes les dispositions de protection de l'anonymat pour les investisseurs financiers, sous le prétexte d'une nécessaire préservation du secret afin de respecter la liberté individuelle, ainsi que les multiples outils qui l'organisent et le garantissent[349] leur permettent en réalité de pouvoir agir sans être soumis aux lois et donc de ne pas engager leur responsabilité vis-à-vis de l'intérêt collectif.

De façon à rétablir la transparence, il serait nécessaire de supprimer cet anonymat :

- en ne reconnaissant plus juridiquement toutes les structures qui facilitent l'opacité financière, et qui permettent anonymement l'utilisation d'intermédiaires éventuellement insolvables (sociétés-écran, trusts fiducies et autres structures comparables),

- en identifiant véritablement et obligatoirement les personnes dans l'intérêt desquelles un compte est ouvert ou une transaction financière effectuée, afin de permettre une véritable traçabilité des mouvements financiers, une fois organisée sur un plan institutionnel, et généralisée à l'échelle mondiale.

- Éliminer les possibilités d'impartialité de l'auto surveillance en imposant un contrôle externe

Par ailleurs, les financiers ont posé comme une obligation incontournable l'impossibilité de se soumettre à un contrôle externe, et donc de devoir fonctionner en auto surveillance. Ce système de contrôle, dans lequel les acteurs sont à la fois «juges et parties», ne peut évidemment plus continuer à être cautionné, que ce soit :

- pour le contrôle des grands mouvements internationaux de capitaux, qui est, en effet, réalisé exclusivement par les banques, censées dénoncer les mouvements financiers anormaux de leurs clients, alors même qu'une très grande

[349] Que ce soient les « sociétés-écrans » ou les dispositifs analogues (trust, fiducie…) à travers un prête-nom.

partie de ces capitaux flottants est considérée d'origine frauduleuse, sans que cette dérive soit enrayée,

- pour les contrôles des sociétés d'audit financier sur leurs clients dont elles sont aussi les conseillères, et qui ont été encore récemment à l'origine de grands scandales financiers ou d'opérations destructrices d'entreprises,

- pour la surveillance des opérations boursières par un groupe de financiers (COB : Commission des opérations boursières) qui pratiquent eux-mêmes ces opérations boursières, et qui sont liés par des participations croisées à ceux qu'ils seraient censés sanctionner par ailleurs,

- pour tous les opérateurs financiers, de plus en plus nombreux, qui inventent des dispositifs spéculatifs sans règles de précautions et de transparence,

- pour les banques centrales, qui interviennent au secours de groupes financiers en prenant des risques anormaux, sans contrôle démocratique, ou enfin,

- pour les sociétés de clearing (ou en français : chambres de compensation), qui servent à la fois de « facteurs » qui transportent l'argent ou les valeurs (actions ou obligations) quand ils changent de mains, et de « notaire » de ces opérations, à l'aide de systèmes informatiques de gestion des mouvements financiers internationaux, et dont elles conservent soigneusement la trace pour leurs clients en cas de contestation[350]. Toutes ces informations n'étant cependant toujours pas en libre accessibilité judiciaire.

- Lutter contre l'évasion et la fraude fiscales

L'impôt est à la base des recettes publiques des États-nations, qui auront à intervenir de plus en plus dans la mise en place d'un développement durable, impossible à atteindre mécaniquement par le seul jeu d'un hyperlibéralisme, et leurs possibilités d'interventions sont justement conditionnées par la perception de l'impôt.

L'évasion fiscale, qui consiste à s'affranchir légalement du prélèvement fiscal (trop souvent qualifiée hypocritement d'optimisation fiscale), et la fraude fiscale, qui, elle, ne respecte

[350] Grâce à la puissance informatique des sociétés de clearing, certains portefeuilles de titres peuvent ainsi, aujourd'hui, changer de mains plusieurs dizaines de fois dans une même journée, et voyager virtuellement dans une dizaine de places financières.

carrément pas la loi, sont donc deux comportements contraires à une redistribution solidaire des ressources et au financement des dispositions nécessaires à une vie harmonieuse en collectivité, contre lesquels il faut donc absolument lutter.

L'évasion fiscale et tous ceux qui proposent des dispositions d'évasions fiscales ou participent à leur mise en œuvre devraient pouvoir être sanctionnés de la même façon que la fraude, car contourner les règles de la loi par l'utilisation de configurations non explicitement évoquées par la loi peut être considéré comme tout aussi coupable que de ne pas respecter la loi.

Pour combattre la fraude fiscale, la question des moyens juridiques et matériels est prépondérante avec la nécessité d'une volonté politique. L'inadaptation des législations fiscales constitue la première cause du développement de la fraude, en étant uniquement nationales, sans aucune harmonisation internationale : elles permettent, en effet, aux grandes entreprises et aux ménages les plus aisés (qui peuvent déplacer leurs activités et leurs capitaux) de choisir les régimes fiscaux les plus attractifs, voire de frauder l'impôt avec un risque minime du fait d'une coopération internationale peu efficace. Leurs trop nombreux régimes dérogatoires complexes sont par ailleurs souvent utilisés pour dissimuler un contournement illégal de l'impôt, en particulier lorsque leurs conditions sont particulièrement difficiles à contrôler pour pouvoir être respectées. Les législations fiscales nationales ne sont pas suffisamment fermes en termes d'obligations déclaratives et de contrôle fiscal, notamment en ce qui concerne les déclarations de montages fiscaux des grands groupes, qui permettraient pourtant de faciliter la détection de la fraude. Les insuffisances des moyens juridiques nationaux se doublent, le plus souvent, de moyens humains insuffisants pour optimiser le contrôle fiscal, d'une faiblesse des moyens matériels et de l'absence d'une coopération internationale efficace (qui permettrait un échange automatique d'informations et la possibilité d'un droit de suite et de contrôle dans l'Etat ou un contribuable national serait installé). Enfin l'absence d'harmonisation fiscale en matière d'impôt sur les sociétés et de TVA, et de volonté internationale de lutte contre les paradis fiscaux et l'évasion fiscale ne facilitent évidemment pas les choses.

Au plan national, l'instauration d'obligations déclaratives comptables et fiscales nouvelles, le renversement de la charge de la fraude dans les cas d'évasions fiscales en direction de territoires non coopératifs et le renforcement des moyens humains représentent donc des mesures à prendre de toute urgence.

La moitié des flux financiers internationaux transite désormais par les « paradis fiscaux et judiciaires », qualifiés par certains de « trous noirs » de la finance internationale[351].

En matière purement fiscale, une récente étude a évalué les actifs financiers détenus par des particuliers et dissimulés dans des paradis fiscaux entre 21.000 et 32.000 milliards de dollars (entre 17.000 et 25.500 milliards d'euros)[352]. Cette étude, qui ne prend pas en compte des actifs non financiers comme les biens immobiliers ou l'or, a estimé à 280 milliards de dollars (225 milliards d'euros) le manque à gagner pour les États, en termes de revenus fiscaux !

Les paradis fiscaux et judiciaires correspondent à des territoires, qui peuvent être des états souverains ou des dépendances plus ou moins autonomes d'autres pays (Jersey, îles Caïmans, etc.)[353]. Ils sont à l'origine du développement de diverses formes de délinquance financière (évasion et fraude fiscales[354], blanchiment de l'argent sale issu de la corruption ou du trafic de drogue, etc.) et ont récemment joué

351 Le nombre de paradis fiscaux a été multiplié par 3 en 30 ans et s'élève à environ 72, aujourd'hui, s'y abritent 2 fonds alternatifs sur 3 et 2 400 000 sociétés-écran y sont hébergées, on estime que chaque année se crée en moyenne 150 000 sociétés offshores. 50 % du commerce mondial transite par les paradis fiscaux qui ne représentent pourtant que 3% du produit mondial brut, 50 % des prêts bancaires et 30% des investissements directs à l'étranger (IDE) internationaux y sont enregistrés, et environ 11 000 milliards de dollars y sont abrités, soit cinq fois le PNB de la France. Voir notamment: http://www.stopparadisfiscaux.fr/

352 Étude publiée en Juillet 2012, par le groupe de pression Tax Justice Network.

353 Des millions de comptes et des dizaines de milliers de sociétés-écrans gèrent et recyclent les mille milliards de dollars annuels du « produit criminel mondial brut ». La criminalité financière profite de l'existence des 250 zones franches et des paradis fiscaux, qui sont constitués, pour 95% d'entre eux, d'anciens comptoirs ou colonies britanniques, français, espagnols, néerlandais et américains, restés dépendants de leur puissance tutélaire. « Dans l'archipel planétaire de la criminalité financière », par Philippe Rekacewicz, le Monde diplomatique, 1er avril 2000.

354 L'opacité qui règne sur ces territoires permet tout simplement d'ouvrir des comptes bancaires et des sociétés, qui ne pourront pas être détectés ni contrôlés par les autres États, pour y loger des capitaux et y faire transiter des écritures comptables : le but étant de « vider » les revenus et les bénéfices déclarés dans des États classiques où sont pourtant implantés les contribuables (particuliers et entreprises) qui se livrent à ces pratiques, et d'augmenter simultanément les revenus et bénéfices déclarés dans les paradis fiscaux. L'imposition y sera alors faible, voire nulle, et les États extérieurs ne pourront qu'exceptionnellement prouver qu'il y a eu évasion fiscale.

un rôle moteur dans l'orientation permissive de la mondialisation financière et dans la diffusion de la crise mondiale[355].

Éléments de définition d'un paradis fiscal et judiciaire :

Bien qu'il n'existe pas de définition législative des paradis fiscaux et judiciaires, un territoire peut généralement être qualifié de paradis fiscal et judiciaire lorsqu'il répond à une combinaison de plusieurs critères :

- Opacité complète = absence de transparence : secret bancaire strict (opposable notamment au juge étranger)
- Fiscalité faible ou nulle = inexistence ou insignifiance d'impôts et de taxes, que ce soient sur les revenus, les bénéfices ou les patrimoines, particulièrement pour les non-résidents ;
- Absence d'exigence de présence effective sur place pour y déclarer une activité et tolérance très importante envers les sociétés-écrans ayant une activité fictive, législation favorisant leur installation et leur création avec peu de formalisme, avec notamment et souvent des lois sur les trusts (ou donnant effet aux trusts étrangers) très libérales ;
- Absence ou limitation de coopération (notamment judiciaire) avec les autres États, souvent garantie par une législation empêchant l'échange d'informations avec les autres.

Ces « paradis fiscaux et judiciaires » concerneraient aujourd'hui environ plusieurs dizaines de territoires dans le monde, qui ne sont pas uniquement isolés et exotiques, car la plupart d'entre eux sont, en effet, situés au sein même des économies occidentales. Ils constituent des zones de non-droit, qui sont de véritables sanctuaires pour l'argent issu d'activités criminelles (trafics d'armes et financement de guerres privées, argent de la prostitution et du trafic d'êtres humains, sommes amassées par des opérations de racket, édition et mise en circulation de

---

355 Selon le Fonds monétaire international, 50 % des transactions internationales transitent par des paradis fiscaux. Ces derniers hébergeraient 4 000 banques, les deux tiers des « Hedge Funds » (fonds d'investissement non cotés à vocation spéculative, recherchant des rentabilités élevées et qui utilisent abondamment les produits dérivés, en particulier les options) et 2 millions de sociétés-écrans. Environ 7 000 milliards de dollars d'actifs dormiraient sur ces comptes, soit plus de trois fois le PIB de la France, et le montant des avoirs de particuliers détenus dans les paradis fiscaux s'élèverait à 8 % des ressources financières mondiales. Au-delà du volume des sommes concernées, l'opacité qui régit ces centres financiers dits "offshore" (terme utilisé dans le domaine de la finance et de la gestion d'entreprise pour désigner la création d'une entité juridique dans un autre pays que celui où se déroule l'activité) fausse les analyses économiques (sur la santé d'une entreprise par exemple) ainsi que les règles de concurrence entre les États. Sur tous ces points, voir en particulier : Simon Piel : « Qu'est-ce qu'un paradis fiscal ? », Le Monde.fr du 18.08.2011.

fausse monnaie, trafic de drogue, etc.), qui facilitent le pillage des pays du sud par des dirigeants politiques peu scrupuleux ainsi que la grande corruption.

Les paradis fiscaux et judiciaires compromettent ainsi gravement la démocratie, provoquent la confusion entre l'économie légale et l'économie illégale. En facilitant une circulation rapide des capitaux, sans aucun contrôle, ils favorisent la spéculation, et, ont enfin constitué un instrument privilégié des scandales financiers internationaux et des faillites frauduleuses de très grandes sociétés au cours de ces dernières années[356].

Ils handicapent également considérablement le fonctionnement des mécanismes de redistribution et de régulation :

- à travers la fraude fiscale, qu'ils favorisent en soustrayant des sommes considérables aux fiscs nationaux et au détriment des budgets des États, mais aussi,

- à travers l'exacerbation de la concurrence fiscale qu'ils impliquent, et qui est soit une source de transfert d'imposition vers ceux qui ne peuvent ou ne veulent pas frauder, soit une cause de réduction des dépenses publiques : éléments décisifs d'accélération des inégalités sociales.

Avec la généralisation des pavillons de complaisance dans le domaine maritime par de nombreux paradis fiscaux et judiciaires : pratique malheureusement majoritaire désormais dans le commerce maritime, l'ensemble du secteur est tiré vers le bas (pas ou peu de fiscalité, pas ou peu de règles de sécurité ou de protection de l'environnement, peu de contrôles, aggravation des conditions de travail et d'emploi des salariés et de l'encadrement, dégradation des conditions d'exploitation et d'entretien des navires).

Ce contournement des réglementations nationales, notamment en matière sociale, de sécurité et d'environnement, qui permet de réduire fortement le « coût » du transport maritime, participe ainsi à l'augmentation des « marées noires » et à la multiplication des « navires-poubelles», tout en donnant aux victimes les plus grandes difficultés à faire reconnaître des responsabilités pénales aux véritables donneurs d'ordre.

Malgré tous ces inconvénients, il n'existe toujours pas aujourd'hui d'accord international visant les paradis fiscaux et judiciaires dans

---

[356] Notamment en favorisant la titrisation. Sur tous ces points voir : Plate-forme paradis fiscaux et judiciaires : « Paradis fiscaux et judiciaires, cessons le scandale ! » op cit.

l'ensemble de leurs activités ou remettant en cause leur existence même. Les velléités internationales d'agir contre eux n'ont, en effet, cherché à en combattre que certains méfaits, comme la fraude fiscale, le blanchiment d'argent sale ou l'instabilité financière, à travers plusieurs institutions comme le groupe d'action financière (GAFI), l'Organisation de Coopération et de développement économiques (OCDE), ou le Conseil de stabilité financière (CSF).

Plusieurs propositions ont pourtant été faites pour mettre fin aux paradis fiscaux et à l'opacité financière.

La plus aboutie semble être celle qui a été élaborée à partir du travail mené depuis 2006 par la Plate-forme paradis fiscaux et judiciaires, qui regroupe une quinzaine d'associations et syndicats français[357], et qui s'intitule : Campagne « Stop paradis fiscaux ». Elle énonce dix propositions essentielles[358] :

- Mettre les pays du Sud au cœur de la lutte contre les paradis fiscaux
- Dresser une liste de tous les paradis fiscaux et judiciaires selon de nouveaux critères
- Prendre des sanctions à l'encontre des paradis fiscaux et de leurs utilisateurs
- Obliger les utilisateurs des paradis fiscaux à rendre des comptes
- Mettre fin aux sociétés-écrans et aux prête-noms
- Mondialiser la lutte contre la fraude et l'évasion fiscales
- Condamner partout de la même façon les manquements à l'impôt
- Renforcer la coopération judiciaire
- Renforcer les sanctions en matière de délinquance économique et financière

[357] Les Amis de la Terre - Anticor - Attac France - CADTM France (Comité pour l'annulation de la dette du tiers-monde) – CCFD-Terre Solidaire - CRID (Centre de recherche et d'Information sur le développement) - Droit pour la justice - Oxfam France - Agir ici - Réseau Foi et Justice Afrique Europe - Secours catholique Caritas France - Sherpa – SNUI (Syndicat national unifié des impôts) - Survie - Syndicat de la Magistrature - Transparence International France.

[358] La campagne Stop Paradis Fiscaux s'inscrit maintenant dans le cadre d'une campagne internationale, qui réunit des organisations du monde entier pour demander aux chefs d'État du G20 de prendre des mesures concrètes afin d'en finir avec l'opacité financière et les paradis fiscaux.

- Accompagner la reconversion des paradis fiscaux[359].

Mais pour être totalement efficace il paraît indispensable de créer une autorité mondiale de la fiscalité, qui serait non seulement chargée d'éradiquer les paradis judiciaires et fiscaux, mais aussi d'homogénéiser le plus possible les modalités des prélèvements nationaux afin d'éviter autant que faire se peut toute concurrence illégitime par la fiscalité.

[359] Ces propositions sont certainement à mixer avec celles de l'Union syndicale et solidaire, qui sont :
- Levée du secret bancaire.
- Coopération entre autorités judiciaires et fiscales.
- Échanges automatiques d'informations sur les bénéficiaires de comptes et de sociétés détenus sur ces territoires.
- Annulation des mesures fiscales dérogatoires.
- Obligation pour les banques, assurances et les autres sociétés de déclarer dans leurs comptes l'intégralité des engagements, des écritures et des comptes passés directement ou par l'intermédiaire de filiales.
- Sanctions contre les Etats et les sociétés qui ne respectent pas les obligations juridiques, comptables et fiscales: pénalités, interdiction d'accéder aux marchés publics, aux aides publiques, et à l'épargne publique (cotation en bourse).
- Au sein de l'Union européenne, harmonisation fiscale et judiciaire, extension de la directive des revenus de l'épargne, qui impose aux gouvernements de l'UE de fournir aux autres des informations sur les placements des particuliers non-résidents, mais maintient le secret bancaire.
- Interdire par une directive communautaire à toute banque européenne de s'y installer, s'y maintenir ou d'y conserver des relations financières. www.solidaires.org

III - Nécessité de définir un mode de gouvernance global du développement durable à l'échelle de la planète

Il est devenu absolument indispensable de mettre sur pieds un mode de gouvernance efficace du développement durable, capable d'assurer une régulation et un contrôle efficace du mode de fonctionnement libéral de notre sociosystème, avec une autorité supranationale de référence capable d'assurer la généralisation, l'harmonisation et le respect des mesures nécessaires à la mise en œuvre du développement durable à l'échelle mondiale.

A- Les grands principes d'un mode de gouvernance efficace du développement durable

L'efficacité du mode de gouvernance du développement durable repose sur deux grands principes : le principe de participation (tous concernés, tous décideurs, tous acteurs) et le principe de subsidiarité (les problèmes doivent être traités au plus près de l'endroit où ils se posent).

Le principe de participation

« La meilleure façon de traiter les questions d'environnement est d'assurer la participation de tous les citoyens concernés, au niveau qui convient ». Pour cela il est nécessaire que tous les acteurs aient dûment accès aux informations relatives à l'environnement que détiennent les autorités publiques, aient la possibilité de participer aux processus de prise de décision l'accès aux recours juridiques (actions judiciaires et administratives, notamment des réparations).

L'État, ne doit pas être le seul responsable du développement durable : la participation à la prise de décision implique une participation active de tous les acteurs (entreprises privées et publiques, associations, ONGs, syndicats et citoyens) à l'identification des enjeux, à la formulation, à l'exécution et au suivi des politiques stratégies et activités à tous les niveaux. Dans ce cadre, l'accès à l'information constitue un « bien public » indispensable à toute évolution du comportement.

Le principe de subsidiarité

Les pouvoirs et les responsabilités doivent être délégués au niveau approprié d'autorité. Une répartition adéquate des lieux de décision doit être recherchée, dans le souci de les rapprocher le plus possible des citoyens et des communautés concernés.

B - Mise sur pied d'une autorité supranationale de référence en matière de développement durable

La mise sur pied d'une autorité supranationale de référence en matière de développement durable se justifie par les principales missions qui lui incomberaient et par l'universalité de la responsabilité qu'elles impliquent. Elle pourrait résulter d'une création ex nihilo ou de la transformation d'une organisation mondiale de référence.

Principales missions et responsabilités de cette autorité

Outre la promotion mondiale de l'objectif de développement durable, il reviendrait à cette autorité d'en faciliter également et surtout sa mise en œuvre.

Car certaines actions entreprises sur un territoire ont le plus souvent, ou peuvent avoir, des causes ou des impacts à l'extérieur de celui-ci, les gouvernements des États-nations, ou les autorités des regroupements régionaux auxquels ils appartiennent, doivent impérativement collaborer entre eux pour gérer le développement durable en partenariat.

Comme les problèmes relatifs au développement durable ont le plus souvent une dimension mondiale, il serait surtout nécessaire de pouvoir disposer d'une autorité supranationale pour imposer ou contrôler les décisions à prendre par les États concernés ou leurs regroupements sous régionaux, mais aussi et surtout pour organiser les coopérations ou les régulations nécessaires à l'effectivité et à l'efficacité de leurs mises en œuvre.

La création d'une « organisation mondiale du développement durable » pourrait alors remplir ce rôle, en coiffant toutes les dimensions évoquées précédemment par la création de plusieurs organisations spécifiques, et dont les décisions s'imposeraient notamment aux Institutions de Bretton Woods, aux États et à leurs regroupements régionaux ou géopolitiques, permettant ainsi de généraliser et d'appliquer progressivement le paradigme du développement durable à l'ensemble de la planète, en lieu et place du paradigme dominant actuellement.

Le choix d'une organisation mondiale du développement durable : l'hypothèse onusienne

L'ONU est effectivement à l'origine de toutes les réflexions internationales sur l'environnement depuis la première conférence sur l'environnement, réalisée à son initiative à Stockholm en 1972, sous la houlette de Maurice Strong, à la suite de laquelle a été créé le PNUE (Programme des Nations Unies pour l'Environnement).

C'est également elle qui a mis en place la Commission mondiale sur l'Environnement et le Développement (CMED), présidée par Madame Gro Harlem Brundtland, à qui l'on doit la définition qui sera retenue du développement durable dans le rapport « Our Common Future », et qui sera consacrée au Sommet de la terre de Rio en 1992.

L'ONU a récemment démontré, encore une fois, sa légitimité à pouvoir être cette autorité supranationale de référence, en ayant adopté le 25 septembre 2015 et à l'unanimité de ses États membres un nouveau programme mondial pour promouvoir le développement durable,

« Transformer notre monde : le Programme de développement durable à l'horizon 2030 ».

Ce programme comporte 17 Objectifs de développement durable (ODD), conçus pour parachever d'ici à 2030 les efforts entamés dans le cadre des Objectifs du Millénaire pour le développement (OMD), qui avaient été lancés en 2000, en vue notamment d'éradiquer en 15 ans l'extrême pauvreté dans le monde, en ciblant essentiellement les pays en développement.

Les 17 ODD et leurs 169 cibles ont désormais une portée plus large que les 8 OMD et leurs 21 cibles. Là où ces derniers étaient centrés principalement sur des thématiques sociales, les ODD couvrent l'ensemble des 3 dimensions initiales du développement durable, à savoir la croissance économique, l'intégration sociale et la protection de l'environnement, ainsi que plusieurs aspects des trois dimensions transversales qui ont été évoqués. Ces 17 ODD seront applicables aussi bien aux pays riches qu'aux pays pauvres[360].

Ces ODD sont les suivants[361] :
1. Éliminer la pauvreté sous toutes ses formes et partout dans le monde.
2. Éliminer la faim, assurer la sécurité alimentaire, améliorer la nutrition et promouvoir l'agriculture durable.
3. Donner aux individus les moyens de vivre une vie saine et promouvoir le bien-être de tous à tous les âges.
4. Veiller à ce que tous puissent suivre une éducation de qualité dans des conditions d'équité et promouvoir les opportunités d'apprentissage tout au long de la vie.
5. Réaliser l'égalité des sexes et autonomiser toutes les femmes et les filles.
6. Garantir l'accès de tous à des services d'approvisionnement en eau et d'assainissement et assurer une gestion durable des services en eau.
7. Garantir l'accès de tous à des services énergétiques fiables, durables et modernes à un coût abordable.
8. Promouvoir une croissance économique soutenue, partagée et durable, le plein emploi productif et un travail décent pour tous.
9. Mettre en place une infrastructure résiliente, promouvoir une industrialisation soutenable qui profite à tous et encourager l'innovation.
10. Réduire les inégalités entre les pays et en leur sein.
11. Faire en sorte que les villes et les établissements humains soient

---

[360] « Ce nouveau Programme est une promesse faite par les dirigeants aux gens du monde entier. C'est une vision universelle, intégrée et transformative pour un monde meilleur », a salué le Secrétaire général de l'ONU, Ban Ki-Moon, dans un discours prononcé à l'ouverture du Sommet.
« Nous reconnaissons la nécessité de réduire les inégalités et de protéger notre maison commune en changeant les modes non durables de consommation et de production. Et, nous identifions le besoin impérieux de s'attaquer à la politique de division, la corruption et l'irresponsabilité qui alimentent les conflits et freinent le développement », a déclaré M. Mogens Lykketoft, président de la soixante-dixième session actuelle.
[361] http://www.france.aide-et-action.org/objectifs-developpement-durable-propositions/

ouverts à tous, sûrs, résilients et soutenables.
12. Instaurer des modes de consommation et de production soutenables.
13. Prendre d'urgence des mesures pour lutter contre les changements climatiques et leurs répercussions.
14 Conserver et exploiter de manière soutenable les océans, les mers et les ressources marines aux fins du développement durable.
15. Préserver et restaurer les écosystèmes terrestres, en veillant à les exploiter de façon durable, gérer durablement les forêts, lutter contre la désertification, enrayer et inverser le processus de dégradation des terres et mettre fin à l'appauvrissement de la biodiversité.
16. Promouvoir l'avènement de sociétés pacifiques et ouvertes aux fins du développement durable, assurer à tous l'accès à la justice et mettre en place, à tous les niveaux, des institutions efficaces, responsables et ouvertes.
17. Revitaliser le partenariat mondial au service du développement soutenable et renforcer les moyens de ce partenariat.

Ces ODD regroupent bien évidemment l'ensemble des dimensions du développement durable, précédemment exposées.

Le système onusien (ONU), déjà en charge de la paix dans le monde et disposant aussi d'une structure d'organisations spécialisées, souvent très proches de certaines préoccupations du développement durable, pourrait donc, relativement facilement, devenir cette structure, moyennant une volonté politique unanime, et quelques transformations.

Par exemple :

- Rajouter, ou substituer, la mission « Développement durable de l'humanité » à ses quatre buts originels :
    - Maintenir la paix dans le monde;
    - Développer des relations amicales entre les nations;
    - Aider les nations à travailler ensemble pour aider les pauvres à améliorer leur sort, pour vaincre la faim, la maladie et l'analphabétisme et pour encourager chacun à respecter les droits et les libertés d'autrui;
    - Coordonner l'action des nations pour les aider à atteindre ces buts.
- Utiliser en les transformant, si besoin était, les programmes, les commissions et les institutions spécialisées déjà en place pour centraliser et gérer, sur un plan mondial, les principales dimensions du

développement durable (économique, sociale, environnementale, scientifique et technologique, culturelle, et sécurité, respect des droits humains et sûreté juridique) et les actions et activités spécifiques à mettre en œuvre à cette échelle.

- Faire appliquer les principes de base en matière de développement durable, et veiller à leur respect, en matière de précaution, de prévention, de responsabilité, de participation, et de solidarité.
- Accroître, grâce à cette autorité mondiale, les possibilités de limitation des inégalités économiques et sociales internationales, et la lutte contre les excès de la domination des multinationales et des grandes puissances dans le choix des orientations économiques et géostratégiques du monde.

CONCLUSION

La majorité des besoins à satisfaire pour sauvegarder notre écosystème, pour réaménager favorablement notre sociosystème et pour résoudre les crises, sont aujourd'hui, et seront de plus en plus demain, des besoins collectifs à l'échelle de l'humanité tout entière, qu'il sera impossible de satisfaire par le seul jeu des initiatives privées et des mécanismes du marché au sein d'un système capitaliste ultra libéral.

La mise en place d'une mutualisation des réponses à ses besoins nouveaux est donc devenue indispensable à l'échelle mondiale. Elle nécessite l'urgence de la création d'une autorité supranationale, et la conception de modalités spécifiques pour son financement par les contributions des États-nations, qui pourraient alors être, par exemple, indexés sur leur empreinte écologique respective et/ou sur leur indice de développement humain, et taxés sur leurs manquements ou sur la non-conformité aux normes juridiques, judiciaires, fiscales, environnementales établies à l'échelle mondiale.

La transition vers un mode de fonctionnement de notre sociosystème capable d'enclencher un développement durable ne pourra être que progressive, en garantissant parallèlement au respect des limites écologiquement soutenables, une meilleure gestion de la démographie, et la généralisation de moyens de subsistance satisfaisants et suffisants à l'échelle nationale comme mondiale (en termes de production de biens et de services, de répartition équitable et de protection du capital naturel, et de disponibilité d'emplois suffisante).

L'objectif ultime d'une « économie sociale et solidaire », moins gourmande en ressources naturelles et maximisant le recyclage pour s'orienter à terme vers une « économie circulaire », forcément moins productive et moins rentable, exigera forcément un profond changement de la finalité des investissements qui, pour répondre à davantage de préoccupations écologiques et sociales, ne pourront donc plus dépendre exclusivement de leur rentabilité financière et devront en conséquence glisser partiellement et progressivement du secteur privé (en particulier des multinationales et des très grandes entreprises) vers le secteur public ou coopératif. Les petites et moyennes entreprises à taille humaine et à caractère entrepreneurial devraient cependant pouvoir rester totalement maîtresses de leurs investissements, en tenant compte des contraintes imputables à un développement durable.

Cette transition est devenue fondamentale et extrêmement urgente. Le problème de sa mise en œuvre réside désormais, non plus tant dans sa légitimité que dans la volonté de la réaliser, dans les moyens à mettre en œuvre et dans la fixation des délais pour y parvenir.

Annexe 1 : Le manifeste de Porto Alegre

Le Manifeste de Porto Alegre résume un ensemble de propositions pour un changement de société. Il a été écrit au Forum Social Mondial de 2005, et sous-titré « douze propositions pour un autre monde possible ».

1) Annuler la dette publique des pays du Sud compte tenu de trois types d'arguments :

- elle a déjà été remboursée plusieurs fois via les intérêts,
- elle a été souvent contractée dans plusieurs pays par un gouvernement précédent non démocratique, afin de maintenir son pouvoir,
- elle n'est souvent qu'une modeste contrepartie de la dette écologique ou coloniale.

2) Mettre en place des taxes internationales sur les transactions financières, dont la taxe Tobin sur le marché des devises (alors qu'existent d'autres variantes comme celles sur les investissements étrangers, sur les bénéfices consolidés des transnationales, sur les ventes d'armes ou sur les activités à forte émission de gaz à effet de serre).

3) Démanteler progressivement toutes les formes de paradis fiscaux, afin de contrer les évasions fiscales et le crime financier.

4) Faire du droit à l'emploi une priorité, et reconnaître le droit à la protection sociale et à la retraite.

5) Lutter contre toutes formes de discrimination, en appliquant la Charte des Droits de l'homme contre toute forme de discrimination, de sexisme et de racisme et condamner de manière égale les différents pays qui ne la respectent pas.

6) Prendre des mesures urgentes pour mettre fin au saccage de l'environnement.

7) Promouvoir les formes de commerce équitable, avec un nivellement par le haut des normes sociales, telles que consignées dans les conventions de l'OIT.

8) Garantir le droit à la souveraineté et à la sécurité alimentaire.

9) Interdire toute forme de brevetage des connaissances et du vivant, ainsi que la privatisation de biens communs de l'humanité, dont l'eau notamment.

10) Garantir le droit à l'information par des législations mettant fin à la concentration des médias dans des groupes de communication géants, et garantissant l'autonomie des journalistes par rapport aux actionnaires.

11) Exiger le démantèlement des bases militaires et mettre en place un système international respecté de prévention et règlement des conflits (une sorte de Tribunal Pénal International ayant plus de pouvoirs).

12) Réformer et démocratiser en profondeur les organisations internationales, régies par le consensus de Washington (FMI, Banque mondiale, OMC) et y faire prévaloir les droits humains, économiques, sociaux et culturels, dans le prolongement de la Déclaration universelle des droits de l'homme. Incorporer également ces organisations dans le système et les mécanismes de décision des Nations unies. Exclure définitivement les domaines de l'éducation, de la santé, des services sociaux et de la culture des cycles de négociation de l'OMC et préserver les services publics menacés de libéralisation par l'accord général sur le commerce des services (AGCS) de l'OMC.

Annexe 2 : La Charte internationale des droits de l'homme[362]

La Charte internationale des droits de l'homme comprend la Déclaration universelle des droits de l'homme, le Pacte international relatif aux droits économiques, sociaux et culturels, le Pacte international relatif aux droits civils et politiques et ses deux protocoles facultatifs.

La Déclaration universelle des droits de l'homme

Définie comme l'« idéal commun à atteindre par tous les peuples », elle fut adoptée le 10 décembre 1948 par l'Assemblée générale. Ses 30 articles énumèrent les droits civils, culturels, économiques, politiques et sociaux de base dont tous les êtres humains devraient jouir dans tous les pays. Les dispositions de la Déclaration universelle sont considérées comme ayant valeur de règles du droit coutumier international du fait qu'elles sont aussi largement acceptées et qu'elles servent d'étalon pour mesurer la conduite des États.

Les Pactes internationaux

Après l'adoption de la Déclaration universelle des droits de l'homme, la Commission des droits de l'homme, principal organisme intergouvernemental relatif aux droits de l'homme au sein des Nations Unies, s'est employée à convertir ces principes en traités internationaux protégeant des droits précis. Étant donné le caractère inédit de cette tâche, l'Assemblée générale a décidé de rédiger deux Pactes correspondant aux deux types de droits énoncés dans la Déclaration universelle : droits civils et politiques et droits économiques, sociaux et culturels.

Les États membres ont débattu des diverses dispositions pendant deux décennies, cherchant à entériner explicitement certains aspects de l'universalité des droits de l'homme qui n'étaient mentionnés qu'à titre implicite dans la Déclaration universelle, par exemple le droit des peuples à l'autodétermination, ainsi que la mention de certains groupes vulnérables, comme les peuples autochtones et les minorités.

---

362 Voir : http://www.un.org/fr/rights/overview/charter-hr.shtml

Un consensus a été atteint en 1966 et l'Assemblée générale des Nations Unies a adopté la même année le Pacte international relatif aux droits économiques, sociaux et culturels et le Pacte international relatif aux droits civils et politiques.

Les préambules et l'ensemble des articles 1, 2, 3 et 5 de ces deux Pactes sont quasiment identiques. Les deux préambules proclament que les droits de l'homme proviennent de la dignité inhérente aux êtres humains.

L'article premier de chaque Pacte affirme que tous les peuples ont droit à l'autodétermination et que, en vertu de ce droit, ils sont libres de choisir leur statut politique et d'œuvrer à leur développement économique, social et culturel.

Dans les deux documents, l'Article 2 réaffirme le principe de non-discrimination, qui fait écho à la Déclaration universelle, et l'Article 3 stipule que les États doivent garantir l'égalité du droit des hommes et des femmes à bénéficier de tous les droits fondamentaux.

L'Article 5 des deux Pactes reprend la disposition finale de la Déclaration universelle, en formulant des garanties visant à empêcher toute destruction ou restriction illégitime des libertés et droits fondamentaux.

Certaines dispositions du Pacte relatif aux droits civils et politiques sont développées plus en détail dans deux Protocoles facultatifs, dont l'un permet aux particuliers de porter plainte et l'autre plaide en faveur de l'abolition de la peine de mort.

Lorsque ces deux Pactes internationaux sont entrés en vigueur en 1976, un grand nombre de dispositions de la Déclaration universelle ont acquis force obligatoire pour les États qui les ont ratifiées.

Avec la Déclaration universelle et les Protocoles facultatifs, ces deux Pactes internationaux constituent la Charte des droits de l'homme.

BIBLIOGRAPHIE

OUVRAGES :

ABDELMALKI L. et MUNDLER P. : « Economie de l'environnement », Hachette, Coll. Les fondamentaux, 1997

ABDELMALKI L. et MUNDLER P. : « Economie du développement », Hachette, Coll. HU, 1995

ALLEGRE C. : « Ma vérité sur la planète » (Plon 2007)

ALLEMAND S : « Le Développement durable », Autrement, 2006.

ARIES P. : « La simplicité volontaire contre le mythe de l'opulence », La Découverte, 2010 ;

ATTAC : « Une économie au service de l'homme », Paris, Ed. Mille et une nuits, 2001.

AUBERTIN C et VIVIEN FD : « Le développement durable: enjeux politiques, économiques et sociaux », Les études de la Documentation française, 2006.

AZOULAY G., « Les théories du développement, Du rattrapage des retards à l'explosion des inégalités », Paris, Presses universitaires de Rennes, 2002.

BAYON D., FLIPO F., SCHNEIDER F., « La décroissance : dix questions pour comprendre et débattre », La Découverte, 2010

BONTEMS Ph. et ROTILLON G. : « Economie de l'environnement », La Découverte, Coll. Repères, 1998

BOURG D. : « Quel avenir pour le développement durable ? » Paris : Ed. Le Pommier, 2002.

BROWN L.R. : « Eco-économie, Une autre croissance est possible, écologique et durable », Paris, Seuil, 2003.

BRUCKNER P. : « Le fanatisme de l'apocalypse (Grasset 2011)

BRUNEL S : « Le Développement durable », Puf, coll. « Que sais-je ? », 2004.

BRUNEL S. : « A qui profite le développement durable » (Larousse 2008)

CASSEN B. : « Tout a commencé à Porto Alegre... Mille forums sociaux », Paris, Mille et Une Nuits, 2003.

CHASSANDE P. : « Développement durable : pourquoi ? Comment ? » Aix-en-Provence : Ed. Edisud, 2002.

CHEYNET V. : « Le Choc de la décroissance », le Seuil, Paris, 2008 ;

CHEYNET V., CLEMENTIN B., BERNARD M. (dir.), « Objectif décroissance », Parangon, Lyon, 2003

COMELIAU C : « La Croissance ou le progrès ? Croissance, décroissance, développement durable », Seuil, 2006.

COMMISSION MONDIALE SUR L'ENVIRONNEMENT ET LE DÉVELOPPEMENT (CMED), « Rapport Brundtland, Notre avenir à tous », Montréal, Ed. du Fleuve, 1987.

COUDRAY J-L. : « L'Avenir est notre poubelle », Sulliver, 2010

DUCROUX A-M. (dir.) : « Les nouveaux utopistes du développement durable », Paris : Autrement, 2002.

DUVERGER T. : « La décroissance, une idée pour demain », Sang de la terre, Paris, 2011

FAUCHEUX S. et NOËL J.-F. : « Economie des ressources naturelles et de l'environnement », Armand Colin, Coll. U, 1995

FERRY L. : « Le Nouvel Ordre écologique, L'arbre, l'animal et l'homme » (Grasset, 1992)

GADREY J et JANY-CATRICE F : « Les Nouveaux Indicateurs de richesse », éditions La Découverte. Réédition actualisée en 2007.
GADREY J. : « Adieu à la croissance », Les petits matins, 2010
GAGNON C. : « Chapitre 12 : Le développement durable : un nouveau paradigme scientifique ? » in « Sciences du territoire, perspectives québécoises », sous la direction de GUY MASSICOTTE, 2008, Presses de l'université du Québec
GAUCHON P (dir.) : « Géopolitique du développement durable », Puf, 2005
GEORGESCU-ROEGEN NICHOLAS (traduction française par J. GRINEVALD ET I. RENS) : « La Décroissance », Sang de la terre, rééd. 2004
GUILLOU M., MATHERON G. :« 9 milliards d'hommes à nourrir, le défi pour demain», éditions François Bourin, 2011,
HARRIBEY J.-M. : « Le développement soutenable », Economica, Coll. Economie poche, 1998
HARRIBEY JM : « Le Développement en question(s) » (co-direction avec Eric BERR), Presses universitaires de Bordeaux, Pessac, 2006.
HAWKES J. : « The Fourth Pillar of Sustainability. Culture's Essential Role in Public Planning », 2001.
HUEMER M.: « In Praise of Passivity », Studia Humana, University of Colorado, Volume 1: 2 (2012
JACKSON T. : « Prospérité sans croissance, la transition vers une économie durable », Ed. De Boeck, 2010
JACQUARD A. : « J'accuse l'économie triomphante », éd. Calmann-Lévy, Paris, 1995 (160 pages).
KEMPF HERVE, « Comment les riches détruisent la planète »
KUHN T. S. : « La structure des révolutions scientifiques » (traduction de la version originale de 1962), Flammarion 1983
LAROCHE JC : « Le défi énergétique: de l'épuisement des ressources au développement durable », éd. de Paris, 2006.
LATOUCHE S : « Faut-il refuser le développement ? », Paris, PUF, 1986.
LATOUCHE S : « Le pari de la décroissance », éd. Fayard, 2006.
LATOUCHE S : « Survivre au développement : De la décolonisation de l'imaginaire économique à la construction d'une société alternative », Mille et Une Nuits, 2004.
LATOUCHE S. : « Survivre au développement », Mille et une nuit, Paris, 2004
LATOUCHE S. : Faut-il refuser le développement ?, Paris, PUF, 1986.
LATOUCHE SERGE ET HARPAGES DIDIER, « Le temps de la décroissance », ED. THIERRY MAGNIER, 2010
LAVIGNOTTE S. : « La décroissance est-elle souhaitable ? », éditions textuel, 2010
LE BRAS H.: « Les limites de la planète. Mythes de la nature et de la population », Flammarion, 1994
LEVEQUE C et SCIAMA Y : « Développement durable. Avenirs incertains », Dunod, 2005.
LORIUS C., CARPENTIER L. : « Voyage dans l'anthropocène », Actes sud sciences humaines Janvier, 2011
MANCEBO F : « Le Développement durable », Armand Colin, 2006.
MARCUS V., DUVAL G., « Le BIP 40, un baromètre des inégalités et de la pauvreté », Alternatives économiques, n° 202, avril 2002.
MASSIERA A. : « De la croissance économique au développement durable », L'Harmattan, Série Cours Principaux, Collection l'esprit économique, 2009.
MATHIAS J-C. : "Politique de Cassandre - Manifeste républicain pour une écologie radicale", Sang de la Terre ("La pensée écologique"), 2009.

MATSON T. : « Les espèces face au changement climatique. Quelles menaces le changement climatique fait-il peser sur les espèces les plus emblématiques de notre planète ? », 10 études de cas. Rapport rédigé pour Earth Hour et le WWF International.
MEADOWS D.H., MEADOWS D.L., RANDERS J., BEHRENS III W.W. : « Les limites de la croissance, Rapport au Club de Rome, Halte à la croissance ? », Paris, Fayard, 1972.
METAILIE JP et BERTRAND G : « Les Mots de l'environnement », Presses universitaires du Mirail, 2006.
MORIN E. : « La Voie - Pour l'avenir de l'humanité », Janvier 2011, éditions Fayard.
NORDHAUS W.D., TOBIN J., « Is growth obslolete? », NBER & Columbia University Press, 1972.
ONU : « Table I.6. Population of Urban Agglomerations with 10 million inhabitants or more, 2007 and 2025 ».
OXFAM : « En finir avec les inégalités extrêmes », Confiscation politique et inégalités économiques, Document d'information n° 178 du 20 Janvier 2014.
PIKETTY T. : « Le capital au XXI° siècle », éditions du seuil, 2013
PNUD: Rapport « Vaincre la pauvreté humaine » (2000)
RIDOUX N. : « La décroissance pour tous », Parangon, Lyon, 2006.
RIFKIN J. :« La troisième révolution industrielle », Comment le pouvoir latéral va transformer l'énergie, l'économie et le monde, LLL Les liens qui libèrent, 2011
RIST G., « Le développement, Histoire d'une croyance occidentale », Paris, Presses de Sciences Politiques, 1996, 2e éd. 2001.
ROSTOW W.W. : « Les étapes de la croissance économique, Un manifeste non communiste », Paris, Seuil, 1960.
SACHS I. : « L'écodéveloppement », Syros, 1993
SAPORTA I. : « Le livre noir de l'agriculture, comment on assassine notre santé et notre environnement », ed. Fayard, 2011
SEDLACEK T. (avec la contribution de VACLAV HAVEL) : « L'économie du bien et du mal, La quête du sens économique », Eyrolles 2013.
SENNETT R. : « Ensemble : pour une éthique de la coopération », Albin Michel, janvier 2014
SENNETT R. : « Ensemble, pour une éthique de la coopération » Albin Michel, janvier 2014.
SMOUTS MC (dir.) : « Le Développement durable. Les termes du débat », Armand Colin, 2005.
STIGLITZ J E, SEN A, FITOUSSI JP : « Le rapport de la Commission sur la mesure des performances économiques et du progrès social », et le Forum pour d'autres indicateurs de richesse (FAIR),
STIGLITZ J.E., « La grande illusion », Paris, Fayard, 2002.
THOMAS-BOURGNEUF M., MOLLO P. :« L'enjeu plancton : L'écologie de l'invisible », Edition Charles Léopold Mayer, novembre 2009
VEYRET Y (dir.) : « Le Développement durable : approches plurielles », Hatier, 2005.
WACKERNAGEL M. ET REES W. : « Notre empreinte écologique », Éditions Écosociété, 1999.
WEIZSÄCKER E.U. (von), LOWINS A., LOWINS H., « Facteur 4 : deux fois plus de bien-être en consommant deux fois moins de ressources », Rapport au Club de Rome, 1997.
WWF : « Rapport Planète vivante 2012 ».

YUNUS M. : "Vers un nouveau capitalisme", JC Lattès, mars 2008
YUNUS M. : « Pour une économie plus humaine », JC Lattès, avril 2011

ARTICLES, RAPPORTS, COMMUNIQUES, DECLARATIONS, ET PUBLICATIONS DIVERSES :

ARNE MOERS (dirigé par.) : « Article de la Simon Fraser University (SFU) de Vancouver » publiée dans la revue Nature Intitulé "Approaching a state-shift in Earth's biosphere", et rapporté par « Maxiscience » Info rédaction, publiée le 09 juillet 2012.
BOULIANNE M., entretien avec ARTURO ESCOBAR « Développer autrement, construire un autre monde ou sortir de la modernité », Anthropologie et Sociétés, vol. 29, n° 3, 2005, p. 139-150 : http://id.erudit.org/iderudit/012611ar
BOUTAUD A. : « Développement durable, Quelques vérités embarrassantes », Economie et humanisme,
BRANCHE R. : "Sortir du double dogme de la croissance à tous prix et de la compétition », Les Échos, 18 novembre 2011
BROWN L. : « Rio+20 : le développement durable 20 ans plus tard... »,
Goodplanet.info du 19/06/2012, http://www.goodplanet.info/Contenu/Points-de-vues/Rio-20-le-developpement-durable-20-ans-plus-tard/%28theme%29/1400
CARAMEL L. : « Face aux périls écologiques, les urgences d'une planète surpeuplée », le Monde du 20.10.11
CHEMS EDDINE CHITOUR : « RIO + 20 : Le tragique carnaval », AGORA VOX du lundi 25 juin 2012
COLLECTIF : « Les voies du développement durable », Mondes en développement, tome 24, n° 96, 1996
COMELIAU Ch. : « Le postulat de la croissance indéfinie », Revue internationale des sciences sociales, n° 166, Décembre 2000
COMMISSARIAT GENERAL DU PLAN : « L'économie face à l'écologie », La découverte/La documentation française, 1993
COMMUNIQUE DE PRESSE des Nations unies : « City Planning Will Determine Pace of Global Warming, UN-Habitat Chief Tells Second Committee as She Links Urban Poverty with Climate Change », 30 octobre 2007,
DALY H., AL GORE, YONGXIN Y., RIFKIN J, GOODMAN P S., SCHWÄGERL C., HARI J. : « Vite, une relance verte, Le Courrier international, n° 945, décembre 2008.
DALY H.E. : « Il n'y a pas de croissance durable », Transversales Science/Culture, n° 13, janvier-février 1992, p. 10-11.
D'ARGENLIEU O. : « Vers la confédération mondiale des Nations Unies », La marche irrésistible des Citoyens du Monde, Libres propos,
http://www.recim.org/far/argenlieu.htm
DECLARATION DE HANGZHOU ; « Mettre la culture au cœur des politiques de développement durable » Adoptée à Hangzhou, République populaire de Chine, le 17 mai 2013,
DECLARATION DE VANCOUVER : « Réinventer l'urbanisme : pour une nouvelle gouvernance des établissements humains. » : Une déclaration d'intention en complément à la Déclaration de Vancouver, signée au Congrès mondial des urbanistes et du Forum urbain mondial, du mois de juin 2006 à Vancouver.

DODMAN DAVID. « Blaming Cities for Climate Change? An Analysis of Urban Greenhouse Gas Emissions Inventories ». Environment and Urbanization, vol. 21, n° 1, avril 2009.
DOSSIER DE PRESSE sur la Table ronde du WWF France : « Comment passer du jetable au durable ?», organisée à la Cité des Sciences et de l'industrie le 30/01/2004, Espace Gaz de France au sein de l'exposition Climax
DUMONT G-F. : « Globalisation, Internationalisation, Mondialisation : des concepts à clarifier », Géostratégiques, février 2001, n°2.
DUNCAN CLARK & the Guardian Interactive team, guardian.co.uk : « Which nations are really responsible for climate change - interactive map », Thursday 8 December 2011.
EHRLICH P. : « La bombe humaine » Goodplanete.info du 09/04/2009 http://www.goodplanet.info/Contenu/Points-de-vues/La-bombe humaine/%28theme%29/1400
GADREY J. : « Des outils d'évaluation alternatifs pour une économie morale de la richesse », Economies et Sociétés, Hors-série, n° 39, 6/2003, p. 1099-1109.
GADREY J., JANY-CATRICE F. : « Développement et progrès social : quels indicateurs choisir ? », Alternatives économiques, n° 211, février 2003.
GADREY J., JANY-CATRICE F. : « Les indicateurs de richesse et de développement, Un bilan international en vue d'une initiative française », Rapport de recherche pour la DARES, mars 2003,
GADREY J.: » Évaluation des biens environnementaux et nouveaux indicateurs de richesse », Cahiers Français, n° 337, avril 2007.
GENUIT H. : « Controverse sur la croissance et la décroissance », rapport de stage "génépi Work Expérience" : « Le développement soutenable », Université Montesquieu Bordeaux IV, Sous la direction de GILBERT GOUVERNEUR, Les Amis de la Terre, Comité du Rhône, dans le cadre du " génépi work expérience" http://www.amisdelaterre.org/Le-developpement-soutenable.html.
GEOPHYSICAL RESEARCH LETTERS, mai 2010
GEORGESCU-ROEGEN N. : « La décroissance : Entropie-Ecologie-Economie », 2° éd., Paris, Sang de la terre, 1995.
GILLET M. (sous la Direction de) : « Les conséquences sanitaires du changement climatique, ONERC (Observatoire National sur les Effets du Réchauffement Climatique) (Association pour la recherche thérapeutique anticancéreuse : ARTAC), 2009, (158pages).
GOETZMANN N.: http://www.atlantico.fr/decryptage/comment-vrais-riches-sont-devenus-totalement-invisibles-dans-monde-actuel-et-que-coute-en-matiere-lutte-contre-inegalites-1789904.html
HOCKMAN S. : Tribune du *Queens Counsel*, publiée par le *Guardian*, édition du 19 août 2008.
JANY-CATRICE F., Kampelmann S.: « L'indicateur de bien-être économique : une application à la France », Revue française d'économie, juillet 2007.
LA LETTRE DE L'IDDRI, n° 28, avril : « Pour une réglementation internationale de l'exploitation des sources d'énergie offshore », http://www.iddri.org/Publications/Collections/Lettre-de-l-Iddri/La-Lettre-de-l-Iddri-n-28

LAGGOUN-DEFARGE F., FRANCIS MULLER F. « Les tourbières et leur rôle de stockage de carbone face aux changements climatiques », publié dans "Zones Humides Info, 59-60 (2008) 22-24", « Séquestration artificielle du CO2 », Futura-environnement, http://www.futurasciences.com/fr/definition/t/developpement-durable-2/d/sequestration-artificielle-du-co2_7129/
LATOUCHE S. : « A bas le développement durable ! Vive la décroissance conviviale ! », Silence, n° 280, février 2002.
LATOUCHE S. : « Développement durable : un concept alibi, Main invisible et mainmise sur la nature », Revue Tiers Monde, tome XXXV, n° 137, janvier-mars 1994, p. 77-94.
LATOUCHE S. : « Le développement est-il la solution… ou le problème ? », L'Ecologiste, n° 6, hiver 2001.
LATOUCHE S. : « Les mirages de l'occidentalisation du monde : En finir, une fois pour toutes, avec le développement », Le Monde diplomatique, mai 2001.
MASCALA C. : « Lutte contre la délinquance financière : la volonté et les moyens », L'Université en ligne, UT1 Capitole Mag.
MASSIERA A. : « Climat et développement : des espaces pour l'innovation », contribution au rapport annuel d'Enda TM, mai 2010, (53 p.)
MASSIERA A. : « Les menaces écologiques qui pèsent sur le Lac Tanganyika ». Diffusion restreinte, Bujumbura, juillet 2005, (10 p.)
MASSIERA A. : « Le développement durable », Power point de 450 slides, (2004 révisé en 2008).
MASSIERA A., POPOFF M., YAMEOGO M. : « Faire de la gestion de l'environnement le levier d'un autre développement », Economie & Humanisme, n° 365, juin-juillet 2003.
MC GLADE J., directrice de l'Agence européenne pour l'environnement (AEE): "Penser l'économie comme une filiale de l'environnement", Le Monde du Vendredi 26 décembre 2008,
NEW SCIENTIST: « Special report: How our economy is killing the Earth », du 16 octobre 2008.
PASSET R. : « Comment parvenir au développement durable ? », Problèmes économiques, n° 2653, 23 février 2000
PIEL S. : « Qu'est-ce qu'un paradis fiscal ? », Le Monde.fr du 18.08.2011.
PLANETE-ENERGIE.COM : « L'avenir des énergies actuelles ».
PLATE-FORME PARADIS FISCAUX ET JUDICIAIRES : « Paradis fiscaux et judiciaires, cessons le scandale ! » du collectif : Attac France - CADTM France - CCFD – CRID- Droit pour la justice - Eau Vive - Fédération de l'Entraide Protestante - Oxfam France - Agir ici – Réseau Foi et Justice Afrique Europe - Secours catholique Caritas France – Sherpa - Survie - Transparence International France, d'avril 2007. http://survie.org/IMG/pdf/broch_plateformepfj.pdf
QUOILIN SYLVAIN, « Evaluation des impacts environnementaux et socio-économiques du mécanisme de développement propre », Août 2008,
RALF FÜCKS : « L'avenir du capitalisme : À propos de la compatibilité entre le capitalisme, la démocratie et l'écologie ». Etopia, 19 mars 2009.
RAPPORT « Le rôle de la science et de la technologie dans la société et la gouvernance : Vers un nouveau contrat entre la science et la société », Kananaskis Village, Alberta (Canada) 1–3 novembre 1998,

RAPPORT fait au nom de la commission des affaires étrangères sur le projet de loi, adopté par le Sénat, autorisant l'approbation de l'accord européen relatif au transport international des marchandises dangereuses par voies de navigation intérieures (ADN), enregistré à la Présidence de l'Assemblée nationale le 16 janvier 2008. http://www.assemblee-nationale.fr/13/rapports/r0601.asp
RAPPORT rédigé par l'Organisation mondiale de la santé (OMS) et UN Water, publié le mercredi 19/11/2014 pour la journée mondiale des toilettes.
REKACEWICZ P. : « Dans l'archipel planétaire de la criminalité financière », le Monde diplomatique, 1er avril 2000.
RENCONTRE nord-américaine en prévision de la Conférence mondiale sur la science.
REPORT No. 56 : « Assessment for Decision-Makers, Scientific Assessment of Ozone Depletion: 2014, World Meteorological Organization United Nations Environment Programme, WMO Global Ozone Research and Monitoring Project »
SENAT : « Villes du futur, futur des villes : quel avenir pour les villes du monde ? » (Enjeux) : Contribution de JULIEN DAMON ; « Où mène l'urbanisation du monde ? ». Rapport d'information n° 594 (2010-2011) DE M. JEAN-PIERRE SUEUR, fait au Sénat, au nom de la Délégation à la prospective. http://www.senat.fr/rap/r10-594-1/r10-594-1.html
VILLENEUVE C : « Comment réaliser une analyse de développement durable? », Département des sciences fondamentales, Université du Québec à Chicoutimi (1999, révisé 2004)
VUJISIC M. : « Ecotaxes et Permis d'émission négociable », CREG, Académie de Versailles, janvier 2007
WALLERSTEIN IMMANUEL : "Le capitalisme touche à sa fin" in LE MONDE du 16.12.2008 Propos recueillis par ANTOINE REVERCHON : http://www.lemonde.fr/la-crise-financiere/article/2008/10/11/le-capitalisme-touche-a-sa fin_1105714_1101386.html

PRINCIPAUX SITES WEB CONSULTES :

http://fr.wikipedia.org/wiki/Accueil
http://geopolis.francetvinfo.fr/le-nombre-de-crises-humanitaires-atteint-un-niveau-record-41053
http://minerals.usgs.gov/
http://plunkett.hautetfort.com/archive/2013/11/26/pape-francois-sa-premiere-exhortation-apostolique-5231325.html
http://portail.documentation.developpement-durable.gouv.fr
http://www.planetecologie.org
http://www.abcvert.fr
http://www.alternatives-economiques.fr
http://www.aria.developpement-durable.gouv.fr/
http://www.brodhag.org
http://www.caissedesdepots.fr
http://www.developpementdurable.com
http://www.developpement-durable.gouv.fr
http://www.developpement-durable-environnement.com
http://www.earth-policy.org
http://www.economiesolidaire.com/2011/04/01/changement-climatique-et-risques-sanitaires-en-france-et-dans-le-monde/

http://www.effet-de-serre.gouv.fr
http://www.eird.org/mah/cadre-d-action-de-hyogo.pdf
http://www.energies-renouvelable.com
http://www.eukn.org/eukn/themes/Urban_Policy/Urban_environment/Environmental_sustainability/Blamingcities-for-climate-change-_2815.html.
http://www.fondation-nicolas-hulot.org
http://www.france.aide-et-action.org/objectifs-developpement-durable-propositions
http://www.france.attac.org/Attacpedia/altermondialisme
http://www.globalplannersnetwork.org/pdf/reinventingfrench07.pdf
http://www.goodplanet.info/actualite/2014/11/17/reunion-internationale-paris-protection-couche-dozone/
http://www.green-blog.org/.../why-we-must-oppose-transition-to-gas-fired-
http://www.inrs.fr/inrspub/inrs01.nsf/inrs01_search_view/00B9BCA7162EB186C12574570032FB35/$File/ed4210.pdf
http://www.ipcc.ch
http://www.labothap.ulg.ac.be/cmsms/Staff/QuoilinS/mecanisme_de_developpement_propre_SQ090201.pdf
http://www.ladocumentationfrancaise.fr
http://www.lavie.fr/medias/le-texte-integral-de-l-encyclique-laudato-sii-18-06-2015-64352_73.php
http://www.manicore.com
http://www.maxisciences.com/animal/c-039-est-officiel-la-sixieme-extinction-de-masse-est-en-cours_art35152.html
http://www.maxisciences.com/pollution/huit-millions-de-tonnes-de-plastique-finissent-chaque-annee-dans-les-oceans_art34309.html
http://www.notre-planete.info/environnement/trou-couche-ozone.php
http://www.notre-planete.info/terre/risques_naturels/
http://www.portail-durable.org
http://www.saisons-vives.com/frontoffice/index.asp?id=645
http://www.solidaires.org
http://www.stopparadisfiscaux.fr/
http://www.un.org/fr/rights/overview/charter-hr.shtml
http://www.un.org/News/Press/docs/2007/gaef3190.doc.htm http://debris-spatiaux.cnes.fr/
http://www.unep.org
http://www.unesco.org/new/en/culture/themes/culture-and-development/hangzhou-congress/ CLT-2013/WS/14
http://www.unesco.org/science/wcs/meetings/eur_alberta_98_f.htm
http://www.unicef.org/.../Session%201%20Introduction%20a%20l'Action%20...
http://www.unisdr;org:hfa
http://www.vedura.fr
http://www.vedura.fr/developpement-durable/cadre/paix
http://www.wri.org
http://www.wupperinst.org
http://www.wwf.fr
http://www.wwf.fr/s-informer/nos-missions/modes-de-vie-durables/pour-des-habitats-durables
http://www.wwf.fr/s-informer/nos-missions/modes-de-vie-durables/un-urbanisme-favorisant-des-modes-de-vie-durables

Table des matières

Marché et Organisations
L'Harmattan

Cahiers d'économie et de gestion thématiques dont le but est de promouvoir la recherche originale sur les relations de plus en plus étroites qui se tissent entre le marché et les organisations. Les acteurs économiques de taille, de puissance et de pouvoir différents dont les intérêts peuvent être convergents, complémentaires ou, le plus souvent, antagoniques, ont tendance à organiser les marchés. La raison du marché, pourtant, est la référence stratégique pour l'entreprise ainsi que pour les institutions publiques de décision économique.

Direction : Sophie Boutillier, Blandine Laperche, Céline Merlin-Brogniart, Jean-Louis Monino, Sophie Reboud, Dimitri Uzunidis (directeur de publication)

Numéros parus :

N°1 : Artisanat. La modernité réinventée, 2006

N°2 : La petite entreprise, elle a tout d'une grande. De l'accompagnement aux choix stratégiques, 2006

N°3 : Tourisme et Innovation. La force créative des loisirs, 2007

N°4 : Le travail. Formes récentes et nouvelles questions, 2007

N°5 : Les universités et l'innovation. L'enseignement et la recherche dans l'économie des connaissances, 2007

N°6 : Entrepreneuriat et accompagnement. Outils, actions et paradigmes nouveaux, 2008

N°7 : Développement durable des territoires. Economie sociale, environnement et innovations, 2008

N°8 : Développement durable et responsabilité sociale des acteurs, 2009

N°9 : Gouvernance : exercices de pouvoir, 2009

N°10 : Le travail collaboratif. Une innovation générique, 2009

N°11 : Economie sociale et solidaire. Nouvelles trajectoires d'innovations, 2010

N°12 : Relations à la marque et marques de la relation. Regards croisés sur le management relationnel de la marque, 2010

N°13 : Les contrats au service de la recherche ?, 2011

N°14 : Le potentiel économique de l'Afrique subsaharienne, 2011
N°15 : Management de la distribution, 2012
N°16 : Territoire Vert. Entreprises, Institutions, Innovations, 2012
N°17 : Eco-conception, conception et innovation. Les nouveaux défis de l'entreprise, 2013
N°18 : Intelligence économique : entreprises et territoires, 2013
N°19 : La finance globale. Un monde fini, 2013
N°20 : La crise du « développement », 2014
N°21 : La Chine innove. Politiques publiques et stratégies d'entreprise, 2014
N°22 : Go East! Nouvelles Economies de Marché, 2015
N°23 : L'économie du changement, 2015
N°24 : Le temps des artisans. Permanences et mutations, 2015

contact : Dimitri Uzunidis, uzunidis@univ-littoral.fr

Collection « L'esprit économique »

fondée par Sophie Boutillier et Dimitri Uzunidis en 1996
dirigée par Sophie Boutillier, Blandine Laperche, Dimitri Uzunidis

Dernières parutions

► ***Série Economie et Innovation***
S. BOUTILLIER, *L'artisanat et la dynamique de réseaux*, 2011.
P. DESHAYES, H. DE MEDINA (dir.), *Développement durable et intelligence des matériaux. Regards croises franco-brésiliens sur les pratiques du bâtiment et de la construction*, 2011.
F. LARRE, J.-M. PLASSARD, *L'enseignant : réalités économiques et enjeux professionnels*, 2012.
P. MADINIER, *Une économie de services sans servilité*, 2013.
N. ABBES, *L'entreprise responsable. De la responsabilité sociétale à la communication environnementale*, 2013.
Z. LIU, *Politiques d'innovation et pme en France. Une histoire de liens faibles*, 2013.
E. BESANÇON, N. CHOCHOY, T. GUYON, *L'innovation sociale. Principes et fondements d'un concept*, 2013.
F. PAUN, L. ALEXANDRE-LECLAIR, I. VAILEANU-PAUN, *Innover ou périr. Paroles d'experts*, 2014.
F. ABADA, *Individualiser son offre au moindre coût*, 2015.
► ***Série Le Monde en Question***
M. SANTI, *Splendeurs et misères du libéralisme*, 2012.
P. BAGUS, *La tragédie de l'euro*, 2012.
C. BERTHOMIEU, J.-P. GUICHARD, E. PONOMARENKO (dir.), *La Russie, l'Europe et la méditerranée dans la crise*, 2013.
T. BRUGVIN, *Le commerce équitable et éthique. Opportunités et limites*, 2014.
W. AMEDZRO St-HILAIRE, *Le capital global et sa régulation*, 2014.
W. AMEDZRO St-HILAIRE, *Reconstruire l'Afrique. Nouvelle gouvernance et projet de développement*, 2014.
M. SANTI, *Misère et opulence. Chroniques d'austérité globalisée*, 2015
► **Série *Krisis***
R. PARAIRE, *L'énergie économique*, 2013.
J. HUERTA DE SOTO, *Socialisme, calcul économique et fonction, entrepreneuriale. Aphorismes libertariens*, 2013.
G. MINART, *Entrepreneur et esprit d'entreprise. L'avant-gardisme de Jean-Baptiste Say*, 2014.
T. A. BAKALA, La monnaie endogène. Une critique de la théorie quantitative de la monnaie, 2015.
► **Série *Clichés***
S. BOUTILLIER, D. UZUNIDIS (dir.), *La Russie européenne. Du passé composé au futur antérieur*, 2008.
R. VOLPI, *La négociation. Pain, paix, liberté*, 2009.
► ***Série Cours Principaux***
J. BLANCHET, *L'économie : concepts, méthodes, outils*, 2012.
L. DANIEL, M. RUIMY, *Taux d'intérêt et marches financiers*, 2013.
G. FONOUNI-FARDE, *Comprendre l'économie internationale. L'économie pour tous !*, 2103.
B. NDIAYE, *Analyse économique de l'investissement en capital humain*, 2014.
P. BOUVIER-PATRON, *Economie et management de l'entreprise innovante. réseaux, territoire et développement durable*, 2014.
► ***Série L'économie formelle***
F. MACHROUH, *Crises bancaires : comprendre pour mieux prédire*, 2012.
J. ATLAN, *L'argent des pauvres, les milliards des banques. Alternatives financières et politiques*, 2012.
F. DUHAMEL, A. DUNOYER de SEGONZAC, *La cocotte-minute financière. Petit précis de décomposition socio-économique*, 2012.
P. BRACONNIER, G. CAIRE (dir.), *L'économie sociale et solidaire et le travail*, 2013.
M. SANTI, *L'Europe. Chroniques d'un fiasco économique et politique*, 2013.
J. BERNARD, *La croissance. 10 points cruciaux*, 2013.
P.-A. LAMBERT, *Le temps de la rigueur. Fiscalité, protection sociale, mondialisation*, 2014.

Économie et Entreprise aux éditions L'Harmattan

Dernières parutions

LA BOURSE OU LA VIE
Réflexions sur les valeurs contemporaines
Péruisset-Fache Nicole
Nous vivons une époque de confusion, alors que l'économie, devenue une fin en soi, n'est pas mise au service des humains, assujettis dans leur grande majorité par une oligarchie de puissants. Ce sont alors toutes les valeurs traditionnelles qui se trouvent mises à mal, voire inversées ou même annulées, au cœur d'une civilisation qui, sous la menace nucléaire, porte mal son nom. Il est peut-être encore temps de mettre l'homme au centre des valeurs...
(Coll. Questions contemporaines, 18.00 euros, 182 p.)
ISBN : 978-2-343-06227-3, ISBN EBOOK : 978-2-336-37622-6

ARRÊTEZ DE NOUS COMPLIQUER L'EXISTENCE
115 préconisations concrètes pour redresser notre économie
Moreau Max - Préface de Jean-Paul Betbèze
Ce nouvel essai de Max Moreau porte sur la nécessité d'une rupture économique clairvoyante et propose un modèle séquentiel méthodique - économique, militaire, intellectuel -, un diagnostic et une stratégie - Master Plan -, des choix rigoureux. 115 préconisations drastiques, des objectifs ambitieux, un idéal pour transcender les Français. Servi par un humour corrosif, ce recueil de compréhension économique originale et pragmatique est un appel à la lucidité... Il s'agit d'une vraie mesure de salut public, le livre de chevet idéal pour les gouvernants !
(16.50 euros, 158 p.)
ISBN : 978-2-343-06240-2, ISBN EBOOK : 978-2-336-38177-0

LA MONNAIE ENDOGÈNE
Une critique de la théorie quantitative de la monnaie
Bakala Toussaint Armel
La nature de la monnaie donne lieu à des divergences chez les économistes, qui viennent en règle générale de ce que les hypothèses sur lesquelles ils s'appuient diffèrent selon qu'ils appartiennent à tel ou tel courant de pensée. Cet ouvrage est un concentré de savoir en économie monétaire et financière depuis l'âge classique à nos jours. Il s'adresse aux étudiants, chercheurs et enseignants en sciences économiques intéressés par les théories monétaires et financières, les déséquilibres macroéconomiques et les récents développements de la macroéconomie postkeynésienne.
(Coll. L'esprit économique, série Krisis, 42.00 euros, 430 p.)
ISBN : 978-2-343-06273-0, ISBN EBOOK : 978-2-336-38165-7

LIBÉRALISME ET TOTALITARISME
Da Silva Jean-Marc
Est-il possible que le libéralisme nous conduise à une vie soumise au régime de la contrainte absolue ? Comme toute idéologie, le libéralisme part d'une idée simple qu'il développe logiquement : l'individu souverain. Il se heurte à l'État, forme moderne de la souveraineté collective. Pas à pas, il phagocyte toutes les articulations de la vie collective et pénètre les esprits

par les voies symboliques. Sa force ? Déployer un discours communément admis capable de modifier les comportements, les pratiques et les pensées.
(Coll. Questions contemporaines, 25.00 euros, 246 p.)
ISBN : 978-2-343-06068-2, ISBN EBOOK : 978-2-336-37617-2

BILAN D'UNE RÉFLEXION DE QUATRE DÉCENNIES ET ENJEUX DU FUTUR
Sous la direction de Roger Tsafack Nanfosso ; préface de Claude Albagli
Quel est l'apport scientifique du CEDIMES après quarante années d'existence ? Ce livre part d'une rétrospective analytique sur la pertinence des choix des problématiques arrêtés depuis 1972, puis évalue les résultats obtenus autour de huit thématiques : l'entrepreneuriat et le marché, l'entrepreneuriat et les structures, le développement, le développement durable, la mondialisation, les politiques économiques, les apports des autres disciplines et l'aménagement territorial.
(Coédition CEDIMES, Coll. Mouvements économiques et sociaux, 19.50 euros, 190 p.)
ISBN : 978-2-343-05531-2, ISBN EBOOK : 978-2-336-38087-2

SORTIR DU HARCÈLEMENT MORAL
Conseils d'experts
Sous la direction de Guy Sallat / Préface du Sénateur Alain Milon, Président de la commission des affaires sociales au Sénat
Comment lutter contre le phénomène du harcèlement moral au travail pour se protéger et faire valoir ses droits ? Comment lutter pour le stopper et le vaincre ? Cet ouvrage, par les éclairages d'une vingtaine de personnalités, s'adresse tant aux personnes qui se sentent victimes qu'aux autres publics concernés : employeurs, managers, préventeurs, médecins, avocats, médiateurs. Ces experts recommandent des idées, des postures et des outils concrets qui aideront à mieux se battre contre le harcèlement moral au travail.
(20.00 euros, 224 p.)
ISBN : 978-2-343-06060-6, ISBN EBOOK : 978-2-336-37600-4

VIVRE ET TRAVAILLER DANS LES ESPACES À FAIBLE DENSITÉ
Quelles stratégies de développement ?
Sous la direction de Claude Devès
Au moment où le fait métropolitain semble concentrer toute l'attention des pouvoirs publics, il est utile de faire le point sur l'avenir des territoires «interstitiels», ruraux pour la plupart. En effet, l'actuelle réforme territoriale oriente vers une réorganisation des territoires autour d'une métropole ou d'une ville-région, mais pose en même temps la question du devenir de ces espaces : seront-ils aspirés par le fait métropolitain et pourront-ils en bénéficier ou sont-ils condamnés à un lent et inexorable dépérissement ?
(Coll. Grale, 28.00 euros, 268 p.)
ISBN : 978-2-343-05609-8, ISBN EBOOK : 978-2-336-37336-2

REDRESSER VOTRE ENTREPRISE EN 100 QUESTIONS
Guide pratique pour tout savoir de l'entreprise en difficulté
De Germay Nicolas - En collaboration avec Jérôme de Chanaud
En 100 questions et 100 réponses, ce guide traite de manière pratique de tous les aspects (juridique, économique, financier, social) liés au retournement, au traitement ou à la reprise d'une entreprise en difficulté. Outil indispensable aux entrepreneurs et à tous les partenaires de l'entreprise, il donne des conseils sur la gestion et fournit la méthodologie pour reprendre une entreprise en difficulté. Des témoignages de professionnels offrent un éclairage vivant sur leur rôle et leurs interventions.
(26.00 euros, 256 p.)
ISBN : 978-2-343-05272-4, ISBN EBOOK : 978-2-336-37133-7

LES STRATÉGIES DE COOPÉRATION
Une réponse à la responsabilité sociétale des entreprises
Da Fonseca Marie
La présente recherche s'intéresse aux enjeux managériaux rencontrés par les entreprises dans le cadre de l'opérationnalisation de la responsabilité sociétale, en mobilisant le courant de

la Corporate Social Responsiveness, qui propose de porter une attention particulière aux changements organisationnels. L'Étude exploratoire, basée sur l'analyse des dix-sept associations thématiques recensées sur le territoire français, permet d'identifier différents profils de stratégies de coopération et d'en dresser une typologie.
(Coll. Entreprises et Management, 35.50 euros, 346 p.)
ISBN : 978-2-343-05622-7, ISBN EBOOK : 978-2-336-37586-1

FAUT-IL AVOIR PEUR DE NOS CENTRALES NUCLÉAIRES ?
Pourra-t-on s'en passer ?
Sapy Georges
Ce livre est un cri d'alarme contre l'idéologie, le déni de raison et de réalité, et leur résultat : l'agitation de peurs irrationnelles et la manipulation. Oui, les centrales nucléaires peuvent être dangereuses quand les hommes se comportent en «chauffards du nucléaire», mais bien moins que beaucoup d'autres activités humaines quand toutes les précautions sont prises. Ce livre revient sur les facteurs organisationnels et humains indispensables, puis répond à la question : pourra-t-on se passer des centrales nucléaires ?
(24.00 euros, 238 p.)
ISBN : 978-2-343-06085-9, ISBN EBOOK : 978-2-336-37570-0

COOPÉRATION ET MANAGEMENT
L'exemple des Sociétés Coopératives et Participatives (SCOP)
Lainé Annick
Cet ouvrage illustre une démarche de recherche coopérative dont l'objet concerne le Management des Ressources humaines en SCOP. Ces entreprises coopératives, au projet politique original, s'organisent à partir de valeurs héritées du XIXe siècle que sont la solidarité, la propriété collective intergénérationnelle et l'équité avec une triple filiation économique, politique et sociale et nécessitent un management adapté pour animer une organisation de salarié(e)s, associé(e)s majoritaires et coresponsables d'une entreprise coopérative.
(Coll. Entreprises et Management, 29.00 euros, 284 p.)
ISBN : 978-2-343-05637-1, ISBN EBOOK : 978-2-336-37075-0

LES SALARIÉS DANS LA TOURMENTE
Restructurations et montée du populisme de droite
Plomb Fabrice, Poglia Mileti Francesca
Et si la crise économique profitait au populisme radical ? Dans cet ouvrage, l'exploration du monde du travail permet de plonger au cœur des raisons qui ont modifié les visions du monde qui, par certains aspects, présentent des affinités avec les programmes des mouvements de la droite radicale. Par le biais d'entretiens approfondis auprès d'employés dans des secteurs économiques en grande transformation, les chercheurs ont dévoilé des effets peu connus des «nouvelles organisations du travail».
(Coll. Questions sociologiques, 22.00 euros, 226 p.)
ISBN : 978-2-343-05423-0, ISBN EBOOK : 978-2-336-37129-0

SERVICES PUBLICS, ENTREPRISES PUBLIQUES, QUELLE PLACE POUR LES CITOYENS ?
Sous la direction de G.Rouet et A.Galabov
Au sein de l'UE, États et marchés s'articulent dans une économie devenue mixte. Dans ce contexte, la question de l'organisation des services publics et de la participation des citoyens est fondamentale : comment faire, au mieux, au plus près des besoins et en fonction des budgets disponibles ? Il s'agit de trouver les voies d'une légitimation des choix entre accès et qualité, de donner les moyens aux bénéficiaires de devenir acteurs et responsables, et d'organiser une participation citoyenne à la production et à la distribution des services publics.
(Coll. Local et Global, 19.00 euros, 196 p.)
ISBN : 978-2-343-05566-4, ISBN EBOOK : 978-2-336-37116-0

LES COULISSES DES MARCHÉS PUBLICS
Manœuvres d'alliances et influence des réseaux
Mamavi Olivier
Comment remporter les appels d'offres ? Quelles sont les stratégies qui facilitent l'accès des entreprises à la commande publique ? Quel est l'impact des réseaux sur la décision publique ? Voici des tentatives de réponses à ces questions et une démarche qui explique comment les réseaux d'alliances influencent l'attribution des marchés publics.
(Coll. Entreprises et Management, 27.00 euros, 262 p.)
ISBN : 978-2-343-05593-0, ISBN EBOOK : 978-2-336-37163-4

LITTLE LEAN GUIDE FOR THE USE OF MANAGERS
Roche Cécile - Foreword by Jacques Chaize
In a world of permanent crisis, where change is the norm, Lean becomes fashionable. Yet, companies who have chosen to fundamentally transform it self, following the Lean principles and investing first on women and men, have, globally, and in the long term, the best economic results. This book, with simple concepts and illustrated with many examples, analyzes the main misconceptions about Lean, taking each time the views of managers and operational concerned. (Version anglaise de Petit guide Lean à l'usage des managers).
(Coédition Institut Lean France, 13.50 euros, 118 p.)
ISBN : 978-2-343-05918-1, ISBN EBOOK : 978-2-336-37574-8

COOPÉRATION ET MANAGEMENT
L'exemple des Sociétés Coopératives et Participatives (SCOP)
Lainé Annick
Cet ouvrage illustre une démarche de recherche coopérative dont l'objet concerne le Management des Ressources humaines en SCOP. Ces entreprises coopératives, au projet politique original, s'organisent à partir de valeurs héritées du XIXe siècle que sont la solidarité, la propriété collective intergénérationnelle et l'équité avec une triple filiation économique, politique et sociale et nécessitent un management adapté pour animer une organisation de salarié(e)s, associé(e)s majoritaires et coresponsables d'une entreprise coopérative.
(Coll. Entreprises et Management, 29.00 euros, 284 p.)
ISBN : 978-2-343-05637-1, ISBN EBOOK : 978-2-336-37075-0

100 MISSIONS D'INTELLIGENCE ÉCONOMIQUE
Sous la direction d'Inès Elhias et Nicolas Moinet
Veille, management des connaissances, protection de l'information, *lobbying* et influence sont autant de situations rencontrées par les entreprises entamant ou développant une démarche d'intelligence économique. Cet ouvrage propose 100 fiches relatant 100 missions d'intelligence économique, offrant une véritable vision d'ensemble des limites, obstacles ou moteurs rencontrés par de jeunes professionnels dans des domaines divers (industrie, agro-alimentaire, communication...).
(Coll. Intelligence économique, 18.50 euros, 190 p.)
ISBN : 978-2-343-05574-9, ISBN EBOOK : 978-2-336-37209-9

LA POLITIQUE PUBLIQUE D'INTELLIGENCE ÉCONOMIQUE
Chardavoine Olivier - Préface de Nicolas Moinet et Ludovic François
Depuis vingt ans, l'intelligence économique se diffuse en France. Aujourd'hui, les concepts sont à peu près définis, les structures publiques et les moyens en place, les chefs d'entreprises plus réceptifs au message. À l'heure où la France est confrontée au défi de la compétitivité, l'assistance de la puissance publique au profit des entreprises privées peut constituer un levier du relèvement. Ce livre révèle le panorama étendu de l'action de l'État et des collectivités en matière d'intelligence économique.
(Coll. Entreprises et Management, 38.50 euros, 392 p.)
ISBN : 978-2-343-05644-9, ISBN EBOOK : 978-2-336-37168-9

L'HARMATTAN ITALIA
Via Degli Artisti 15; 10124 Torino
harmattan.italia@gmail.com

L'HARMATTAN HONGRIE
Könyvesbolt ; Kossuth L. u. 14-16
1053 Budapest

L'HARMATTAN KINSHASA
185, avenue Nyangwe
Commune de Lingwala
Kinshasa, R.D. Congo
(00243) 998697603 ou (00243) 999229662

L'HARMATTAN CONGO
67, av. E. P. Lumumba
Bât. – Congo Pharmacie (Bib. Nat.)
BP2874 Brazzaville
harmattan.congo@yahoo.fr

L'HARMATTAN GUINÉE
Almamya Rue KA 028, en face
du restaurant Le Cèdre
OKB agency BP 3470 Conakry
(00224) 657 20 85 08 / 664 28 91 96
harmattanguinee@yahoo.fr

L'HARMATTAN MALI
Rue 73, Porte 536, Niamakoro,
Cité Unicef, Bamako
Tél. 00 (223) 20205724 / +(223) 76378082
poudiougopaul@yahoo.fr
pp.harmattan@gmail.com

L'HARMATTAN CAMEROUN
BP 11486
Face à la SNI, immeuble Don Bosco
Yaoundé
(00237) 99 76 61 66
harmattancam@yahoo.fr

L'HARMATTAN CÔTE D'IVOIRE
Résidence Karl / cité des arts
Abidjan-Cocody 03 BP 1588 Abidjan 03
(00225) 05 77 87 31
etien_nda@yahoo.fr

L'HARMATTAN BURKINA
Penou Achille Some
Ouagadougou
(+226) 70 26 88 27

L'HARMATTAN SÉNÉGAL
10 VDN en face Mermoz, après le pont de Fann
BP 45034 Dakar Fann
33 825 98 58 / 33 860 9858
senharmattan@gmail.com / senlibraire@gmail.com
www.harmattansenegal.com

L'HARMATTAN BÉNIN
ISOR-BENIN
01 BP 359 COTONOU-RP
Quartier Gbèdjromèdé,
Rue Agbélenco, Lot 1247 I
Tél : 00 229 21 32 53 79
christian_dablaka123@yahoo.fr

650234 - Avril 2016
Achevé d'imprimer par

1livre.com
du rêve à la réalité !